·华章应用统计系列·

应用时间序列分析

R软件陪同

第2版

Applied Time Series Analysis with R

吴喜之 刘苗 编著

机械工业出版社
China Machine Press

图书在版编目（CIP）数据

应用时间序列分析：R 软件陪同／吴喜之，刘苗编著 . —2 版 . —北京：机械工业出版社，2018.1（2020.4重印）

（华章应用统计系列）

ISBN 978-7-111-58702-6

I. 应… II. ① 吴… ② 刘… III. 时间序列分析 – 高等学校 – 教材 IV. O211.61

中国版本图书馆 CIP 数据核字（2017）第 310357 号

本书通过案例讲述有关的概念和方法，不仅介绍了 ARMA 模型、状态空间模型、Kalman 滤波、单位根检验和 GARCH 模型等一元时间序列方法，还介绍了很多最新的多元时间序列方法，如线性协整、门限协整、VAR 模型、Granger 因果检验、神经网络模型、可加 AR 模型和谱估计等．书中强调对真实的时间序列数据进行分析，全程使用 R 软件分析了各个科学领域的实际数据，还分析了金融和经济数据的例子．

本书通俗易懂，理论与应用并重，可作为高等院校统计学和经济管理等专业"时间序列分析"相关课程的教材，对金融和互联网等领域的相关从业者也极具参考价值．

出版发行：机械工业出版社（北京市西城区百万庄大街22号　邮政编码：100037）
责任编辑：王春华　　　　　　　　　　　　　　责任校对：殷　虹
印　　刷：中国电影出版社印刷厂　　　　　　版　　次：2020年4月第2版第2次印刷
开　　本：186mm×240mm　1/16　　　　　　印　　张：17
书　　号：ISBN 978-7-111-58702-6　　　　　　定　　价：49.00元

凡购本书，如有缺页、倒页、脱页，由本社发行部调换
客服热线：（010）88378991　88361066　　　　　投稿热线：（010）88379604
购书热线：（010）68326294　88379649　68995259　读者信箱：hzjsj@hzbook.com

版权所有·侵权必究
封底无防伪标均为盗版
本书法律顾问：北京大成律师事务所　韩光 / 邹晓东

前言

多数国内时间序列教材的一些特点

首先,一些教材比较着重于数学理论和推导. 作者多为数学出身,他们习惯于数学的严格性和精确而又漂亮的数学结论的推导. 这些书适用于那些愿意为时间序列的数学理论研究做出贡献的读者.

其次,国内教材中一元时间序列往往占绝大部分篇幅,而且包含在各种数学假定下的定理和结果. 这可能是因为一元时间序列的数学描述确实很漂亮,很多结果都能够以比较简洁的数学语言表达出来. 而多元时间序列则很不一样,在一元情况下很漂亮的结果,在多元情况下就完全不同了. 在数学上,繁琐的表达是不受人们喜爱的,因此,多元时间序列很难在数学味道很浓的教科书中展开.

很多教材对于真实时间序列的数据分析强调得不够. 那些数学味道浓的书,主要目的不是分析实际数据,而且实际数据往往很难满足那些书上的数学假定,过多地讨论实际应用并不是这些书的重点.

另外有一些教材的确强调应用,作者很多也不是数学出身,书中也列举了一些数学假定和结论,但往往没有花篇幅去完善和系统化,更没有用简明扼要的语言去做解释,使得无论是数学还是非数学出身的读者均不能很好地理解所用模型背后的机理.

在涉及统计软件使用方面,数学味道的书完全不用任何软件是可以理解的,但很多着重于应用的教科书只介绍昂贵的"傻瓜式"商业软件就不值得提倡了,因为介绍昂贵商业软件的教材客观上鼓励了使用盗版软件. 商业软件不透明,代码保密,而且没有体现最新的成果,完全不能满足实际工作者的需要.

本书的宗旨

本书的读者对象是非数学专业的读者,可以是本科生或者研究生,也可以是在校教师或者实际工作者. 我们力图用简单通俗的语言阐述有关的基本概念和计算,并尽量通过案例来讲述各种时间序列方法,使得非数学背景的读者可以较容易地理解. 同时,我们也把有关的数学结构用简单完整的方式阐述,以供读者参考.

本书全程使用免费、公开、透明的开源编程软件 R[①],而且提供全部代码. R 软件是世界上使用者最多的数据分析软件,有着非常强大的统计界的支持,发展很快,每天都有许多新的程序包加入,到 2017 年年初,R 的统计程序包数量已经超过 10 000,而 2009 年年底只有不到 1000. 新的统计方法大都以 R 程序包的形式首先展现在世人面前. 这是任何商业软件所望尘莫及的. 本书希望读者能够尽快地学会如何使用 R 软件解决读者自己的实际问题或数据.

本书的实际例子都可以从网上下载,或者从华章网站获取. 本书也尽可能多地介绍最新的多元时间序列方法. 除了各个科学领域的实际数据之外,还包括了金融和经济数据的例子.

第 2 版对整个结构做了较大的修改、增补和调整,更便于理解和教学,并且做了一些订正.

非常感谢云南财经大学谢佳春老师对本书提出的很好的意见,改进了本书的质量. 欢迎读者提出宝贵意见,以使我们在本书再版时予以改进.

作者曾经在美国 University of California—Berkeley 统计系本科时间序列课 (STAT 153) 及 University of Michigan—Ann Arbor 统计系的研究生时间序列课 (STAT 531) 上用过本书的内容.

吴喜之
2017 年 5 月

[①] R Core Team (2016). R: A language and environment for statistical computing. R Foundation for Statistical Computing, Vienna, Austria. https://www.R-project.org/.

目 录

前言 ··· iii
第 1 章 引言 ·· 1
   1.1 时间序列的特点 ·· 1
   1.2 时间序列例子 ·· 2
   1.3 R 软件入门 ··· 5
      1.3.1 简介 ·· 5
      1.3.2 动手 ·· 8
   1.4 本书的内容 ··· 9
   1.5 习题 ··· 10
第 2 章 一元时间序列的基本概念和 ARIMA 模型 ································· 12
   2.1 时间序列的平稳性及相关性度量 ·· 12
      2.1.1 平稳、自协方差函数和自相关函数 ··· 13
      2.1.2 差分算子和后移算子 ·· 15
   2.2 白噪声 ·· 16
   2.3 随机游走 ··· 18
   2.4 趋势平稳过程 ··· 19
   2.5 联合平稳性和互相关函数 ·· 21
   2.6 一般线性模型 ··· 21
   2.7 MA 模型 ··· 23
   2.8 AR 模型 ·· 26
   2.9 ARMA 模型 ··· 31
   2.10 ARIMA 模型 ·· 37
   2.11 季节模型 ··· 38
   2.12 习题 ··· 39
第 3 章 一元时间序列数据的拟合及预测: ARIMA 及其他模型 ················· 44
   3.1 拟合及预测的基本目的与预测精度的度量 ·· 44
   3.2 对序列自相关的混成检验 ·· 46

3.3 ARIMA 模型的估计和预测 · 46
   3.3.1 ARMA 模型的最大似然估计 · 46
   3.3.2 ARMA 模型的矩估计方法 · 47
   3.3.3 ARMA 模型预测的基本数学原理 · 48
3.4 简单指数平滑 · 55
3.5 Holt-Winters 滤波预测方法 · 61
3.6 指数平滑模型的一些术语和符号 · 63
3.7 时间序列季节性分解的 LOESS 方法 · 66
   3.7.1 LOESS 方法简介 · 66
   3.7.2 利用 LOESS 做时间序列的季节分解 · 67
3.8 回归用于时间序列 · 73
3.9 时间序列的交叉验证 · 76
   3.9.1 交叉验证: 利用固定长度时间段的训练集来预测固定长度的未来 · · · · · · · 77
   3.9.2 交叉验证: 利用逐渐增加长度的训练集来预测固定长度的未来 · · · · · 80
3.10 更多的一元时间序列数据实例分析 · 83
   3.10.1 例 1.4 有效联邦基金利率例子 · 83
   3.10.2 澳洲 Darwin 自 1882 年以来月度海平面气压指数例子 · · · · · 88
   3.10.3 中国 12 个机场旅客人数例子 · 96
   3.10.4 例 1.2 Auckland 降水序列例子 · 102
3.11 习题 · 109

第 4 章 状态空间模型和 Kalman 滤波简介 · 111
4.1 动机 · 111
4.2 结构时间序列模型 · 112
   4.2.1 局部水平模型 · 113
   4.2.2 局部线性趋势模型 · 113
   4.2.3 季节效应 · 114
4.3 一般状态空间模型 · 114
   4.3.1 使用 R 程序包解状态空间模型的要点 · · · · · · · · · · · · · · · · · · · 116
   4.3.2 随时间变化系数的回归 · 116
   4.3.3 结构时间序列的一般状态空间模型表示 · · · · · · · · · · · · · · · · · · 117
   4.3.4 ARMA 模型的状态空间模型形式 · 119
4.4 Kalman 滤波 · 123

第 5 章 单位根检验 · 134
5.1 单整和单位根 · 134
5.2 单位根检验 · 138
   5.2.1 DF 检验、ADF 检验以及 PP 检验 · 139
   5.2.2 KPSS 检验 · 144

第 6 章　长期记忆过程: ARFIMA 模型 · 147

6.1　介于 $I(0)$ 及 $I(1)$ 之间的长期记忆序列 · 147
6.2　ARFIMA 过程 · 149
6.3　参数 d 的估计 · 151
6.3.1　参数 d 的估计: 平稳序列情况 · 151
6.3.2　参数 d^* 的估计: 非平稳 ARFIMA(p, d^*, q) 情况 · · · · · · · · · · 153
6.4　ARFIMA 模型拟合例 3.2 尼罗河流量数据 · 153

第 7 章　GARCH 模型 · 156

7.1　时间序列的波动 · 157
7.2　模型的描述 · 160
7.2.1　ARCH 模型 · 160
7.2.2　GARCH 模型 · 161
7.3　数据的拟合 · 162
7.3.1　例 1.1 美国工业生产增长指数数据的拟合 · · · · · · · · · · · · · · · · · 162
7.3.2　例 7.1 数据的拟合 · 165
7.4　GARCH 模型的延伸 · 167
7.4.1　一组 GARCH 模型 · 168
7.4.2　FGARCH 模型族 · 170
7.4.3　ARFIMA-GARCH 模型族拟合例 7.1 数据 · · · · · · · · · · · · · · · · 171

第 8 章　多元时间序列的基本概念及数据分析 · 176

8.1　平稳性 · 177
8.2　交叉协方差矩阵和相关矩阵 · 178
8.3　一般线性模型 · 179
8.4　VARMA 模型 · 180
8.5　协整模型和 Granger 因果检验 · 183
8.5.1　VECM 和协整 · 183
8.5.2　协整检验 · 188
8.5.3　Granger 因果检验 · 193
8.6　多元时间序列案例分析 · 196
8.6.1　加拿大宏观经济数据 · 196
8.6.2　例 8.2 加拿大宏观经济数据的协整检验和 Granger 因果检验 · · 197
8.6.3　用 VAR(2) 模型拟合例 8.2 加拿大宏观经济数据并做预测 · · · · · 199
8.6.4　用 VARX 模型拟合例 8.2 加拿大宏观经济数据并做预测 · · · · · 202
8.6.5　用状态空间 VARX 模型拟合例 8.2 加拿大宏观经济数据 · · · · · 204
8.7　习题 · 207

第 9 章 非线性时间序列 · 208

9.1 非线性时间序列例子 · 208
9.2 线性 AR 模型 · 211
9.3 自门限自回归模型 · 212
    9.3.1 一个门限参数的模型 · 213
    9.3.2 两个门限参数的模型 · 214
    9.3.3 Hansen 检验 · 216
9.4 Logistic 平滑过渡自回归模型 · 217
9.5 神经网络模型 · 219
9.6 可加 AR 模型 · 221
9.7 模型的比较 · 221
9.8 门限协整 · 222
    9.8.1 向量误差修正模型 · 222
    9.8.2 向量误差修正模型的估计 · 223
    9.8.3 关于向量误差修正模型的 Hansen 检验 · · · · · · · · · · 225

第 10 章 谱分析简介 · 228

10.1 周期性时间序列 · 228
10.2 谱密度 · 232
10.3 谱分布函数 · 234
10.4 自相关母函数和谱密度 · 235
10.5 时不变线性滤波器 · 239
10.6 谱估计 · 242
    10.6.1 通过样本自协方差函数估计谱密度 · · · · · · · · · · · · · · 243
    10.6.2 通过周期图估计谱密度 · 243
    10.6.3 非参数谱密度估计 · 246
    10.6.4 参数谱密度估计 · 249

附录 使用 R 软件练习 · 251

参考文献 · 260

第 1 章 引言

1.1 时间序列的特点

本书研究的时间序列主要是根据时间先后对同样的对象按等间隔时间收集的数据, 比如每日的平均气温、每天的销售额、每月的降水量、每秒钟容器的压力等. 虽然这些序列所描述的对象本身 (比如容器压力) 可能是连续的, 但由于观测值并不连续, 这种时间序列数据称为**离散** (discrete) 时间序列. 当然也有**连续** (continuous) 时间序列, 它是不间断地取值得到的时间序列, 比如地震波和一些状态控制 (比如月球车是否苏醒用 1-0 表示的状态) 的连续观测值, 但对象不一定是连续的 (比如 0-1 状态). 和用于简单最小二乘回归的横截面数据不同, 时间序列的观测值有可能是相关的, 比如今天的物价和昨天的物价相关, 本月的 CPI 和上个月的 CPI 相关等.

根据待研究的时间序列变量个数的不同, 时间序列分为一元时间序列和多元时间序列. 在使用时间序列进行预测时往往使用一个 (一元) 或一组 (多元) 时间序列的历史数据来预测其未来的值, 这在一元时间序列的应用中尤其明显. 在多元时间序列中也有用一些时间序列作为输入来预测另一些时间序列的情况. 这些特点使得时间序列更注重序列本身的自相关, 并且利用过去时间序列的模式来预测未来. 因此, 研究时间序列本身的性质就很重要了. 对于没有规律的时间序列, 或者受到其他未知的或不可观测变量严重影响的时间序列, 人们基本上无能为力. 而且, 为了有足够的关于序列模式的信息, 时间序列分析通常需要较多的历史数据. 只有那些比较 "规范" 而且信息量较大的时间序列才有可能被建模并且用于预测. 此外, 一些时间序列模型有很强的数学假定, 但这些根据经验的假定永远无法用数据验证. 如果不注意到这些局限性, 则会导致滥用和误导.

什么是较 "规范" 的序列呢? 比方说, 对于一元时间序列来说, 就是在进行一系列差分变换之后可以转变为 "平稳" 的序列, "平稳" 是时间序列分析中的一个重要概念. 一般地, 平稳的序列可以用可操作的数学模型来描述和处理. 而对于多元时间序列, 则希望各个序列的线性组合是平稳的, 这样人们可以用数学方式来建模. 这里所用的数学模型通常都是线性模型, 或者是部分线性模型.

一般来说, 自然界中具有规律的降水、气压、气温、湿度等序列是比较规范的时间序列. 在与人类社会活动相关的序列中, 食品和日用品的销售等是比较有规律的, 某些宏观经济数据也是如此. 但诸如股票、期货等贸易及金融数据就很难有较明确的规律性, 这些时序的变动依赖于许多其他因素, 而且与产生数据的市场的成熟程度有关.

下面介绍一些时间序列的例子.

1.2 时间序列例子

例 1.1 美国年度经济数据 (sf.csv). 该数据来自 Fisher(1994)[①]. 该数据的变量为 DATE (相应于年末)、PRICEIND(1900—1938 年道琼斯工业及交通运输指数, 拼接到 1939—1985 年的纽约证交所综合指数)、PREMIUM(每年美国股票溢价)、USVEL2(纽约证交所成交率) 和 GROWTH(美国工业生产增长指数).

图1.1为例1.1序列的点图. 该图是用下面语句生成的:

```
w=read.csv("sf.csv")
w=ts(w[,-1],start=c(1899,1),freq=1)
plot(w,main="",type="o",pch=16)
```

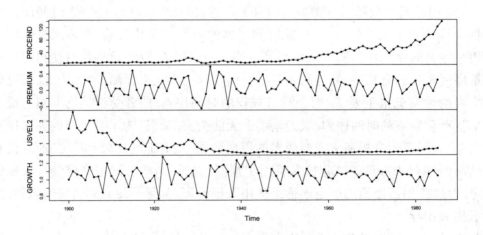

图 1.1 例1.1美国年度经济数据

[①] 可以从网页 http://qed.econ.queensu.ca/jae/1994-v9.S/fisher/data.sf 下载.

这是一组经济时间序列, Fisher (1994) 研究了这些序列之间的关系. PRICEIND 和 USVEL2 序列随着时间变化表现出上升和下降的长期趋势. PREMIUM 和 GROWTH 序列的波动较大, 且呈现一定的周期性. 在宏观经济分析领域, 这些时间序列数据扮演了很重要的角色. 通过对这些序列的预测和分析可以更好地为国家经济的管理服务. 本书的很多方法主要是用于经济金融领域的时间序列.

例 1.2 2000 年 1 月到 2012 年 10 月新西兰 5 个城市 (Auckland, Christchurch, Dunedin, Hamilton, Wellington) 的月度总降水数据 (NZRainfall.csv). 该数据可从网上下载[①].

图1.2为例1.2序列的点图. 该图是用下面语句生成的:

```
w=read.csv("NZRainfall.csv")
x=ts(w[,-1],start=c(2000,1),freq=12)
plot(x,ylab="Monthly rainfall (mm)",type="o",pch=16,nc=1,main="")
title("New Zealand Rainfall")
```

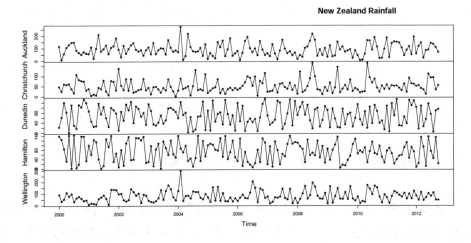

图 1.2 例1.2新西兰 5 个城市 2000 年 1 月到 2012 年 10 月的月度总降水量

这是一组降水数据, 与例1.1比较, 这组数据有比较强的周期性, 可以看出降水量随月度变化呈现出较有规律的波动. 从平均降水量上看, Dunedin 和 Hamilton 的月度降水量比较相似, 主要集中在 0mm 及 120mm 之间. Auckland 和 Wellington 降水量的峰值相对较高. 总体来说, 月度降水量属于比较规律的自然现象, 所以这几个序列并没有

---

① http://new.censusatschool.org.nz/resource/time-series-data-sets-2013/.

明显的总体上升或下降趋势变化. 诸如降水和气温等气象数据是时间序列中比较有规律的一族.

例 1.3 这是世界上 15 个城市的月度最高和最低温度 (2000-01 ~ 2012-10). 这里我们仅显示 Bogota 和 HongKong 两个城市的月度最低温度 (TempWorld2.csv).[①]
从图1.3可以看出这两个时间序列有相同的周期, 但又有很不相同的形状细节, 下面是读入数据和点图1.3的代码.

```
u=read.csv("TempWorld2.csv")[,c(5,11)]
ut=ts(u,start=c(2000,1),frequency=12)
plot(ut)
```

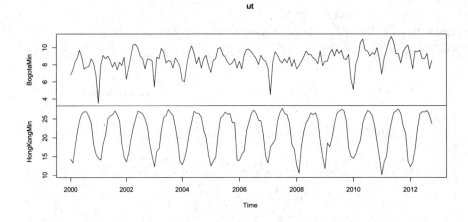

图 1.3　例1.3中 Bogota 和 HongKong 两个城市的月度最低温度

例 1.4 这是美国联邦政府的数据, 关于有效的联邦基金利率 (Effective Federal Funds Rate)(1954-07-01 ~ 2017-02-01)[②] 和 3 个月国库券二级市场利率 (Treasury Bill: Secondary Market Rate, TB3MS) (1943-01-01 ~ 2017-02-01). [③]

从图1.4可以看出这两个时间序列没有什么明显的周期, 但非常相似, 下面是读入数据和点图1.4的代码.

```
v1=read.csv("FEDFUNDS.csv")
```

[①] http://new.censusatschool.org.nz/resource/time-series-data-sets-2013/.
[②] https://fred.stlouisfed.org/series/FEDFUNDS/downloaddata?cid=118.
[③] http://research.stlouisfed.org/fred2/series/TB3MS.

```
v1t=ts(v1[,-1],start=c(1954,7),frequency=12)
v2=read.csv("TB3MS.csv")
v2t=ts(v2[,-1],start=c(1934,1),frequency=12)
par(mfrow=c(1,2))
plot(v1t)
plot(v2t)
```

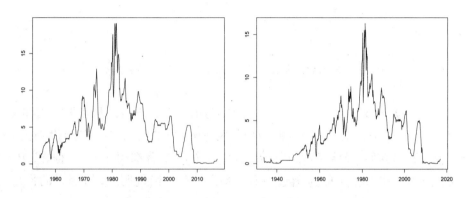

图 1.4 例1.4中 Funds Rate 和 TB3MS 两个序列图

前面的几个例子都是关于离散时间序列的, 下面的描述性例子是关于连续时间序列的. 这种连续时间序列不是本书研究的目标. 此外, 在本节的时间序列点图中, 凡是离散时间序列的点图都包含了观测值点及它们的连线, 以后的时间序列图一般都不标出观测值的点, 但一定标出观测点之间的连线 (因此看上去是连续的).

例 1.5 状态为 0 和 1 的连续监控时间序列. 图1.5为该序列的点图. 该序列是模拟出来的.

这个时间序列的观测对象是离散的 (0-1 过程), 但序列本身是连续的. 本书将不对这种数据进行分析, 引入这个例子仅仅是作为知识的介绍.

1.3 R 软件入门

1.3.1 简介

统计是数据科学, 分析数据必须要用软件, 而使用最方便、统计资源最丰富的开源性软件就是免费的 R 软件.

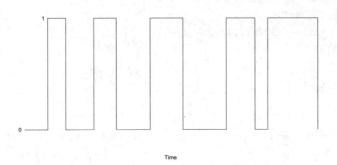

图 1.5 例1.5状态为 0 和 1 的连续监控时间序列

R 软件 (R Development Core Team, 2011) 用的是 S 语言, 其运算模式和 C 语言、Basic、Matlab、Maple、Gauss 等类似. R 软件是免费的自由软件, 它的代码公开, 可以修改, 十分透明和方便. 大量国外新出版的统计方法专著都附带有 R 程序. R 软件有强大的帮助系统, 其子程序称为函数. 所有函数都有详细说明, 包括变元的性质、缺省值是什么、输出值是什么、方法的说明以及参考文献和作者的地址. 大多数函数都有例子, 把这些例子的代码复制并粘贴到 R 界面就可以立即得到结果, 十分便捷. 反映新方法的各种程序包 (package) 可以从 R 网站上下载, 更方便的是联网时通过 R 软件菜单的 "程序包 – 安装程序包" 选项可直接下载程序包.

软件必须在使用中学, 仅仅从软件手册中学习是不可取的, 正如仅仅用字典和语法书无法学会讲外语一样. 笔者用过众多的编程软件, 没有一个是从课堂或者手册学的, 都是在分析数据的实践中学会的. 笔者在见到 R 软件时, 已经接近 "耳顺" 之年, 但在一天内即基本掌握它, 一周内可以熟练编程和无障碍地实现数据分析目的. 耄耋糊涂之翁尚能学懂, 何况年轻聪明的读者乎! 近年出现了大量关于 R 软件的英文参考资料, 很容易下载, 其代码可以复制和粘贴到 R 软件上 (笔者当年可没有如此幸运). 其中有一个网站上有 Vincent Zoonekynd 编写的《Statistics with R》, 实际上是网络书籍, 也可以下载其 PDF 版本[①], 很容易使用; 还有一本书是《Modern Applied Statistics with S》(Venables and Ripley, 2002), 可以下载其第 4 版的 PDF 版本[②], 该书通过 R 软件来介绍许多现代统计方法, 是非常好的一本书, 有一个 R 自带的程序包 (MASS) 就是以这本书的内容编写的 (MASS 为该书名字的缩写).

---

① 网址为: http://zoonek2.free.fr/UNIX/48_R/all.html.
② 网址为: http://www.planta.cn/forum/files_planta/modern_applied_statistics_with_s_192.pdf.

安装和运行小贴士

- 登录 R 网站 (http://www.r-project.org/)[①]，根据说明从你所选择的镜像网站下载并安装 R 的所有基本元素.
- 向左边变量赋值可以用 "=" 或者 "<-"，还可以用 "->" 向右赋值.
- 运行时可以在提示码 ">" 后逐行输入指令. 如果回车之后出现 "+" 号, 则说明你的语句不完整 (要在 + 号后面继续输入) 或者已输入的语句有错误.
- 每一行可以输入多个语句, 之间用半角分号 ";" 分隔.
- 所有代码中的标点符号都用半角格式 (基本 ASCII 码). R 的代码对于字母的大小写敏感. 变量名字、定性变量的水平以及外部文件路径和名字都可以用中文.
- 不一定非得键入你的程序, 可以粘贴, 也可以打开或新建以 R 为扩展名的文件 (或其他文本文件) 作为运行脚本, 在脚本中可以用 Ctrl+R 来执行 (计算) 光标所在行的命令, 或者仅运行光标选中的任何部分.
- 出现的图形可以用 Ctrl+W 或 Ctrl+C 来复制并粘贴 (前者像素高), 或者通过菜单存成所需的文件格式.
- 如果在运行时按 Esc 键则会终止运行.
- 在运行完毕时会被问到 "是否保存工作空间映像?", 如果选择 "保存", 下次运行时, 这次的运行结果还会重新载入内存, 不用重复计算, 缺点是占用空间. 如果已经有脚本, 而且运算量不大, 一般都不保存. 如果你点击了 "保存", 又没有输入文件名, 这些结果会放在所设或默认的工作目录下的名为 .RData 的文件中, 你可以随时找到并删除它.
- 注意, 从 PPT、PDF 或 Word 文档之类非文本文件中复制并粘贴到 R 上的代码很可能存在由这些软件自动变换的字体、首字母大写或者左右引号等造成的 R 无法执行的问题.
- R 中有很多常用的数学函数、统计函数以及其他函数. 可以通过在 R 的帮助菜单中选择 "手册 (PDF 文件)", 在该手册的附录中找到各种常用函数的内容.
- 在 R 界面, 你可以用问号加函数名或数据名得到该函数或数据的细节, 比如用 "?lm" 可以得到关于线性模型函数 "lm" 的各种细节. 另外, 如果想查看 MASS 程序包中的稳健线性模型 "rlm", 在已经打开该程序包时 (用 library(MASS) 打开, 用 detach(package:MASS) 关闭), 可用 "?rlm" 得到该函数的细节. 如果 MASS 没

[①] 网上搜索 "R" 即可得到其网址.

有打开[1]，或者不知道 rlm 在哪个程序包，可以用 "??rlm" 得到其位置. 如果对于名字不清楚，但知道部分字符，比如 "lm"，可以用 "apropos("lm")" 得到所有包含 "lm" 字符的函数或数据.

- 如果想知道某个程序包有哪些函数或数据，可以在 R 的帮助菜单上选择 "Html 帮助"，再选择 "Packages" 即可得到你的 R 上装载的所有程序包. 这个 "Html 帮助" 很方便，可以链接到许多帮助 (包括手册等).
- 有一些简化的函数，如加、减、乘、除、乘方 ("+、-、*、/、^") 等，可以用诸如 "?"+"" 这样的命令得到帮助 (不能用 "?+").
- 可以写关于代码的注释：任何在 "#" 号后面作为注释的代码或文字都不会参与运行.
- 你可能会遇到无法运行过去已经成功运行过的一些代码，或者得到不同结果的情况. 原因往往是这些程序包经过更新，一些函数选项 (甚至函数名称和代码) 都已经改变，这说明 R 软件的更新和成长是很快的. 解决的办法是查看该函数，或者查看提供有关函数的程序包来探索一下究竟.
- 不同的程序包经常包含有同样名字的函数，比如，程序包 ipred 及程序包 adabag 都有函数 bagging()，虽然在分类问题上它们有类似原理，但输出及预测等各方面都有区别. 这时如果两个程序包都属于开启状况就可能会出现某些代码运行困难，必须关闭其中不需要的一个程序包 (如使用代码 detach(package:adabag) 关闭程序包 adabag) 以执行你需要的程序包的函数.
- 有一个名为 RStudio 可以自由下载的软件能更方便地用几个窗口来展示 R 的执行、运行历史、脚本文件、数据细节等过程.

1.3.2 动手

如果你不愿意弄湿游泳衣，即使你的老师是世界游泳冠军，即使你在教室里听了几百小时的课，你也永远学不会游泳. 软件当然要在使用中学. R 软件的资源丰富，功能非常强大，我们不可能也没有必要把每一个细节都弄明白，有很多功能笔者到现在也没有用到，或者是因为没有需要，或者是因为有替代方法. 我们都有小时候读书的经验，能看懂多少就看懂多少，很少查字典，后来长大了，在开始学外语时，由于大量单词不会才对不认识的单词查字典. 实际上，读外语时，在有一定单词量的情况下，能猜就不查字典可能是更好的学习方式.

---

[1] 通常为了节省内存以及避免变量名字混杂，应该在需要时打开相应的程序包，不需要时关闭.

本书最后有附录"使用 R 软件练习",提供了一些笔者为练习而编的代码,如果全部一次运行,要不了一分钟.但希望读者在每运行一行之后就进行思考,一般人都能够在一两天内完全理解这些代码.如果在学习以后章节的统计内容时不断实践,R 语言就会成为你自己的语言了.

建议初学 R 者, 在读本书之前, 务必花些时间, 运行一下这些代码!

1.4 本书的内容

本书着重于通过现有的数学模型对真实数据进行分析.这就需要针对有各种特点的时间序列引进各种数学模型.人们不可能证明真实的时间序列会满足某个数学模型的数学假定,各种模型中所有关于数据的数学假定仅仅是人们头脑中对真实现象的某种近似,这些近似和实际问题的差距是永远不可能知道的,正如所有科学理论仅仅是对未知真理的近似一样.因此,对于一个时间序列会有多种模型可以拟合,结果也不尽相同,这是很正常的.此外,因为每个模型都是试图描述时间序列的某个或某些方面,因此,根据不同的目的,模型的选择也会不同.

本书第 2 章介绍一元时间序列的基本概念和 ARIMA 模型,这些概念和模型对于理解后面的章节很重要.但是,如果第 2 章的基本内容已经知道,或者大概了解,就不用在这一章花太多工夫,完全可以等到需要时再来查阅.第 2 章的习题也主要是与熟悉基本概念有关.

第 3 章为通过实际数据来应用第 2 章的知识做数据分析,以得到各种拟合及预测结果.此外第 3 章还介绍了 ARIMA 模型之外的其他模型及相关的拟合和预测等数据分析.第 3 章的习题主要是提供一些实际数据,希望读者创造性地模仿该章的例子来做一元时间序列数据分析.

第 4 章的状态空间和 Kalman 滤波涉及一些计算方法.很多一元时间序列的分析程序都潜在地用到了第 4 章的方法,但不一定明显注明.当然,在第 8 章则会用到多元状态空间模型.因此,第 4 章可以考虑跳过去,等到需要时再来参阅.本书也没有提供关于第 4 章内容的习题.

第 5~7 章主要介绍计量经济学中常用的单位根检验、研究长记忆过程的 ARFIMA 模型及研究时间序列波动的 GARCH 模型.由于这三章主要是描述有关的数学概念和模型本身,因此没有安排习题.第 6 章根据情况可以跳过.第 5 章和第 7 章内容的主要应用体现在第 8 章中.

第 8 章主要介绍多元时间序列的基本概念和模型.第 8 章最后是对实际多元时

间序列数据的拟合和预测, 涉及了前面各章的很多概念, 在习题中提供了许多实际数据让读者熟悉如何处理多元时间序列.

第 9 章是关于非线性时间序列的一些模型.

第 10 章是谱分析简介. 前面九章的内容主要是从时间域角度分析, 方法展开主要基于时序的自相关函数性质和稳定性质; 谱分析则从另一个角度来研究时间序列, 我们称之为频率域角度, 频率域分析把时序看成多组正弦曲线的叠加过程. 该章主要是引入一些数学概念, 介绍谱分析的基本思路, 并将时间域和频率域分析的关联性和一致性建立起来. 第 10 章不涉及具体数据的分析, 也没有习题, 可以仅作参考之用.

1.5 习题

1. 从网上下载 R 软件.
2. 在联网的情况下, 打开 R, 点击 "帮助–CRAN 主页–Packages" 看看今天有多少可供使用的程序包 (package), 再点击按照时间顺序排列的程序包列表, 看看今天又增加了多少新程序包 (包括更新的).
3. 在联网的情况下, 打开 R, 点击 "帮助–CRAN 主页–Task Views" 看看有多少你感兴趣的领域或方向, 再点击你感兴趣的领域, 看看有多少软件包可用.
4. 在 R 中 (不必要联网), 通过语句 ?lm 来看线性模型 (linear model) 函数 lm() 的用法, 然后看说明后面的例子, 把这些例子的代码逐行粘贴到 R 的运行界面, 查看结果.
5. 在 R 中, 用语句 mylm=fix(lm) 或者 mylm=edit(lm) 就可以把函数 lm() 变成你自己的名为 mylm() 的函数, 而且还可以修改.
6. 在联网状态, 在 R 菜单中点击 "程序包 – 安装程序包" 后, R 会要求你选择镜像网站, 选择完了就会出现一个很长的程序包列表, 你可以选择一个程序包或多个程序包 (按住 Ctrl 键) 来安装, 这种安装会自动安装这些程序包以及它们所需要的支持程序包 (即使你没有选).
7. 你也可以通过键入命令来安装程序包. 你可以试着键入下面的命令安装一个和多个程序包:

```
install.packages("Ecdat"); install.packages(c("TSA","vars"))
```

这时, R 会要求你选择镜像网站, 选择完了就会自动安装这些程序包以及它们所需要的支持程序包 (即使你没有选).

8. 根据上题在 R 中安装了程序包 Ecdat, 用 library(Ecdat);?Macrodat 打开程序包 Ecdat 所提供的数据 Macrodat 的说明, 然后用 plot(Macrodat) 语句画出有关的 7 个时间序列的图. 当然, 你也可以用语句

   ```
   plot(Macrodat,plot.type="single")
   ```

   把它们画到一张图上, 看看有什么区别.

9. 把上一题最后一个画图语句 plot(Macrodat,plot.type="single") 改变成语句

   ```
   plot(Macrodat,plot.type="single",type="o"),
   ```

   即增加选项 type="o", 看看会产生何种不同的点图. 由此, 根据帮助 ?plot 来了解相应于 type 的不同选项所产生的不同图形模式.

10. 建立工作目录是很方便的, 如果有了工作目录, 存取文件都在这个目录文件夹之下, 不用再指名路径. 有两种方式建立工作路径:
    (1) 敲入诸如 setwd("D:/mywork") 设立你自己的工作目录 (当然这个文件夹必须存在).
    (2) 在 R 的菜单中, 点击 "文件 – 改变工作目录" 后, 会出现路径窗口, 你自己选择适合的工作目录文件夹.
    如果你不知道目前的工作目录是什么, 可以用 getwd() 来获得.

11. 存取文件. 在选择工作目录, 并且用 library(Ecdat) 载入程序包 Ecdat 之后, 先点击 "文件 – 新建程序脚本", 会出现一个编辑窗口. 然后用语句

    ```
    write.csv(Macrodat, "Macrodat.csv",row.names=F)
    ```

    把数据 Macrodat 存入硬盘的目录中. 你再到该目录下寻找这个文件, 并打开查看, 会发现没有时间存入 (因为原数据就没有时间列). 如果要提取这个文件的数据, 加上数据说明中注明的时间段, 可以用语句

    ```
    w=read.csv("Macrodat.csv")
    w=ts(w,start=c(1959,1),frequency=4)
    ```

    得到. 这时点击 w 就可以看到有时间列的数据. 在关闭程序脚本前, 可以把这个脚本存为以 ".R" 结尾的文件[①].

12. 你可以用命令 history() 来查看工作时所用命令的记录, 可以把这个记录存到你的硬盘上, 以后还可以重复原先的工作.

[①] 目前, 新建脚本保存的次数有限 (可能是个缺陷), 最好起了文件名之后关闭, 再点击 "文件 – 打开程序脚本" 重新打开它, 这时就不会有保存的次数问题了.

第 2 章 一元时间序列的基本概念和 ARIMA 模型

本章介绍时间序列的概念、模型及一些方法,体现了人们用数学语言来描述现实世界的努力. 任何时间序列的模型都试图近似地描述一些真实的时间序列. 当然它们都不等同于实际的序列. 本章要介绍的一些模型反映了人们所掌握的数学手段, 但并不一定反映人们可能面对的现实世界. 这些模型的定义都含有各种在实践中无法验证的假定. 实际上, 这些模型仅仅是人们所发明的各种数学模型的一部分. 读者肯定明白, 数学模型的复杂性不一定与其实用性成正比.

2.1 时间序列的平稳性及相关性度量

在经典的回归分析教科书中, 多数数据都是所谓的横截面数据, 即每个对象只取一次观测值. 比如一个金融机构记录的各个客户企业的总资产、货币资产、净资产、净债务、经营活动现金流、信用等级等就组成了一个横截面数据. 但如果这个金融机构对其客户每年都做同样内容的记录, 那么多年的记录就形成了多个变量 (多元) 的时间序列, 其中任何一个变量的序列就是单变量或一元时间序列. 由于时间序列是一种随机过程, 我们也经常使用术语 "过程" 来表示时间序列.

在经典数理统计基础教科书中, 经常会考虑一个变量的独立同分布的样本, 也就是说观测值 $\{Y_1, \cdots, Y_n\}$ 都是来自一个总体的独立观测值. 但如果对于一个对象在不同时间进行观测, 所得到的观测值就不一定独立同分布了. 比如一个地点每小时所进行的气温记录 $\{X_1, \cdots, X_n\}$ 就显然不是独立同分布的了, 每个时间的温度都和前后的温度相关 (称为自相关, 即温度变量自身各个观测值之间的相关). 因此, 在独立同分布条件下的统计方法就不适用了, 需要引进时间序列分析的各种方法.

观测值之间最重要的关系度量就是相关性的度量, 本节就介绍时间序列的相关性度量, 以及在时间序列分析中很重要的平稳性概念和差分的方法.

一个有 N 个顺序观测值的时间序列 $\{X_1, X_2, \cdots, X_N\}$ 可以看成随机过程 $\{X_t : t = 0, \pm 1, \pm 2, \pm 3, \cdots\}$ 的一个部分.[①]

2.1.1 平稳、自协方差函数和自相关函数

平稳性

对于时间序列 $X_1, X_2, \cdots$, 如果称之为**严平稳的** (strictly stationary), 则它必须满足以下条件: 对于任何 $t_1, \cdots, t_k$, 滞后期 τ 和 k, $X_{t_1}, \cdots, X_{t_k}$ 的联合分布与 $X_{t_1+\tau}, \cdots, X_{t_k+\tau}$ 的联合分布相同. 如果 $k=1$, 那么 X_t 的分布对所有的 t 都相同, 而且均值和方差都不随 t 而变.

对于时间序列 $X_1, X_2, \cdots$, 如果称之为**弱平稳的** (weak stationary), 或者**二阶平稳的** (second-order stationary), 或者**协方差平稳的** (covariance stationary), 则它必须满足下面条件: X_t 的均值 (数学期望) 不随时间而改变, 即对于任何 t, $E(X_t) = \mu$ (这里 μ 为一个常数), 而且, 对于任何滞后期 τ, X_t 与 $X_{t+\tau}$ 的相关系数 $\text{Cov}(X_t, X_{t+\tau}) = \gamma_\tau$, 即该相关系数仅仅依赖于 τ, 与时间 t 无关. 显然, 平稳时间序列的方差也是一个常数: $\text{Var}(X_t) = \gamma_0$.

注意, 除非在某些假定条件下, 严平稳和弱平稳没有一个包含另一个的关系, 一般教科书都着重讨论弱平稳 (即二阶平稳), 本书后面所涉及的**平稳**都是弱平稳. 弱平稳时间序列有不随时间改变的一阶和二阶矩.

一类很重要的过程是正态过程, 即序列 $X_{t_1}, \cdots, X_{t_k}$ 对于所有的 $t_1, \cdots, t_k$ 都是多元正态分布的. 而多元正态分布则完全被该分布的一阶矩 $\mu(t)$ 和二阶矩 $\gamma(t_1, t_2)$ 所决定, 因此, 对于正态过程, 弱平稳或二阶平稳就意味着严平稳. 但如果过程非常 "不正态", 仅靠 μ 和 γ_τ 就不能很好地描述平稳过程了.

自协方差函数和自相关函数

假定 X_t 和 X_s 的均值分别为 $\mu_t = E(X_t), \mu_s = E(X_s)$, 那么 X_t 和 X_s 的**自协方差函数** (auto-covariance function, acvf) 定义为

$$\gamma(t,s) = \text{Cov}(X_t, X_s) = E[(X_t - \mu_t)(X_s - \mu_s)].$$

[①] 人们通常用小写字母来记该时间序列的观测值 (随机序列的具体实现): $x_1, x_2, \cdots, x_N$, 但在某些不会混淆的情况下, 随机序列及其实现都用小写字母表示. 此外, 为简单计, 一个时间序列 $X_1, X_2, \cdots, X_N$ 往往用花括号 $\{X_t\}_1^N$ 表示, 类似地, 对无穷序列有 $\{X_t\}_1^\infty$ 或 $\{X_t\}_{-\infty}^\infty$ 之类的表示, 在不会混淆时, 均用 $\{X_t\}$ 表示.

对于平稳时间序列，如果 $\tau = s - t$ 及 $\mu = E(X_t) = E(X_s)$，则有自协方差函数[1]

$$\begin{aligned}\gamma(h) \equiv \gamma_\tau &\equiv \gamma(t,s) \\ &= E[(X_t - \mu_t)(X_s - \mu_s)] \\ &= E[(X_t - \mu)(X_{t+\tau} - \mu)].\end{aligned}$$

也就是说，平稳时间序列的自协方差函数 γ_τ 仅仅依赖于时间差 τ，与绝对时间无关。

平稳时间序列的**自相关函数** (auto-correlation function, acf) 定义为[2]

$$\rho(\tau) \equiv \rho_\tau \equiv \frac{\gamma_\tau}{\gamma_0} = \frac{E[(X_t - \mu)(X_{t+\tau} - \mu)]}{\text{Var}(X_t)}.$$

对于平稳序列，有

$$\gamma_\tau = \text{Cov}(X_t, X_{t+\tau}) = \text{Cov}(X_{t-\tau}, X_t) = \gamma_{-\tau}.$$

自相关函数的性质如下：

若记方差 $\sigma^2 = \text{Var}(X_t) = \gamma_0$，由 $\rho_\tau = \gamma_\tau/\gamma_0 = \gamma_\tau/\sigma^2$，可得

$$\rho_\tau = \rho_{-\tau}.$$

此外，关于 ρ_τ，还有

$$\|\rho_\tau\| \leqslant 1.$$

这是因为，根据方差的性质，对于任意的常数 λ_1, λ_2，有

$$\begin{aligned}0 &\leqslant \text{Var}(\lambda_1 X_t + \lambda_2 X_{t+\tau}) \\ &= \lambda_1^2 \text{Var}(X_t) + \lambda_2^2 \text{Var}(X_{t+\tau}) + 2\lambda_1 \lambda_2 \text{Cov}(X_t, X_{t+\tau}) \\ &= (\lambda_1^2 + \lambda_2^2)\sigma^2 + 2\lambda_1 \lambda_2 \gamma_\tau,\end{aligned}$$

所以得到

当 $\lambda_1 = \lambda_2 = 1$ 时：$\gamma_\tau \geqslant -\sigma^2 \Rightarrow \rho_\tau \geqslant -1$;

---

[1] 为方便计，我们既用 $\gamma(h)$ 也用 γ_h 表示平稳序列的自协方差函数.
[2] 为方便计，我们既用 $\rho(h)$ 也用 ρ_h 表示平稳序列的自相关函数.

$$\text{当 } \lambda_1 = 1, \lambda_2 = -1 \text{ 时}: \gamma_\tau \leqslant \sigma^2 \Rightarrow \rho_\tau \leqslant +1.$$

即得 $\|\rho_\tau\| \leqslant 1$.

注意, 自相关函数 acf 并不唯一识别背景模型. 虽然一个给定的随机过程都有唯一的 acf, 但是一个给定的自相关函数并不一定对应唯一的随机过程. 即使是不同的正态过程, 也可能有同样的自相关函数. 这时, 就需要所谓的**可逆性条件** (invertibility condition) 来保证唯一性. 这样就可以在可逆性条件下通过自相关函数去识别一个随机过程. 关于可逆性条件, 请参见后面章节中的介绍.

如果 $\{x_t\}_{t=1}^T$ (代表 $x_1, \cdots, x_T$) 为时间序列 $\{X_t\}_{t=1}^T$ (代表 $X_1, \cdots, X_T$) 的样本, 滞后期 τ 的**样本自协方差函数** (sample auto-covariance function, sacvf) 及滞后期 τ 的**样本自相关函数** (sample auto-correlation function, sacf) 分别定义为

$$\hat{\gamma}_\tau = \frac{1}{T} \sum_{t=\tau+1}^{T} (x_t - \bar{x})(x_{t-\tau} - \bar{x})$$

和

$$\hat{\rho}_\tau = \frac{\hat{\gamma}_\tau}{\hat{\gamma}_0},$$

这里 $\bar{x} = \frac{1}{T} \sum_{t=1}^T x_t$ 为样本均值. 在不会发生误解的情况下, 上面两个样本函数的 "样本" 二字往往省略, 它们的英文缩写也用 acvf 和 acf.

2.1.2 差分算子和后移算子

差分算子

人们总是希望把非平稳时间序列变换成平稳序列, 以便于用数学方法来处理, 而最常用的变换是差分变换.

对于序列 $\{X_1, \cdots, X_N\}$, 其**一阶 (向后) 差分** (first-order (backward) difference) 定义为 $\{y_2, \cdots, y_N\}$, 这里 $y_t = \nabla x_t \equiv x_t - x_{t-1}$[①].

二阶差分 (second-order difference) 定义为

$$\begin{aligned}\nabla^2 x_t &= \nabla(\nabla x_t) \\ &= \nabla x_t - \nabla x_{t-1}\end{aligned}$$

---

① 一些文献用 Δ 标记差分算子.

$$= (x_t - x_{t-1}) - (x_{t-1} - x_{t-2})$$
$$= x_t - 2x_{t-1} + x_{t-2},$$

类似地, p 阶差分为

$$\nabla^p x_t = \nabla^{p-1}(\nabla x_t) = \nabla^{p-1} x_t - \nabla^{p-1} x_{t-1},$$

s 期滞后差分为

$$\nabla_s x_t = x_t - x_{t-s}.$$

显然, $\nabla\nabla_s \equiv \nabla_s\nabla$; 对于常数 c, $\nabla c = 0$.

后移算子

后移 (滞后) 算子 (back-shift (lag) operator) B 定义为 $By_t \equiv y_{t-1}$,[①] 显然, $\nabla \equiv 1 - B$. 后移算子有下面的性质:

- $B^s y_t = y_{t-s}$
- $Bc = c$
- $Bcy_t = cy_{t-1} = cBy_t$
- $(a_1 B^i + a_2 B^j)y_t = a_1 B^i y_t + a_2 B^j y_t = a_1 y_{t-i} + a_2 y_{t-j}$
- $B^i B^j y_t = B^{i+j} y_t = y_{t-i-j}$
- $\frac{1}{(1-aB)} y_t = \{1 + aB + a^2 B^2 + \cdots\} y_t = y_t + ay_{t-1} + a^2 y_{t-2} + \cdots$, 假定 $|a| < 1$
- $B^0 = 1$
- $B(cx_t) = cBx_t = cx_{t-1}$
- $B(x_t + y_t) = x_{t-1} + y_{t-1}$
- $(1-B)^n = \sum_{i=0}^{n}(-1)^i \binom{n}{i} B^i$
- p 阶差分: $\nabla^p x_t = (1-B)^p x_t = \sum_{i=0}^{p}(-1)^i \binom{p}{i} x_{t-i}$
- k 期滞后差分: $\nabla_k x_t = x_t - x_{t-k} = (1 - B^k)x_t$

2.2 白噪声

如果序列 $\{w_t\}$ 的所有观测值都是独立同分布的, 而且其均值 μ 及方差 σ^2 均为有穷的常数 (通常定义均值 $\mu = 0$), 记为 $w_t \sim \text{iid}(\mu, \sigma^2)$, 则称序列 $\{w_t\}$ 为**白噪声过程**

---
① 一些文献用 L 标记后移算子.

(white noise process) 或**纯随机过程** (purely random process). 白噪声的定义通常用符号表示为

$$w_t \sim wn(\mu, \sigma^2).$$

如果白噪声的分布是均值为 0 的正态分布, 即 $w_t \overset{\text{iid}}{\sim} N(0, \sigma^2)$, 则 $\{w_t\}$ 也称为**高斯白噪声** (Gaussian white noise). 更一般的白噪声的定义为: 对于任何平稳过程 $\{w_t\}$, 如果其自协方差函数 γ_h 满足条件

$$\gamma_h = \begin{cases} \sigma^2, & h = 0 \\ 0, & h \neq 0 \end{cases}$$

则可以称该过程为白噪声.[①] 这里没有要求常数均值, 但通常都定义白噪声的均值为零, 以体现其为纯粹的 "噪声".

根据上面的定义可以知道白噪声序列 $\{w_t\}$ 的自协方差函数为

$$\gamma_k = \text{Cov}(w_t, w_{t+k}) = \begin{cases} \sigma^2, & k = 0 \\ 0, & k = \pm 1, \pm 2, \cdots \end{cases}$$

因而, 自相关函数为

$$\rho_k = \begin{cases} 1, & k = 0 \\ 0, & k = \pm 1, \pm 2, \cdots \end{cases}$$

白噪声过程是二阶平稳的, 独立性假定保证了白噪声也是严平稳的.

图2.1为模拟的高斯白噪声序列图 (左) 及其样本自相关函数图 (右).

产生图2.1的代码为:

```
set.seed(10);x=rnorm(150)
par(mfrow=c(1,2))
ts.plot(x);acf(x)
```

白噪声过程可以成为许多复杂过程的基本组件, 比如后面要介绍的移动平均过程. 一些文献在白噪声定义中把独立性减弱成观测值互不相关, 这对于线性正态过程来说是等价的, 但对于非线性过程则需要独立性假定了.

[①] 这是因为其谱密度 $f(\nu) = \sum_{h=-\infty}^{\infty} \gamma_h e^{2\pi i \nu h} = \gamma_0 = \sigma^2$, 为常数, 说明所有频率强度相同, 如同白光一样, 故称其为白噪声. 参见后面有关谱分析的章节.

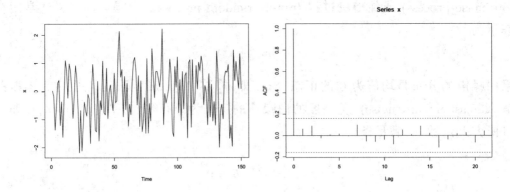

图 2.1 模拟的高斯白噪声序列图 (左) 及其样本自相关函数图 (右)

2.3 随机游走

假定 $\{w_t\}$ 为白噪声, 均值为 0, 方差为 σ^2, 如果

$$X_t = \mu + X_{t-1} + w_t,$$

则过程 $\{X_t\}$ 称为带有漂移 (drift) μ 的**随机游走** (random walk), 亦称**随机徘徊**. 如果 X_0 固定, 那么有

$$X_t = \mu t + X_0 + \sum_{i=1}^{t} w_i.$$

因此

$$E(X_t) = \mu t + X_0, \ \mathrm{Var}(X_t) = t\sigma^2.$$

随 t 而变的均值及方差意味着该过程是非平稳的. 然而, 随机游走的一阶差分

$$\nabla X_t = X_t - X_{t-1} = \mu + w_t$$

是一个纯随机过程, 它是平稳的.

图2.2为模拟的带漂移 ($\mu = 0.005$) 的随机游走 (左下) 及其样本自相关函数图 (右上), 下面左右两图分别为原序列的差分及差分的样本自相关函数图.

产生图2.2的代码为:

```
set.seed(1010)
rwd=cumsum(rnorm(n=100, mean=(1:100)*.005))
```

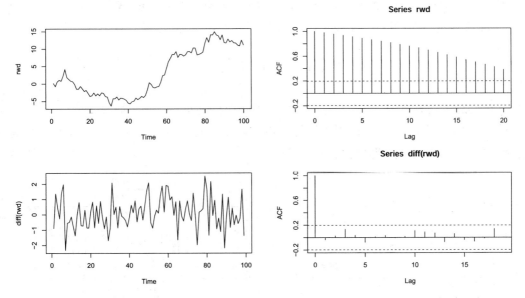

图 2.2 模拟的随机游走 (左上) 及其差分 (左下) 以及它们的样本自相关函数图 (右上和右下)

```
par(mfrow=c(2,2));ts.plot(rwd);acf(rwd)
ts.plot(diff(rwd));acf(diff(rwd))
```

在应用中, 一些人假定股票价格服从随机游走模型, 也就是说, 今天的股票价格等于昨天的股票价格加上一个随机误差. 这种假定在数学上很方便, 可以推导出很漂亮的数学结果, 但在实际生活中可能是非常不合理的, 特别是在金融危机、政治危机或者其他因素影响下, 用随机游走模型来描述股票价格就很荒谬了.

2.4 趋势平稳过程

趋势平稳过程 (trend stationary process) 定义为

$$X_t = f(t) + y_t, \tag{2.1}$$

这里的 $f(t)$ 是 t 的任意实值函数, 而 $\{y_t\}$ 为一个平稳过程. 它可以看成围绕着 $f(t)$ 周围的平稳过程. 前面的带漂移的随机游走是一个最简单的趋势平稳过程, 它可以写成下面形式:

$$X_t = \mu + \beta t + w_t, \ \ w_t \sim \text{iid}\,(0, \sigma^2).$$

式 (2.1) 中的 $f(t)$ 在这里是 $E(X_t) = \mu + \beta t$, 而 $y_t = w_t$, 方差 $\text{Var}(X_t) = \sigma^2$, 因均值随时间而变, 它不是平稳过程. 在取一阶差分后, 可以得到

$$\nabla X_t = \beta + w_t - w_{t-1}.$$

显然, ∇X_t 是一个平稳的 MA(1) 过程 (后面要介绍), 均值为 β, 方差为 $2\sigma^2$.

图2.3为模拟的趋势平稳过程 (左上) 和样本自相关函数图 (右上), 以及其一阶差分序列 (左下) 和样本自相关函数图 (右下).

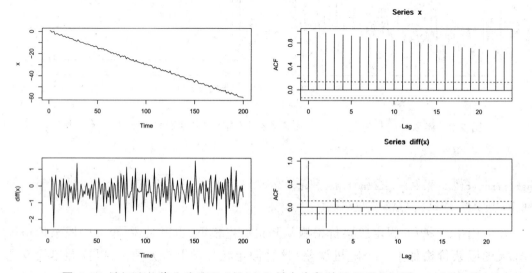

图 2.3 模拟的趋势平稳过程 (左上) 和样本自相关函数图 (右上), 以及其一阶差分序列 (左下) 和样本自相关函数图 (右下)

产生图2.3的代码为:

```
set.seed(1010)
y=arima.sim(n = 200, list(ma = c(0.2, -0.4)),sd = sqrt(0.2))
x=0.5-0.3*(1:200)+y
par(mfrow=c(2,2));ts.plot(x);acf(x)
ts.plot(diff(x));acf(diff(x))
```

这里模拟的序列为 $x_t = 0.5 - 0.3t + y_t$, 其中的 y_t 属于后面要介绍的平稳的移动平均过程 MA(2).

2.5 联合平稳性和互相关函数

考虑两个时间序列 X_t 和 Y_t, 如果它们皆为平稳的, 而且它们的**互协方差函数** (cross-covariance function)

$$\gamma_{XY}(h) = \text{Cov}(X_{t+h}, Y_t) = E[(X_{t+h} - \mu_X)(Y_t - \mu_Y)]$$

仅仅是滞后 h 的函数, 则称 X_t 和 Y_t 为**联合平稳的** (jointly stationary).

联合平稳时间序列 X_t 和 Y_t 的**互相关函数** (cross-correlation function, ccf) 定义为

$$\rho_{XY}(h) = \frac{\gamma_{XY}(h)}{\sqrt{\gamma_X(0)\gamma_Y(0)}}.$$

显然互相关函数有下面性质: $-1 \leqslant \rho_{XY}(h) \leqslant 1$, $\rho_{XY}(h) \neq \rho_{XY}(-h)$ 以及 $\rho_{XY}(h) = \rho_{YX}(-h)$.

样本 x_t 和 y_t 的**样本互协方差函数** (sample cross-covariance function) 定义为

$$\hat{\gamma}_{xy}(h) = n^{-1} \sum_{t=1}^{n-h} (x_{t+h} - \bar{x})(y_t - \bar{y}),$$

而 $\hat{\gamma}_{xy}(-h) = \hat{\gamma}_{xy}(h)$ 确定负滞后时的函数值. **样本互相关函数** (sample cross-correlation function) 定义为

$$\hat{\rho}_{xy}(h) = \frac{\hat{\gamma}_{xy}(h)}{\sqrt{\hat{\gamma}_x(0)\hat{\gamma}_y(0)}}.$$

2.6 一般线性模型

假定 $\{w_t\}$ 是均值为 0 的白噪声序列 (假定其方差为 σ^2), 那么该序列可以通过下面的**线性滤波** (linear filter) 变换成序列 $\{X_t\}$:

$$\begin{aligned} X_t &= \mu + \sum_{j=0}^{\infty} \psi_j w_{t-j} \\ &= \mu + (1 + \psi_1 B + \psi_2 B^2 + \cdots) w_t \\ &= \mu + \psi(B) w_t, \end{aligned} \quad (2.2)$$

式(2.2)中, $\psi_0 = 1$, 而算子 $\psi(B) \equiv 1 + \psi_1 B + \psi_2 B^2 + \cdots$ 为 $\{w_t\}$ 变换到 $\{X_t\}$ 的算子, 这里的序列 $\{X_t\}$ 是后面会介绍的无穷阶移动平均过程 MA(∞).

显然, 只有在系数满足 $\sum_{j=0}^{\infty} |\psi_j| < \infty$ 时, 序列 $\{X_t\}$ 才是平稳的, 并且以 μ 作为均值. 由于均值不会改变协方差的性质, 往往假定其为 0, 这时, 一般线性模型为 $X_t = \psi(B)w_t$. 在满足 $\sum_{j=0}^{\infty} |\psi_j| < \infty$(这时称序列为**绝对可加的** (absolutely summable)) 或满足 $\sum_{j=0}^{\infty} \psi_j^2 < \infty$(这时称序列为**二次可加的** (square summable) 或ℓ_2 **可加的**) [①]时, 式 (2.2) 的序列称为**因果的** (causal). 这个因果 (causality) 概念源于目前的观测值是目前和过去的白噪声项的函数. 对于预测来说, 只有因果平稳过程才有意义, 因此在应用中所提到的平稳都是因果平稳, 也就是依历史的平稳, 而不是非因果 (依未来) 的平稳.

根据 **Wold 分解定理** (Wold's decomposition theorem): 任何 (弱) 平稳时间序列都可以表示成上面的一般线性模型形式, 因此式 (2.2) 也称为 **Wold 形式** (Wold form) 或者 **Wold 表示** (Wold representation). 除了前面提到的均值 $E[X_t] = \mu$ 之外, 我们还有

$$\gamma_0 = \text{Var}(X_t) = \sigma^2 \sum_{j=0}^{\infty} \psi_j^2,$$

$$\gamma_k = \text{Cov}(X_t, X_{t-k}) = \sigma^2 \sum_{j=0}^{\infty} \psi_j \psi_{j+k},$$

$$\rho_k = \frac{\sum_{j=0}^{\infty} \psi_j \psi_{j+k}}{\sum_{j=0}^{\infty} \psi_j^2}.$$

由于 $\partial X_{t+j}/\partial w_t = \psi_j, j = 1, 2, \cdots$, Wold 形式中的权重 ψ_j 又称为**脉冲响应** (impulse response).

式 (2.2) 如同一个回归, 而其所有的解释函数 (即 $\{X_t\}$) 都是不可观测的误差 (即 $\{w_t\}$) 的函数. 所谓的**可逆性条件** (invertibility condition) 意味着能够把这些误差表示成目前及以前的观测值的加权和:

$$w_t = \sum_{j=1}^{\infty} \pi_j X_{t-j}.$$

在绝对可加 ($\sum_{j=0}^{\infty} |\pi_j| < \infty$) 条件下, 这样的序列 $\{X_t\}$ 称为**可逆的** (invertible), 或者更严格地说 $\{X_t\}$ 是 $\{w_t\}$ 的**可逆函数** (invertible function). 从预测的观点, 可逆性表示了现在和过去的误差所提供的信息等价于现在和过去观测值所提供的信息. 或者, 对

[①] 注意, 可以证明: $\sum_{j=0}^{\infty} |\psi_j| < \infty \Rightarrow \sum_{j=0}^{\infty} \psi_j^2 < \infty$, 以及 $\sum_{j=0}^{\infty} |\psi_j| < \infty \Rightarrow \sum_{j=0}^{\infty} |\gamma_j| < \infty$.

于任意随机变量 Y, 有

$$E[Y|X_t, X_{t-1}, \cdots] = E[Y|w_t, w_{t-1}, \cdots].$$

目前这个关系依赖于无穷多个过去的值. 后面我们将继续讨论可逆性是否可能, 什么平稳序列满足可逆性条件, 是否能够用有穷项来表示等问题.

2.7　MA 模型

假定 $w_t \sim wn(0, \sigma_w^2)$, 如果序列 $\{X_t\}$ 满足

$$X_t = \mu + w_t + \theta_1 w_{t-1} + \cdots + \theta_q w_{t-q},$$

则称其为 q 阶 **MA 过程**, 即 q 阶**移动平均过程** (moving average process), 记为 MA(q). 令移动平均算子 $\theta(B) = 1 + \theta_1 B^1 + \theta_2 B^2 + \cdots + \theta_q B^q$, 则该模型为

$$X_t = \mu + \theta(B) w_t.$$

显然

$$E(X_t) = \mu, \ \text{Var}(X_t) = \sigma^2 \left(1 + \sum_{i=1}^{q} \theta_i^2\right).$$

考虑 B 为一个复变量, $\theta(B) = 0$ 称为该模型的**特征方程** (characteristic equation). 根据 $\{w_t\}$ 作为白噪声的性质, 可以导出 MA(q) 过程的各种矩为

$$E[X_t] = \mu,$$
$$\gamma_0 = \sigma^2(1 + \theta_1^2 + \cdots + \theta_q^2),$$
$$\gamma_j = \begin{cases} \sigma^2 \left(\theta_j + \sum_{i=1}^{q-j} \theta_i \theta_{i+j}\right), & j = 1, 2, \cdots, q \\ 0, & j > q \\ \gamma_{-j}, & j < 0 \end{cases}$$

由此, 可以得出 MA(q) 的自相关函数 (acf):

$$\gamma_0 = \sigma^2(1 + \theta_1^2 + \cdots + \theta_q^2),$$

$$\rho_j = \begin{cases} \frac{\theta_j + \sum_{i=1}^{q-j} \theta_i \theta_{i+j}}{1+\theta_1^2+\cdots+\theta_q^2}, & j=1,2,\cdots,q \\ 0, & j>q \\ \rho_{-j}, & j<0 \end{cases}$$

由这个表达式可以看出, MA(q) 的自相关函数 ρ_j 在 $j>q$ 时为 0, 因此, 可用 acf 来大致判断 MA 过程的阶数 (见图2.4).

图2.4为模拟的不同参数的 MA(2) 过程的 acf 图, 三组过程的 $\boldsymbol{\theta}$ 参数分别为 (0.5, 0.3), (0.5, −0.3), (−0.75, −0.3). 注意三个图在滞后期为 0 的 acf 均为 1.

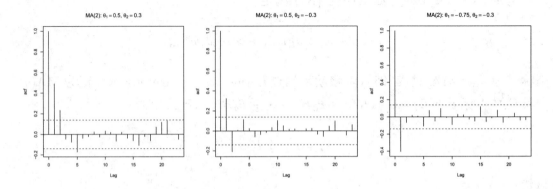

图 2.4 模拟的不同参数的 MA(2) 过程的 acf 图

产生图2.4的代码为:

```
set.seed(63010);par(mfrow=c(1,3))
plot(acf(arima.sim(n=200,list(ma=c(.5,.3))),plot=F),ylab="acf",
type="h", main=expression(paste("MA(2): ",
theta[1]==0.5,", ", theta[2]==0.3)))
plot(acf(arima.sim(n=200,list(ma=c(.5,-.3))),plot=F),ylab="acf",
type="h", main=expression(paste("MA(2): ",
theta[1]==0.5,", ", theta[2]==-0.3)))
plot(acf(arima.sim(n=200,list(ma=c(-.75,-.3))),plot=F),ylab="acf",
type="h", main=expression(paste("MA(2): ",
theta[1]==-0.75,", ", theta[2]==-0.3)))
```

显然, 无论那些系数 $\{\theta_i\}$ 是多少, MA(q) 过程总是平稳的, 在 MA(∞) 时需要系数的绝对可加条件.

关于可逆性, 请先看下面例子.

2.7 MA 模型

例 2.1 具有同样 acf 的序列不一定都可逆. 假定有两个 MA(1) 过程:

$$A: X_t = w_t + \theta w_{t-1},$$
$$B: X_t = w_t + \theta^{-1} w_{t-1}.$$

容易验证, 它们有完全一样的 acf. 因此不能从给定的 acf 来唯一地确定 MA 过程. 现在试图用 $\{X_t\}$ 来表示 $\{w_t\}$, 得到

$$A: w_t = X_t - \theta X_{t-1} + \theta^2 X_{t-2} -, \cdots,$$
$$B: w_t = X_t - \theta^{-1} X_{t-1} + \theta^{-2} X_{t-2} -, \cdots.$$

如果 $|\theta| < 1$, 则模型 A 的 X_{t-j} 的系数序列收敛, 而模型 B 的 X_{t-j} 的系数序列不收敛. 因此模型 B 不是可逆的.

对于一般的 MA(q) 来说,

$$X_t - \mu = \theta(B) w_t,$$

即

$$w_t = \theta^{-1}(B)(X_t - \mu).$$

如果

$$\theta(B) = \prod_{i=1}^{q}(1 - \lambda_i B),$$

做部分分式展开, 得到

$$\pi(B) = \theta^{-1}(B) = \sum_{i=1}^{q} \frac{m_i}{1 - \lambda_i B}.$$

只有在 $|\lambda_i| < 1$ $(i = 1, \cdots, q)$, 权重 $\pi_j = -\sum_{i=1}^{q} m_i \lambda_i^j$ 是绝对可加时, $\pi(B)$ 收敛. 由于特征方程 $\theta(B) = 0$ 的根为 λ_i^{-1}, 所以, 如果 MA(q) 过程的特征方程的根都在单位圆外, 则该过程是可逆的. 实际上, 这里说的可逆性是可以把序列 $\{X_t\}$ 用目前及过去的信息来表示, 也可以说是**依历史可逆** (invertible in the past), 而 MA 过程的特征方程的根只要不在单位圆上, 就可以把该过程表示成可逆 (依历史可逆) 或者不可逆 (依未来可逆) 的形式. 为此, 请看下面例子.

例 2.2 MA(1) 过程的两种转换. 考虑 $\mu = 0$ 的 MA(1) 过程

$$X_t = w_t + \theta w_{t-1}.$$

它可以写成 $w_t = X_t - \theta w_{t-1}$, 通过迭代, 得到

$$\begin{aligned}
w_t &= X_t - \theta(X_{t-1} - \theta w_{t-2}) = X_t - \theta X_{t-1} + \theta^2 w_{t-2} = \cdots \\
&= X_t - \theta X_{t-1} + \cdots + (-\theta)^p X_{t-p} + (-\theta)^{p+1} w_{t-(p+1)} = \cdots \\
&= X_t + \sum_{j=1}^{\infty} (-\theta)^j X_{t-j}
\end{aligned}$$

或者

$$X_t = w_t - \sum_{j=1}^{\infty} (-\theta)^j X_{t-j}. \tag{2.3}$$

完全类似地, 根据 $X_{t+1} = w_{t+1} + \theta w_t$, 或者 $w_t = \theta^{-1} X_{t+1} - \theta^{-1} w_{t+1}$, 类似于 (2.3) 式的推导, 该 MA(1) 过程也可以写成

$$w_t = -\sum_{j=1}^{\infty} (-\theta^{-1})^j X_{t+j} \text{ 或者 } X_t = \theta w_{t-1} - \sum_{j=1}^{\infty} (-\theta^{-1})^j X_{t+j}. \tag{2.4}$$

当 $|\theta| < 1$ 时, (2.3) 中的序列是收敛的, 因此该 MA(1) 过程是 (依历史) 可逆的, 而当 $|\theta| > 1$ 时, (2.4) 中的序列是收敛的, 但却是 "依未来可逆", 它对于预测没有意义, 不符合我们关于可逆性的定义.

2.8 AR 模型

假定 $\{w_t\}$ 是均值为 0、方差为 σ^2 的白噪声序列, 如果均值为 0 的序列 $\{X_t\}$ 满足

$$X_t = \phi_1 X_{t-1} + \cdots + \phi_p X_{t-p} + w_t,$$

则称它为 p 阶 **AR** 过程, 即 p 阶**自回归过程** (autoregressive process)AR(p). 如果 X_t 的均值 μ 不等于 0, 则上式等价于

$$X_t = \alpha + \phi_1 X_{t-1} + \cdots + \phi_p X_{t-p} + w_t,$$

式中的 $\alpha = (1 - \phi_1 - \cdots - \phi_p)\mu$. 令 $\phi(B) = 1 - \phi_1 B - \phi_2 B^2 - \cdots - \phi_p B^p$, 则该模型可写成

$$\phi(B)X_t = \alpha + w_t.$$

考虑 B 为一个复变量, 则

$$\phi(B) = 0$$

称为该 AR 模型的**特征方程**.

根据前面的内容可知, 如果在绝对可加的条件下, AR(p) 有 Wold 表示 (2.2), 则该 AR 过程称为因果的. 可以证明, $\phi(B)X_t = \alpha + w_t$ 有唯一的平稳解的充分必要条件是特征方程的解不在单位圆上. 如果 AR(p) 的特征方程的根都在单位圆外, 则该过程为因果平稳的.

例 2.3   AR 过程的两种转换. 考虑 AR(1) 过程

$$X_t = \phi_1 X_{t-1} + w_t,$$

有

$$\begin{aligned} X_t &= \phi(\phi X_{t-2} + w_{t-1}) + w_t \\ &= \phi^2(\phi X_{t-3} + w_{t-2}) + \phi w_{t-1} + w_t = \cdots \\ &= \sum_{j=0}^{\infty} \phi^j w_{t-j}. \end{aligned} \tag{2.5}$$

当 $|\phi_1| < 1$ 时, (2.5) 的过程收敛, 因此该过程是因果平稳的. 我们还可以实行下面的迭代:

$$X_{t+1} = \phi_1 X_t + w_{t+1} \ \text{即} \ X_t = \phi_1^{-1} X_{t+1} - \phi_1^{-1} w_{t+1}.$$

类似地, 有 $X_{t+1} = \phi_1^{-1} X_{t+2} - \phi_1^{-1} w_{t+2}$, 代入上式, 得到

$$X_t = \phi_1^{-2} X_{t+2} - \phi_1^{-2} w_{t+2} - \phi_1^{-1} w_{t+1}.$$

如此下去, 得到

$$X_t = \phi_1^{-k} X_{t+k} - \sum_{j=1}^{k} \phi_1^{-j} w_{t+j},$$

最终得到

$$X_t = -\sum_{j=1}^{\infty} \phi_1^{-j} w_{t+j}. \tag{2.6}$$

序列 (2.6) 在 $|\phi| > 1$ 时是平稳的, 但是依赖于未知的未来, 因此不是因果平稳的. 所以, 只要 AR 过程的特征方程的根不在单位圆上, 它就是因果平稳的或者是 (依未来) 平稳的, 但后者对于预测没有意义.

AR(p) 过程总是可逆的, 在 AR(∞) 时需要系数的绝对可加条件.

AR(p) 过程的 acf 满足所谓的 **Yule-Walker 方程组**[①]:

$$\rho_0 = 1,$$
$$\rho_j = \phi_1 \rho_{j-1} + \phi_2 \rho_{j-2} + \cdots + \phi_p \rho_{j-p},$$

从上面第二式, 可以得到

$$\rho_1 = \phi_1 \rho_0 + \phi_2 \rho_1 + \phi_3 \rho_2 + \cdots + \phi_p \rho_{p-1},$$
$$\rho_2 = \phi_1 \rho_1 + \phi_2 \rho_0 + \phi_3 \rho_1 + \cdots + \phi_p \rho_{p-2},$$
$$\vdots$$
$$\rho_{p-1} = \phi_1 \rho_{p-2} + \phi_2 \rho_{p-3} + \phi_3 \rho_{p-4} + \cdots + \phi_p \rho_1,$$
$$\rho_p = \phi_1 \rho_{p-1} + \phi_2 \rho_{p-2} + \phi_3 \rho_{p-3} + \cdots + \phi_p \rho_0.$$

令 $\boldsymbol{\rho}_p = (\rho_1, \cdots, \rho_p)^\top$, $\boldsymbol{\phi}_p = (\phi_1, \cdots, \phi_p)^\top$ 以及 (下面矩阵的对角线上 $\rho_0 = 1$)

$$\boldsymbol{P}_p = \begin{pmatrix} \rho_0 & \rho_1 & \cdots & \rho_{p-1} \\ \rho_1 & \rho_0 & \cdots & \rho_{p-2} \\ \vdots & \vdots & \ddots & \vdots \\ \rho_{p-1} & \rho_{p-2} & \cdots & \rho_0 \end{pmatrix}$$

这样, Yule-Walker 方程组的矩阵形式为

$$\boldsymbol{\rho}_p = \boldsymbol{P}_p \boldsymbol{\phi}_p \text{ 或 } \boldsymbol{\phi}_p = \boldsymbol{P}_p^{-1} \boldsymbol{\rho}_p,$$

---

① 实际上, Yule-Walker 方程对于自协方差函数 $\{\gamma_k\}$ 也适用, 仅仅把 ρ_k 换成 γ_k, 把 $\rho_k = 1$ 换成 $\gamma_0 = \sigma^2$ 即可.

2.8 AR 模型

$$\sigma^2 = \rho_0 - \boldsymbol{\rho}^\top \boldsymbol{P}_p^{-1} \boldsymbol{\rho}_p.$$

Yule-Walker 方程是一组差分方程, 其一般解为

$$\rho_k = A_1 \pi_1^{|k|} + \cdots + A_p \pi_p^{|k|},$$

这里的 $\{\pi_i\}$ 是 Yule-Walker 方程 $\rho_k = \phi_1 \rho_{k-1} + \cdots + \phi_p \rho_{k-p}$ 的所谓**辅助方程** (auxiliary equation)

$$y^p - \phi_1 y^{p-1} - \cdots - \phi_p = 0$$

的根, 而常数 $\{A_i\}$ 满足依赖于 $\rho_0 = 1$ 的初始条件, 这意味着 $\sum A_i = 1$. 前 $p-1$ 个 Yule-Walker 方程利用 $\rho_0 = 1$ 和 $\rho_k = \rho_{-k}$ 给出了对 $\{A_i\}$ 的进一步约束.

显然, 只要对于所有的 i, $|\pi_i| < 1$, 则当 k 趋于无穷时, ρ_k 趋于 0, 这就是过程为 (因果) 平稳的充分必要条件. 这等价于前面提到的特征方程的根落在单位圆之外意味着过程为 (因果) 平稳的条件.

和 AR 模型有关的一个概念是**偏自相关函数** (partial auto-correlation function, pacf), 后面会用样本 pacf 条形图来判断 AR 的阶数. pacf 是基于下面一系列 AR 模型定义的:

$$\begin{aligned}
x_t - \mu &= \phi_{11} x_{t-1} + w_{1t}, \\
x_t - \mu &= \phi_{21} x_{t-1} + \phi_{22} x_{t-2} + w_{2t}, \\
&\vdots \\
x_t - \mu &= \phi_{p1} x_{t-1} + \phi_{p2} x_{t-2} + \cdots + \phi_{pp} x_{t-p} + w_{pt},
\end{aligned}$$

这里的系数 $\{\phi_{jj}\}$, 即每个 AR 模型的最后一个系数, 称为偏自相关函数. 样本偏自相关函数 $\hat{\phi}_{jj}$ 是根据上面 p 个 AR 模型用最小二乘法解出来的. 也可以用上面的 Yule-Walker 方程组来计算 pacf, 利用各阶的样本 acf 矩阵 $\hat{\boldsymbol{P}}_i$ 及样本 acf $\hat{\boldsymbol{\rho}}_i$ ($1 \leqslant i \leqslant p$), 得到

$$\hat{\boldsymbol{\phi}}^{(i)} = \hat{\boldsymbol{P}}_i^{-1} \hat{\boldsymbol{\rho}}_i = (\hat{\phi}_1^{(i)}, \cdots, \hat{\phi}_i^{(i)})^\top$$

只留下向量 $\boldsymbol{\phi}^{(i)}$ 的最后一项 $\hat{\phi}_i^{(i)}$, 这就是 pacf 的第 i 个值 pacf(i).

注意, 在正态假定下, 偏自相关函数为

$$\phi_k = \mathrm{Cov}(X_t, X_{t+k}|X_{t+1}, X_{t+2}, \cdots, X_{t+k-1}).$$

可以表明, 对于 AR(p) 过程, 当 $j > p$ 时, 偏自相关系数 $\phi_{jj} = 0$, 因此可以用 pacf 来大致判断 AR 模型的阶数.

图2.5为模拟的不同参数的 AR(2) 过程的 pacf 图, 三组过程的 ϕ 参数分别为 (0.5, 0.3), (0.5, −0.5), (−0.75, −0.3).

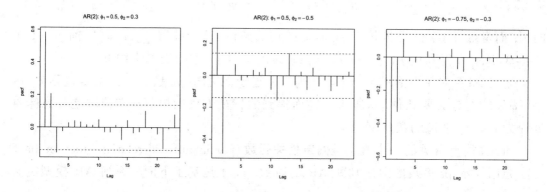

图 2.5 模拟的不同参数的 AR(2) 过程的 pacf 图

产生图2.5的代码为:

```
set.seed(6301);par(mfrow=c(1,3))
plot(pacf(arima.sim(n=200,list(ar=c(.5,.3))),plot=F),ylab="pacf",
type="h",main=expression(paste("AR(2): ",
phi[1]==0.5,", ", phi[2]==0.3)))
plot(pacf(arima.sim(n=200,list(ar=c(.5,-.5))),plot=F),ylab="pacf",
type="h", main=expression(paste("AR(2): ",
phi[1]==0.5,", ", phi[2]==-0.5)))
plot(pacf(arima.sim(n=200,list(ar=c(-.75,-.3))),plot=F),ylab="pacf",
type="h", main=expression(paste("AR(2): ",
phi[1]==-0.75,", ", phi[2]==-0.3)))
```

例 2.4 判断一个 AR(2) 过程的平稳性. 考虑 AR(2) 过程

$$X_t = X_{t-1} - 0.5 X_{t-2} + w_t$$

是否 (因果) 平稳的问题. 其特征方程为

$$\phi(B) = 1 - B + 0.5B^2 = 0.$$

这个特征方程可以用 R 代码 `polyroot(c(1,-1,.5))` 来解, 并用函数 `Mod()` 求其模. 得到它的两个根为 $1\pm \mathrm{i}$, 两个根的模均为 $\sqrt{2} = 1.414\,214$, 显然在单位圆外, 因此过程是 (因果) 平稳的. 而 Yule-Walker 方程

$$\rho_k = \rho_{k-1} - 0.5\rho_{k-2} \quad \text{或} \quad \rho_k - \rho_{k-1} + 0.5\rho_{k-2} = 0$$

的辅助方程为

$$y^2 - y + 0.5 = 0.$$

其解为 $0.5 \pm 0.5\mathrm{i}$, 而模为 $1/\sqrt{2} = 0.707\,106\,8$, 在单位圆内, 这也从另一方面验证了该过程为 (因果) 平稳的.

2.9 ARMA 模型

如果 X_t 的期望为 $\mu = 0$, 则**自回归移动平均过程 ARMA**(p,q) 定义为

$$X_t = \phi_1 X_{t-1} + \cdots + \phi_p X_{t-p} + w_t + \theta_1 w_{t-1} + \cdots + \theta_q w_{t-q}$$

或者 $\phi(B)X_t = \theta(B)w_t$, 这里算子

$$\phi(B) = 1 - \phi_1 B - \cdots - \phi_p B^p,$$
$$\theta(B) = 1 + \theta_1 B + \cdots + \theta_q B^q.$$

如果 X_t 的期望 μ 不等于 0, 则上面的定义可写为

$$X_t = \phi_0 + \phi_1 X_{t-1} + \cdots + \phi_p X_{t-p} + w_t + \theta_1 w_{t-1} + \cdots + \theta_q w_{t-q},$$

这里 $\phi_0 = (1 - \phi_1 - \cdots - \phi_p)\mu$.

使得过程 (因果) 平稳的 $\{\phi_i\}$ 值满足 $\phi(B) = 0$ 的根在单位圆外, 而使得过程可逆的 $\{\theta_i\}$ 值满足 $\theta(B) = 0$ 的根在单位圆外. ARMA 比纯粹的 AR 或 MA 有较少的参数.

令算子
$$\psi(B) = \theta(B)/\phi(B) = \sum_{i \geqslant 1} \psi_i B^i,$$

则 ARMA 可写成纯 MA 过程 $X_t = \psi(B)w_t$, 即

$$X_t = \sum_{j=0}^{\infty} \psi_j w_{t-j}.$$

令算子
$$\pi(B) = \phi(B)/\theta(B) = 1 + \sum_{i \geqslant 1} \pi_i B^i,$$

则 ARMA 可写成纯 AR 过程 $\pi(B)X_t = w_t$, 即

$$\sum_{j=0}^{\infty} \pi_j X_{t-j} = w_t.$$

显然, $\pi(B)\psi(B) = 1$, $\pi(B)\theta(B) = \phi(B)$, $\psi(B)\phi(B) = \theta(B)$.

平稳的 ARMA(p,q) 过程的均值为

$$E[X_t] = \frac{\phi_0}{1 - \phi_1 - \cdots - \phi_p},$$

根据 $\phi(B)X_t = \theta(B)w_t$, $E[\phi(B)X_t] = \theta(B)w_t$. 为了得到 ARMA 模型 $\phi(B)X_t = \theta(B)w_t$ 的关于 $\gamma(h)$ 的方程, 根据

$$E[(X_t - \phi_1 X_{t-1} - \cdots - \phi_p X_{t-p})X_{t-h}] = E[(w_t + \theta_1 w_{t-1} + \cdots + \theta_q w_{t-q})X_{t-h}],$$

则有

$$\begin{aligned}
& \gamma(h) - \phi_1 \gamma(h-1) - \cdots - \phi_p \gamma(h-p) \\
=& E(\theta_h w_{t-h} X_{t-h} + \cdots + \theta_q w_{t-q} X_{t-h}) \\
=& \sigma_w^2 \sum_{j=0}^{q-h} \theta_{h+j} \psi_j,
\end{aligned}$$

这里 $\theta_0 = 1$. 但具体的参数 ψ_j 如何求呢？根据 $\psi(B)\phi(B) = \theta(B)$, 有

$$1 + \theta_1 B + \cdots + \theta_q B^q = (\psi_0 + \psi_1 B + \cdots)(1 - \phi_1 B - \cdots - \phi_p B^p),$$

$$\Leftrightarrow$$

$$1 = \psi_0,$$
$$\theta_1 = \psi_1 - \phi_1 \psi_0,$$
$$\theta_2 = \psi_2 - \phi_1 \psi_1 - \cdots - \phi_2 \psi_0,$$
$$\vdots$$

这等价于 $\theta_j = \phi(\psi_j)$, 而 $\theta_0 = 1$, 对于 $j < 0$, $j > q$, $\theta_j = 0$.

当然, 也可以直接考虑形式 $X_t = \psi(B)w_t$, 有

$$\gamma(h) = E(X_t X_{t-h}) = \sigma_w^2(\psi_0 \psi_h + \psi_1 \psi_{h+1} + \psi_2 \psi_{h+2} + \cdots).$$

可以表明: 对于定义为 $\phi(B)X_t = \theta(B)w_t$ 的 ARMA 过程 $\{X_t\}$, 如果多项式 $\theta(z)$ 没有根在单位圆上, 则存在多项式 $\tilde{\phi}$ 和 $\tilde{\theta}$, 以及白噪声序列 $\{\tilde{w}_t\}$, 使得 $\{X_t\}$ 满足 $\tilde{\phi}(B)X_t = \tilde{\theta}(B)\tilde{w}_t$, 而这是一个 (因果) 平稳及可逆的 ARMA 过程. 因此, 对于很一般的 ARMA 过程, 总是可以转换成 (因果) 平稳可逆的 ARMA 过程. 在一些文献和教科书中, 只引入平稳而不专门引入因果平稳这个概念. 在实际应用中, 人们也仅仅考虑因果序列. 本书除了在2.6节、2.7节及2.8节中涉及 (因果) 平稳性和 (非因果) 平稳之外, 在其余部分仅仅考虑因果平稳可逆过程, 而且用 "平稳" 来代替 "因果平稳" 术语.

根据 acf 和 pacf 图对 ARMA 模型阶数的直观判断

根据平稳序列的性质, 当实际的时间序列均值和方差大致不变时, 有可能用平稳序列来近似, 即可以试试 ARMA 模型来拟合数据. 而如果实际时间序列在一些差分变换之后均值及方差大致不变, 则可以试试 ARIMA 模型, 或者在这些差分后试试 ARMA 模型.

但是, 即使一个序列可以用 ARMA 模型, 如何选择它的阶数也是个问题. 一种直观方法就是用序列的样本 acf 和样本 pacf 条形图来判断其阶数, 虽然比较粗糙, 但总比没有强. 我们通常所说的 acf 图形实际上是样本 acf 图形, 而 pacf 是用最小二乘法估计出来的样本偏自相关函数 $\{\hat{\phi}_{jj}\}$. 后面凡是涉及图形, 均省去 "样本" 二字, 简称为

偏自相关函数 (pacf).

对于纯随机过程 (ARMA(0,0)), 由于观测值之间独立, acf 和 pacf 的值很小, 它们的条形图没有什么突出的模式. 一个拟合得很好的时间序列的残差的 acf 和 pacf 条形图就应该如同纯随机过程一样, 数值很小.

而对于一般的 ARMA(p,q) 序列阶数的确定, 则有表2.1中介绍的 acf 和 pacf 条形图直观判断法.

表 2.1 如何用 pacf 及 acf 条形图的拖尾和截尾判断 ARMA 模型

模型	AR(p)	MA(q)	ARMA(p,q)
pacf 图形	第 p 个条后截尾	拖尾	头 p 个条无规律, 其后拖尾
acf 图形	拖尾	第 q 个条后截尾	头 q 个条无规律, 其后拖尾

所谓 "拖尾" 就是条形图以指数形式或周期形式衰减, 所谓 "截尾" 就是图形在若干期之后变得很小而且没有什么模式. 如果 acf 和 pacf 的条形图中均没有截尾, 而且至少有一个图没有显示以指数形式或正弦形式衰减, 那么说明该序列不是平稳序列. 上述的图形判别法不太准确, 只能做个参考. 即使是根据软件模拟出来的 ARMA(p,q) 序列的 acf 和 pacf 条形图, 也不一定完全满足表2.1的规律, 但不会差很多.

图2.6展示了 MA(2)、AR(2)、ARMA(2,2) 理论上精确的 pacf 和 acf 图 (上面三个图), 以及模拟的同样参数、同样过程的样本 pacf 图和样本 acf 图 (下面三个图). 从这些图可以大致看出如何利用表2.1的规律来判断 ARMA 的阶数.

产生图2.6的代码为:

```
par(mfcol=c(2,3));set.seed(1010)
plot(ARMAacf(ma=c(.5,-.4),lag.max = 18,pacf=F),type="h",ylab="ACF")
title("Exact ACF for MA(0.5,-0.4)");abline(h=0)
acf(arima.sim(n = 63, list(ma = c(.5, -.4)), sd = sqrt(0.2)),
main="ACF of Simulated MA(0.5,-0.4)")

plot(ARMAacf(ar=c(-.5,.4),lag.max = 18,pacf=T),type="h",,ylab="PACF")
title("Exact PACF for AR(-0.5,0.4)");abline(h=0)
pacf(arima.sim(n = 63, list(ar = c(-.5, .4)), sd = sqrt(0.2)),
main="PACF of Simulated AR(-0.5,0.4)")

plot(ARMAacf(ar=c(-.3,.4),ma=c(-0.3,0.25),lag.max = 18,pacf=F),type="h",
ylab="ACF")
title("Exact ACF for ARMA(ar=(-0.3,0.4),ma=(-0.3,0.25))");abline(h=0)
acf(arima.sim(n = 63, list(ar = c(-.3, .4),ma=c(-.3,.25)), sd = sqrt(0.2)),
```

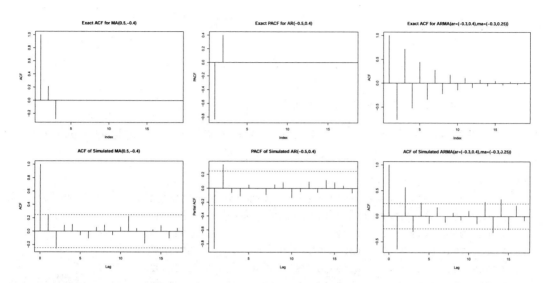

图 2.6 理论的 MA(2)、AR(2)、ARMA(2,2) 及模拟的同样过程的 pacf 图和 acf 图

```
main="ACF of Simulated ARMA(ar=(-0.3,0.4),ma=(-0.3,0.25))")
```

例 2.5 **一个 ARMA(1,1) 过程转换成纯 MA 过程和纯 AR 过程.** 考虑 ARMA(1,1) 过程

$$X_t = -0.4X_{t-1} + w_t + 0.2w_{t-1}.$$

显然 $\phi(B) = (1+0.4B)$, $\theta(B) = (1+0.2B)$. 它们的根都在单位圆外, 因此过程是平稳及可逆的. 于是

$$\begin{aligned}\psi(B) &= \theta(B)/\phi(B) \\ &= (1+0.2B)/(1+0.4B) \\ &= (1+0.2B)(1+(-0.4)B+(-0.4)^2B^2+(-0.4)^3B^3+\cdots) \\ &= 1+(0.2-0.4)B+(0.2-0.4)\times(-0.4)B^2+(0.2-0.4)\times(-0.4)^2B^3+\cdots.\end{aligned}$$

因此, 对于 $i = 1, 2, \cdots$, 有

$$\psi_i = (0.2-0.4)\times(-0.4)^{i-1} = -0.2\times(-0.4)^{i-1}.$$

类似地, 对于 $i = 1, 2, \cdots$, $\pi(B) = \phi(B)/\theta(B)$ 中的系数

$$\pi_i = (0.4 - 0.2) \times (-0.2)^{i-1} = 0.2 \times (-0.2)^{i-1}.$$

显然 $\{\psi_i\}$ 和 $\{\pi_i\}$ 在 i 增加时很快趋于 0.

例 2.6 **ARMA**$(1,1)$ 过程 ($\phi_1 = 0.9, \theta_1 = 0.5$) 转换成 **MA**$(\infty)$ 过程的计算. 这可以用 R 计算. 下面是计算代码及 50 个参数 ψ_i 的输出:

```
> ARMAtoMA(ar=.9, ma=.5, 50) # for a list
 [1]  1.400000000 1.260000000 1.134000000 1.020600000 0.918540000
 [6]  0.826686000 0.744017400 0.669615660 0.602654094 0.542388685
[11]  0.488149816 0.439334835 0.395401351 0.355861216 0.320275094
[16]  0.288247585 0.259422826 0.233480544 0.210132489 0.189119240
[21]  0.170207316 0.153186585 0.137867926 0.124081134 0.111673020
[26]  0.100505718 0.090455146 0.081409632 0.073268669 0.065941802
[31]  0.059347622 0.053412859 0.048071573 0.043264416 0.038937975
[36]  0.035044177 0.031539759 0.028385783 0.025547205 0.022992485
[41]  0.020693236 0.018623913 0.016761521 0.015085369 0.013576832
[46]  0.012219149 0.010997234 0.009897511 0.008907760 0.008016984
> plot(ARMAtoMA(ar=.9, ma=.5, 50),xlib="i",ylab=expression(psi[i]))
> title("ARMA to MA");abline(h=0,lty=2)
```

图2.7为这 50 个参数 ψ_i 的点图. 从图上看, 这些参数逐渐地趋于零. 这里所选择的 $\phi_1 = 0.9$ 使得收敛较慢 (当 $\phi_1 = 1$ 时就不平稳了); 如果取 $\phi_1 = 0.2$, 则第 15 个参数就已经很小了: $\psi_{15} = 1.14688 \times 10^{-10}$.

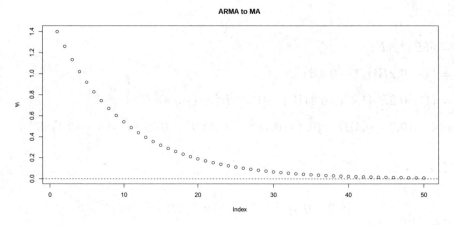

图 2.7 ARAM$(0.9, 0.5)$ 过程转换成 MA(∞) 过程的前 50 个参数 ψ_i

2.10 ARIMA 模型

如果 $\{X_t\}$ 是不平稳的, 而

$$W_t = \nabla^d X_t = (1-B)^d X_t$$

是平稳的 ARMA(p,q) 过程, 即

$$W_t - \phi_1 W_{t-1} - \cdots - \phi_p W_{t-p} + w_t + \cdots + \theta_q w_{t-q},$$

或者

$$\phi(B) W_t = \theta(B) w_t,$$

则称 $\{X_t\}$ 为**整合的 ARMA 模型 ARIMA**(p,d,q), 显然,

$$\phi(B)(1-B)^d X_t = \theta(B) w_t.$$

说明: $\phi(B)(1-B)^d$ 有 d 个根在单位圆上 (如 $B=1$), 意味着 $\{X_t\}$ 为非平稳的, 在单位圆上的根叫**单位根** (unit root). 作为特例, 随机游走 (随机徘徊)$X_t = X_{t-1} + w_t$, 可以写成 $(1-B)X_t = w_t$, 为 ARIMA$(0,1,0)$.

如果时间序列 X_t 的 d 阶差分 $\nabla^d X_t$ 是平稳过程, 则称 X_t 为 d **阶单整的**, 记为 $I(d)$, 也称序列 X_t 有 d 个单位根. 随机游走有一个单位根.

图2.8为模拟的不同参数的 ARMA(1,1) 及 ARIMA(1,1,1) 序列.

产生图2.8的代码为:

```
set.seed(6301);
par(mfrow=c(2,2))
plot(arima.sim(n=200,list(ar=.4,ma=.5)),ylab="x",type="o",pch=16)
title(expression(paste("ARMA(1,1): ",phi==0.4,", ", theta==0.5)))
plot(arima.sim(n=200,list(ar=-.4,ma=-.5)),ylab="x",type="o",pch=16)
title(expression(paste("ARMA(1,1): ",phi==-0.4,", ",theta==-0.5)))
plot(arima.sim(n=200,list(order=c(1,1,1),ar=.4,d=1,ma=.5)),
ylab="x",type="o",pch=16)
title(expression(paste("ARIMA(1,1,1): ",phi==0.4,", ", theta==0.5)))
plot(arima.sim(n=200,list(order=c(1,1,1),ar=-.4,d=1,ma=-.5)),
ylab="x",type="o",pch=16)
title(expression(paste("ARIMA(1,1,1): ",phi==-0.4,", ",theta==-0.5)))
```

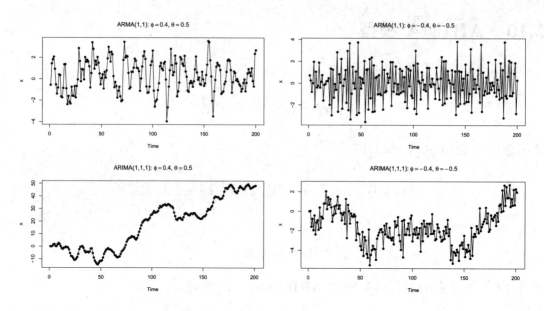

图 2.8 模拟的不同参数的 ARMA(1,1) 及 ARIMA(1,1,1) 序列

2.11 季节模型

为了符号简洁, 本节使用下列算子记号:

$$\phi_p(B) = 1 - \phi_1 B - \phi_2 B^2 - \cdots - \phi_p B^p,$$
$$\Phi_P(B) = 1 - \Phi_1 B^s - \Phi_2 B^{2s} - \cdots - \Phi_P B^{Ps},$$
$$\theta_q(B) = 1 + \theta_1 B + \theta_2 B^2 + \cdots + \theta_P B^p,$$
$$\Theta_Q(B) = 1 + \Theta_1 B^s + \Theta_2 B^{2s} + \cdots + \Theta_Q B^{Qs}.$$

具有非平稳 (通常的) 阶数 p, d, q, 季节阶数 P, D, Q 及周期 s 的 **Box-Jenkins 季节 ARIMA 模型 (可乘季节 ARIMA 模型)** 记为

$$\mathrm{ARIMA}\underbrace{(p, d, q)}_{\text{非季节}} \times \underbrace{(P, D, Q)_s}_{\text{季节}}$$

其差分序列 $W_t = \nabla^d \nabla_s^D X_t$ 满足具有周期 s 的 $\mathrm{ARMA}(p, q) \times (P, Q)_s$ 模型.

例如 ARIMA$(1,1,1) \times (1,1,1)_4$ 模型为

$$(1-\phi_1 B)(1-\Phi_1 B^4)(1-B)(1-B^4)X_t = (1+\theta_1 B)(1+\Theta_1 B^4)w_t.$$

一个一般的可乘季节 ARIMA 模型为

$$\phi_p(B)\Phi_P(B)W_t = \theta_q(B)\Theta_Q(B)w_t.$$

季节 MA(Q) 模型为

$$X_t = w_t + \Theta_1 w_{t-s} + \Theta_2 w_{t-2s} + \cdots + \Theta_Q w_{t-Qs}$$

或

$$X_t = \Theta_Q(B)w_t.$$

季节 AR(P) 模型为

$$X_t = \Phi_1 X_{t-s} + \Phi_2 X_{t-2s} + \cdots + \Phi_P X_{t-Ps} + w_t$$

或 $\Phi_P(B)X_t = w_t$.

2.12 习题

1. 求下面 X_t 的差分.
   (1) 如果 $X_t = \beta_0 + \beta_1 t + Y_t$, 求 ∇X_t.
   (2) 如果 $X_t = \sum_{i=0}^{k} \beta_i t^i + Y_t$, 求 $\nabla^k X_t$.
   (3) 如果 $X_t = T_t + S_t + Y_t$, 而 $S_t = S_{t-s}$, 求 $\nabla_s X_t$.
2. 如果 $\{w_t\}$ 是均值为 0、方差为 σ^2 的独立同分布的白噪声,那么 $X_t = \sum_{i=1}^{t} w_t$ 为白噪声,请表明 $\gamma(t+h,t) = t\sigma^2$. 序列 $\{X_t\}$ 是平稳的吗? 模拟并点出序列 $\{X_t\}$ 的图.
3. 对于 MA(1) 过程 $X_t = w_t + \theta w_{t-1}$, 这里 w_t 为白噪声, 表明

$$\gamma(t+h,t) = \begin{cases} \sigma^2(1+\theta^2), & h=0 \\ \sigma^2 \theta, & h=\pm 1 \\ 0, & \text{其他情况} \end{cases}$$

序列 $\{X_t\}$ 是平稳的吗?

4. 对于 AR(1) 过程 $X_t = \phi X_{t-1} + w_t$, 这里 w_t 为白噪声, 表明: 如果序列 $\{X_t\}$ 是平稳的, 而且 $|\phi| < 1$, 则 $E[X_t] = 0$ 以及

$$E[X_t^2] = \frac{\sigma^2}{1-\phi^2},$$
$$\gamma_X(h) = \frac{\phi^{|h|}\sigma^2}{1-\phi^2}.$$

5. 表明: 对于一般线性过程

$$X_t = \mu + \sum_{j=-\infty}^{\infty} \psi_j w_{t-j},$$
$$\mu_X = E[X_t] = \mu,$$
$$\gamma_X(h) = \sigma_w^2 \sum_{j=-\infty}^{\infty} \psi_j \psi_{h+j}.$$

6. 对于一般线性过程

$$X_t = \mu + \sum_{j=-\infty}^{\infty} \psi_j w_{t-j},$$

如果 $E[X_t] = \mu$, 而且在 $j = 0$ 时 $\psi_j = 1$, 在 $j \neq 0$ 时 $\psi_j = 0$, 表明序列 $\{X_t\}$ 是均值为 μ、方差为 σ_w^2 的白噪声.

7. 假定 $\{Y_t\}$ 为平稳过程, 表明: 对于固定的 n 及任何常数 $c_1, \cdots, c_n$,

$$X_t = \sum_{j=1}^{n} c_j Y_{t-j+1}$$

也是平稳的.

8. 假定 $\{Y_t\}$ 为平稳过程, 有自协方差函数 $\gamma_Y(h)$, 表明 ∇Y_t 是平稳的, 并求其均值和自协方差函数; 再表明 $\nabla^2 Y_t$ 也是平稳的.

9. 对于一般线性过程

$$X_t = \mu + \sum_{j=-\infty}^{\infty} \psi_j w_{t-j},$$

如果 $E[X_t] = 0$, 而且

$$\psi_j = \begin{cases} 1, & j = 0 \\ \theta, & j = 1 \\ 0, & \text{其他情况} \end{cases}$$

表明序列 $\{X_t\}$ 是 MA(1) 过程 $X_t = w_t + \theta w_{t-1}$.

10. 对于一般线性过程

$$X_t = \mu + \sum_{j=-\infty}^{\infty} \psi_j w_{t-j},$$

如果 $E[X_t] = 0$, 而且

$$\psi_j = \begin{cases} \phi^j, & j \geqslant 0 \\ 0, & \text{其他情况} \end{cases}$$

表明: 在 $|\phi| < 1$ 时, 序列 $\{X_t\}$ 是 AR(1) 过程 $X_t = \phi X_{t-1} + w_t$.

11. 随机变量 Y 的最好的最小二乘估计为 $E[Y]$, 这是因为 $\min_c (Y-c)^2 = E(Y - E(Y))^2$. 请表明: 给了 X 后, 随机变量 Y 的最好的最小二乘估计为 $E[Y|X]$. 类似地, 表明: 给定 X_n, X_{n+h} 的最好的最小二乘估计为 $f(X_n) = E[X_{n+h}|X_n]$.

12. 对于样本自协方差函数

$$\hat{\gamma}(h) = \frac{1}{n} \sum_{t=1}^{n-|h|} (x_{t+|h|} - \bar{x})(x_t - \bar{x}), \quad -n < h < n.$$

表明 $\hat{\gamma}(h) = \hat{\gamma}(-h)$ 以及 $\hat{\gamma}$ 为半正定的, 因此有 $\hat{\gamma}(0) \geqslant 0$ 及 $|\hat{\gamma}(h)| \leqslant \hat{\gamma}(0)$.

13. 对于样本均值

$$\bar{X}_n = \frac{1}{n}(X_1 + \cdots + X_n),$$

表明

$$\mathrm{Var}(\bar{X}_n) = \frac{1}{n} \sum_{h=-n}^{n} \left(1 - \frac{|h|}{n}\right) \gamma(h).$$

14. 对于 MA 过程

$$X_t = \sum_{k=0}^{m} w_{t-k}/(m+1),$$

表明该过程的 acf 为

$$\rho_k = \begin{cases} (m+1-k)/(m+1), & k=0,1,\cdots,m \\ 0, & k>m \end{cases}$$

15. 考虑 ARMA(1,1) 过程

$$X_t = \phi X_{t-1} + w_t + \theta w_{t-1},$$

这里 $|\phi|<1, |\theta|<1$. 表明该过程的 acf 为

$$\rho_1 = (1+\phi\theta)(\phi+\theta)/(1+\theta^2+2\phi\theta),$$
$$\rho_k = \phi\theta(k-1).$$

16. 考虑过程 $(1-B)(1-0.1B)X_t = (1-0.2B)w_t$.
    (1) 核对该过程为 ARMA(p,d,q) 过程, 找出 p,d,q.
    (2) 核对过程的平稳性和可逆性.
    (3) 找出把该过程表示成 MA(∞) 模型后的前三个 ψ_i.
    (4) 找出把该过程表示成 AR(∞) 模型后的前三个 π_i.
    (5) 解释上面 (3) 和 (4) 的结果可能说明的意义.

17. 考虑 MA(∞) 过程

$$X_t = w_t + C(w_{t-1} + w_{t-2} + \cdots),$$

这里 C 为常数, 表明该过程不是平稳的, 并表明差分 ∇X_t 为平稳的 MA(1) 过程. 求出 ∇X_t 的 acf.

18. 对于 AR(1) 过程

$$X_t = \phi X_{t-1} + w_t,$$

当 $|\phi|<1$ 时, 表明该过程可以表示成一般线性过程

$$X_t = \sum_{j=1}^{\infty} w_{t-j}.$$

19. 考虑 ARMA(1,1) 过程

$$(1-2.7B)X_t = (1-0.1B)w_t.$$

表明该过程是平稳的及可逆的, 但不是因果的.

20. 考虑 ARMA(2,1) 过程
$$(1+0.7B^2)X_t = (1+2.5B)w_t.$$

表明该过程是平稳的及因果的, 但不是可逆的.

21. 表明 AR(2) 过程
$$X_t = X_{t-1} + cX_{t-2} + w_t$$

在 $-1 < c < 0$ 时是平稳的. 求出当 $c = -3/16$ 时的 acf.

22. 表明 AR(3) 过程
$$X_t = X_{t-1} + cX_{t-2} - cX_{t-3} + w_t$$

对于任何 c 都不是平稳的.

第 3 章 一元时间序列数据的拟合及预测: ARIMA 及其他模型

3.1 拟合及预测的基本目的与预测精度的度量

和其他统计数据分析类似, 时间序列分析的目的主要有两个: 一个是用模型来描述数据所代表的现象, 另一个是根据已有的数据对未来做预测. 对于前者我们已经在前面一章讨论了一些模型, 特别是 ARIMA 模型及其各种特例, 拟合这类模型需要估计各种参数并且对拟合的模型进行诊断, 特别是对拟合之后的残差做各种分析和检验, 本章将对此通过实例进行讨论. 此外, 我们还将介绍几种 ARIMA 之外的模型, 包括指数平滑、Holt-Winters 方法、LOESS 方法等. 关于预测, 则是根据拟合的模型进行外推得到对未来的预测. 预测好坏由预测精度来确定, 由于有不同的预测精度标准, 最终结果必须由实际工作者来判断. 本章还将就各种交叉验证的方法进行讨论.

后面介绍的一些描述性模型或预测方法是最基本的. 这些数学模型的实现还需要应用大量不断更新的数值计算方法, 本书有限的篇幅不可能包含这些不断改进的计算数学方法, 感兴趣的读者可以在有关的文献中寻找最新的内容. 本章后面会有应用这些方法的实际数据例子.

预测的基本目的是根据过去 N 个观测值预测后面 h 步的序列值, 即用 $x_1, x_2, \cdots, x_N$ 来预测 x_{N+h}, 这里 h 称为**前导时间** (lead time) 或者**预测地平线** (forecasting horizon). 这样的预测值在作为随机变量时记为 $\hat{X}_N(n)$, 作为预测的实现值时记为 $\hat{x}_N(n)$.

预测过程包括选择方法或者模型来拟合数据, 然后根据拟合的模型进行单变量的或者多变量的 (也就是有一些附加的序列, 如回归中的解释变量或预测变量) 预测. 在实践中, 预测方法很可能包括若干方法的组合. 一些方法可以是自动的, 不用人工干预, 而有些仍然需要一些主观的介入. 例如, 拟合时主观地选择模型形式或参数个数等, 然后预测.

预测方法的选择依赖于时间序列数据的性质, 比如是否有趋势和季节性, 是否足够规范以用于预测等, 这都需要诸如点图等探索性分析. 还要清楚有多少观测值可用以及待预测部分的长度. 当然还与问题的性质有关, 也和分析者的能力及软件有关. 对于时间序列的分析, 最好能够尝试多种方法, 综合比较后得到最后的结果.

对于观测的序列 $\{x_t\}$, 用 $\{\hat{x}_t\}$ 表示预测值, 令 $e_i = x_i - \hat{x}_i$ $(t = 1, \cdots, n)$ 为误差. 下面是一些常用的误差度量.

- 平均绝对误差 (Mean Absolute Error, MAE):

$$\text{MAE} = n^{-1} \sum_{t=1}^{n} |e_t|$$

- 均方误差 (Mean Squared Error, MSE):

$$\text{MSE} = n^{-1} \sum_{t=1}^{n} (e_t)^2$$

- 均方根误差 (Root Mean Squared Error, RMSE):

$$\text{RMSE} = \sqrt{n^{-1} \sum_{t=1}^{n} (e_t)^2}$$

- 平均绝对百分比误差 (Mean Absolute Percentage Error, MAPE):

$$\text{MAPE} = n^{-1} \sum_{t=1}^{n} 100|e_t/y_t|$$

- 平均绝对标准化误差 (Mean Absolute Scaled Error, MASE):

$$\text{MASE} = n^{-1} \sum_{t=1}^{n} |e_t|/q$$

在 MASE 中, q 对不同的对象有不同的定义:

$$q = \frac{1}{n-1} \sum_{t=2}^{n} |x_t - x_{t-1}| \text{ (针对非季节性时间序列)};$$

$$q = \frac{1}{n-m} \sum_{t=m+1}^{n} |x_t - x_{t-m}| \text{ (针对季节性时间序列)};$$

$$q = \frac{1}{n}\sum_{t=1}^{n}|x_t - \bar{y}| \text{ (针对截面数据)}.$$

3.2 对序列自相关的混成检验

对序列的**混成检验** (portmanteau test) 是一类检验, 其零假设为序列独立 (对于某个滞后), 而且像一个白噪声那样. 如果这些检验的 p 值很小, 则说明可能有相关性; 而对于不相关的观测值, 如纯随机过程, p 值则应该很大. 混成检验包含 Box-Pierce 检验、Ljung-Box 检验、Hosking 检验、LiMcLeod 检验、广义方差检验 (gvtest, generalized variance test, generalized variance portmanteau test) 等. 参看 Box and Pierce (1970), Hosking (1980), Li and McLeod(1981), Ljung and Box (1978), Mahdi and McLeod (2012). 本书用的所有这些检验都来自程序包 portes[①]. 注意, 程序包 portes 的检验函数中有一个默认值为 0 的参数 order, 如果直接把诸如 ARIMA 等参数模型的拟合结果用于检验函数则不必管它, 如果直接把残差用于检验函数, 则 order 应该等于模型中估计的参数个数.

3.3 ARIMA 模型的估计和预测

3.3.1 ARMA 模型的最大似然估计

先假定 ARMA(p,q) 序列 $\phi(B)X_t = \theta(B)w_t$ 的参数 p,q 是已知的, 另外不妨假定序列的均值为 0, 否则用减去样本均值的序列来操作.

假定白噪声 w_t 为独立同分布的正态分布. 令 $\boldsymbol{X} = (X_1, \cdots, X_n)^\top$, $\boldsymbol{\phi} = (\phi_1, \cdots, \phi_p)^\top$, $\boldsymbol{\theta} = (\theta_1, \cdots, \theta_q)^\top$, 似然函数为

$$L(\boldsymbol{\phi}, \boldsymbol{\theta}, \sigma^2 | \boldsymbol{X}) = \frac{1}{(2\pi)^{n/2}|\boldsymbol{\Gamma}_n|^{1/2}} \exp\left(-\frac{1}{2}\boldsymbol{X}^\top \boldsymbol{\Gamma}_n^{-1} \boldsymbol{X}\right),$$

这里 $\boldsymbol{\Gamma}_n$ 为 $\boldsymbol{X}$ 的协方差阵, $|\boldsymbol{\Gamma}_n|$ 是 $\boldsymbol{\Gamma}_n$ 的行列式, 它是参数 $\boldsymbol{\phi}, \boldsymbol{\theta}, \sigma^2$ 的函数. $\boldsymbol{\phi}, \boldsymbol{\theta}, \sigma^2$ 的最大似然估计使上面的似然函数达到最大值.

求最大似然估计说起来容易, 实际上并不简单. 由于序列不是独立同分布的, 似然

[①] Mahdi, E. and McLeod, A. I. (2012). Improved Multivariate Portmanteau Test. Journal of Time Series Analysis, 33(2): 211-222. http://onlinelibrary.wiley.com/doi/10.1111/j.1467-9892.2011.00752.x/abstract.

函数不能简单表现为同样密度的乘积, 而是一系列条件分布的乘积, 比如,

$$f(x_2, x_1; \boldsymbol{\phi}, \boldsymbol{\theta}, \sigma^2) = f(x_2|x_1; \boldsymbol{\phi}, \boldsymbol{\theta}, \sigma^2) f(x_1; \boldsymbol{\phi}, \boldsymbol{\theta}, \sigma^2),$$

$$f(x_3, x_2, x_1; \boldsymbol{\phi}, \boldsymbol{\theta}, \sigma^2) = f(x_3|x_2, x_1; \boldsymbol{\phi}, \boldsymbol{\theta}, \sigma^2) f(x_2|x_1; \boldsymbol{\phi}, \boldsymbol{\theta}, \sigma^2) f(x_1; \boldsymbol{\phi}, \boldsymbol{\theta}, \sigma^2),$$

$$\vdots$$

$$f(x_T, \cdots, x_1; \boldsymbol{\phi}, \boldsymbol{\theta}, \sigma^2) = \left(\prod_{t=p+1}^{T} f(x_t | \boldsymbol{I}_{t-1}; \boldsymbol{\phi}, \boldsymbol{\theta}, \sigma^2) \right) \cdot f(x_p, \cdots, x_1; \boldsymbol{\phi}, \boldsymbol{\theta}, \sigma^2),$$

这里 $\boldsymbol{I}_t = \{x_t, \cdots, x_1\}$ 表示在时间 t 的信息, 而 $x_p, \cdots, x_1$ 为初始值. 对数似然函数为

$$\ln L(\boldsymbol{\phi}, \boldsymbol{\theta}, \sigma^2 | \boldsymbol{X}) = \sum_{t=p+1}^{T} \ln f(x_t | \boldsymbol{I}_{t-1}; \boldsymbol{\phi}, \boldsymbol{\theta}, \sigma^2) + \ln f(x_p, \cdots, x_1; \boldsymbol{\phi}, \boldsymbol{\theta}, \sigma^2).$$

这个完全的对数似然函数称为**精确对数似然** (exact log-likelihood), 右边第一项称为**条件对数似然** (conditional log-likelihood), 第二项称为**边缘对数似然** (marginal log-likelihood). 有两种最大似然估计 (mle). 使得条件对数似然函数最大的参数估计称为**条件最大似然估计** (conditional mle), 使得精确对数似然函数最大的参数估计称为**精确最大似然估计** (exact mle). 对于平稳过程来说, 这两种估计是相合的而且有同样的极限正态分布, 但对于有限样本来说, 如果过程接近非平稳或非可逆, 两种估计很不一样.

在非正态情况, 最大似然估计的渐近分布与正态情况一样. 但最大似然估计不易计算, 常常需要很好的初始值.

3.3.2 ARMA 模型的矩估计方法

矩估计方法 (method of moment estimation) 又称为 **Yule-Walker 估计**, 是很容易实现但不是很有效的估计, 只适用于样本量很大的 AR 模型, 对于 MA 模型和 ARMA 模型则是非常复杂的. 无论对什么模型, 矩方法都对于四舍五入所造成的误差敏感. 通常矩估计用于为更有效的估计方法提供初始值. 对于接近非平稳或接近非可逆的过程, 不推荐矩方法为最终方法.

对于 AR(p), 把样本自相关函数 $\hat{\boldsymbol{\rho}}$ 及样本自相关矩阵 $\hat{\boldsymbol{P}}_p$ 用于 Yule-Walker 方程组

$$\hat{\boldsymbol{\phi}} = \hat{\boldsymbol{P}}_p^{-1} \hat{\boldsymbol{\rho}},$$
$$\hat{\sigma}^2 = \hat{\rho}_0 - \hat{\boldsymbol{\rho}}^\top \hat{\boldsymbol{P}}_p^{-1} \hat{\boldsymbol{\rho}},$$

以得到 $\hat{\phi} = (\hat{\phi}_1, \cdots, \hat{\phi}_p)^\top$ 和 $\hat{\sigma}^2$.

3.3.3 ARMA 模型预测的基本数学原理

这里假定 ARMA 的参数是已知的. 有很多关于 ARMA 序列的预测方法, 不同的文献及不同的软件方法各异, 比如, 很多软件对 ARMA 的预测就是基于下一章要介绍的状态空间模型利用 Kalman 滤波来做的. 这里仅仅介绍一些基本思想.

最小均方预测和预测误差

假定 $\{w_t\}$ 为白噪声序列, 有方差 σ^2, 我们考虑均值为 0 的 ARMA 序列

$$\phi(B)X_t = \theta(B)w_t.$$

该序列可以写成

$$X_t = \frac{\theta(B)}{\phi(B)}w_t = \psi(B)w_t = w_t + \psi_1 w_{t-1} + \psi_2 w_{t-2} + \cdots.$$

我们的目的是基于到 n 时为止的过去 (即 $X_n, X_{n-1}, \cdots, X_1$) 来预测 m 步的未来值 X_{n+m}, 记预测值为 $\hat{X}_n(m)$. 在时刻 $n+m$ 有

$$X_{n+m} = \sum_{j=0}^{\infty} \psi_j w_{n+m-j} = \underbrace{\sum_{j=0}^{m-1} \psi_j w_{n+m-j}}_{\text{未来的 } w} + \underbrace{\sum_{j=m}^{\infty} \psi_j w_{n+m-j}}_{\text{过去的 } w}.$$

我们希望把 $\hat{X}_n(m)$ 表示成 $w_n, w_{n-1}, \cdots$ 的线性组合

$$\hat{X}_n(m) = \psi_m^* w_n + \psi_{m+1}^* w_{n-1} + \psi_{m+2}^* w_{n-2} + \cdots,$$

因此需要找到那些使得均方误差最小的系数 $\{\psi_j^*\}$. 均方误差为

$$E(X_{n+m} - \hat{X}_n(m))^2,$$

而

$$E(X_{n+m} - \hat{X}_n(m))^2 = \sigma^2 \sum_{j=0}^{m-1} \psi_j^2 + \sigma^2 \sum_{j=0}^{\infty} (\psi_{m+j} - \psi_{m+j}^*)^2.$$

因此要求
$$\frac{\partial E(X_{n+m} - \hat{X}_n(m))^2}{\partial \psi^*} = -2\sigma^2 \sum_{j=0}^{\infty}(\psi_{m+j} - \psi^*_{m+j}) = 0.$$

这导致 $\psi_{m+j} = \psi^*_{m+j}$, 即
$$\hat{X}_n(m) = \psi_m w_n + \psi_{m+1} w_{n-1} + \psi_{m+2} w_{n-2} + \cdots.$$

换一个角度来看, X_{n+m} 可表示成
$$X_{n+m} = \sum_{j=0}^{\infty} \psi_j w_{n+m-j} = \sum_{j=0}^{m-1} \psi_j w_{n+m-j} + \sum_{j=0}^{\infty} \psi_j w_{n-j}.$$

我们知道, 给了过去信息 $I_n \equiv \{X_n, X_{n-1}, \cdots\}$ 时对 X_{n+m} 的最好的预测是[①]
$$E(X_{n+m}|I_n) = E(\sum_{j=0}^{m-1} \psi_j w_{n+m-j}|I_n) + E(\sum_{j=0}^{\infty} \psi_j w_{n-j}|I_n)$$
$$= 0 + \sum_{j=0}^{\infty} \psi_j w_{n-j}.$$

因此
$$\hat{X}_n(m) = E(X_{n+m}|I_n) = \sum_{j=0}^{\infty} \psi_j w_{n-j}.$$

得到预测误差
$$P_n(m) = X_{n+m} - \hat{X}_n(m) = \sum_{j=0}^{m-1} \psi_j w_{n+m-j}$$
$$= w_{n+m} + \psi_1 w_{n+m-1} + \cdots + \psi_{m-1} w_{n+1},$$

这是一个 MA$(m-1)$ 过程, 其均值为 0, 方差为 $\sigma^2 \sum_{j=0}^{m-1} \psi_j^2$, 但 $P_n(m)$ 对于 $m > 1$ 是相关的. 由于
$$P_{n-k}(m) = \sum_{j=0}^{m-1} \psi_j w_{n-k+m-j} = w_{n-k+m} + \psi_1 w_{n-k+m-1} + \cdots + \psi_{m-1} w_{n-k+1},$$

---

① 这里实际上并没有全部过去的信息, 只有关于 $X_n, \cdots, X_1$ 的信息, 而 $E(X_{n+m}|I_n)$ 和 $E(X_{n+m}|X_n, X_{n-1}, \cdots)$ 并不相同, 但后者却是前者的很好的近似.

预测误差的协方差为

$$\mathrm{Cov}(P_n(m), P_{n-k}(m)) = \sigma^2 \sum_{i=n+1}^{n+m-k} \psi_{i-n}\psi_{i-n-k},\ k < 1.$$

对 AR(1) 的预测

对于 AR(1) 过程,$X_t = \phi X_{t-1} + w_t$,想要求 $\hat{X}_n(m) = E(X_{n+m}|I_n)$.

$$m = 1:\ X_{n+1} = \phi X_n + w_{n+1}\ \hat{X}_n(1)$$
$$= E(X_{n+1}|I_n) = \phi X_n,$$
$$m = 2:\ X_{n+2} = \phi X_{n+1} + w_{n+2}\ \hat{X}_n(2)$$
$$= E(X_{n+2}|I_n) = E(\phi X_{n+1}|I_n) = \phi^2 X_n,$$
$$\vdots$$

对一般的 m:$X_{n+m} = \phi X_{n+m-1} + w_{n+m}\ \hat{X}_n(m) = \phi^m X_n.$

对 AR(p) 的预测

对于 AR(p) 过程,$X_t = \phi_1 X_{t-1} + \phi_2 X_{t-2} + \cdots + \phi_p X_{t-p} + w_t$,想要求 $\hat{X}_n(m) = E(X_{n+m}|I_n)$.

$$m = 1:\ X_{n+1} = \phi_1 X_n + \phi_2 X_{n-1} + \cdots + \phi_p X_{n-p+1} + w_{n+1}$$
$$\hat{X}_n(1) = E(X_{n+1}|I_n)$$
$$= \phi_1 X_n + \phi_2 X_{n-1} + \cdots + \phi_p X_{n-p+1},$$
$$m = 2:\ X_{n+2} = \phi_1 X_{n+1} + \phi_2 X_n + \cdots + \phi_p X_{n-p+2} + w_{n+2}$$
$$\hat{X}_n(2) = E(X_{n+2}|I_n)$$
$$= \phi_1 \hat{X}_n(1) + \phi_2 X_n + \cdots + \phi_p X_{n-p+2},$$
$$\vdots$$

对一般的 m:$\hat{X}_n(m) = \phi_1 \hat{X}_n(m-1) + \phi_2 \hat{X}_n(m-2) + \cdots + \phi_p \hat{X}_n(m-p).$

对 MA(1) 的预测

对于 MA(1) 过程，$X_t = w_t + \theta w_{t-1}$，想要求 $\hat{X}_n(m) = E(X_{n+m}|I_n)$。

$$m = 1: \ X_{n+1} = w_{n+1} + \theta w_n \ \hat{X}_n(1)$$
$$= E(X_{n+1}|I_n) = \theta w_n, \ \ w_n = \frac{1}{1+\theta(B)}Z_n,$$
$$m = 2: \ X_{n+2} = w_{n+2} + \theta w_{n+1} \ \hat{X}_n(2)$$
$$= E(X_{n+2}|I_n) = 0,$$
$$\vdots$$
$$\text{对一般的} m: \ X_{n+m} = w_{n+m} + \theta w_{n+m-1} \ \hat{X}_n(m) = 0.$$

对 MA(q) 的预测

对于 MA(q) 过程，$X_t = (1 + \theta_1 B + \theta_2 B^2 + \cdots + \theta_q B^q) w_t$。

$$\hat{X}_n(m) = E(X_{n+m}|I_n) = \begin{cases} (\theta_m + \theta_{m+1}B + \theta_{m+2}B^2 + \cdots + \theta_q B^{q-m})w_n, & m \leqslant q \\ 0, & m > q \end{cases}$$

这里

$$w_n = \frac{1}{1 + \theta_1 B + \theta_2 B^2 + \cdots + \theta_q B^q} X_n.$$

对 ARMA(1,1) 的预测

对于 ARMA(1) 过程，$X_{n+m} = \phi X_{n+m-1} + w_{n+m} + \theta w_{n+m-1}$。

$$m = 1: \ \hat{X}_n(1) = E(X_{n+1}|I_n)$$
$$= \phi X_n + \theta w_n, \ \ w_t = \frac{1-\phi B}{1+\theta(B)}Z_n,$$
$$m = 2: \ \hat{X}_n(2) = \phi \hat{X}_n(1) = \phi(\phi X_n + \theta w_n),$$
$$\vdots$$
$$\text{对一般的} m: \ \hat{X}_n(m) = \phi \hat{X}_n(m-1)$$
$$= \phi^2 \hat{X}_n(m-2) = \cdots = \phi^{m-1}\hat{X}_n(1).$$

对 ARMA(p,q) 的预测

对于 ARMA(p,q) 过程,

$$\begin{aligned}X_{n+m} =& \phi_1 X_{n+m-1} + \cdots + \phi_p X_{n+m-p} \\ &+ w_{n+m} + \theta_1 w_{n+m-1} + \cdots + \theta_q w_{n+m-q}. \\ \hat{X}_n(m) =& \phi_1 \hat{X}_n(m-1) + \cdots + \phi_p \hat{X}_n(m-p) \\ &+ \hat{w}_n(m) + \theta_1 \hat{w}_n(m-1) + \cdots + \theta_q \hat{w}_n(m-q).\end{aligned}$$

这里

$$\hat{X}_n(j) = \begin{cases} E(X_{n+j}|I_n), & j \geqslant 1, \\ X_{n+j}, & j \leqslant 0, \end{cases}$$

$$\hat{w}_n(j) = \begin{cases} 0, & j \geqslant 1, \\ w_{n+j} = X_{n+j} - \hat{X}_{n+j-1}(1), & j \leqslant 0. \end{cases}$$

例 3.1 澳大利亚1962年至1975年每头奶牛月平均产奶量 (monthly-milk-production-pounds-p.csv). 该数据来自由 Monash 大学 Rob Hyndman 教授建立的时间序列数据库 (Time Series Data Library, TSDL).[1] 该序列的图3.1是由下面代码产生的:

```
w=read.csv("monthly-milk-production-pounds-p.csv")
milk=ts(w[,2],start=c(1962,1),frequency = 12)
plot(milk,main="Monthly milk production: pounds per cow")
```

我们对例3.1数据进行拟合并做预测, 这里用程序包 forecast[2] 中的函数.

首先利用 auto.arima() 函数做自动的 ARIMA 模型选择及拟合, 代码和输出为 (特征方程根的点图为图3.2)

```
> library(forecast)
> (fit=auto.arima(milk))
> plot(fit)
Series: milk
```

---

[1] https://datamarket.com/data/set/22ox/monthly-milk-production-pounds-per-cow-jan-62-dec-75#!ds=22ox&display=line.

[2] Hyndman, R. J. (2016). forecast: Forecasting Functions for Time Series and Linear Models. R package version 7.3. http://github.com/robjhyndman/forecast.
Hyndman, R. J. and Khandakar Y.(2008). Automatic Time Series Forecasting: The forecast Package for R. *Journal of Statistical Software*, 26 (3): 1-22. http://www.jstatsoft.org/article/view/v027i03.

3.3 ARIMA 模型的估计和预测

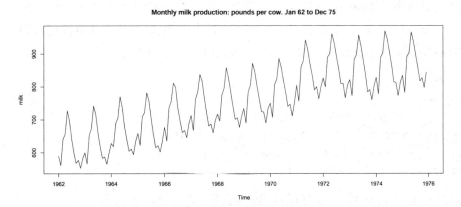

图 3.1 例3.1每头奶牛月平均产奶量

```
ARIMA(0,1,1)(0,1,1)[12]

Coefficients:
         ma1     sma1
      -0.2204  -0.6214
s.e.   0.0748   0.0627

sigma^2 estimated as 53.42:  log likelihood=-530.15
AIC=1066.3   AICc=1066.46   BIC=1075.43
```

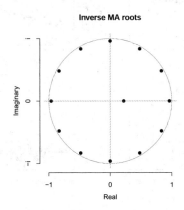

图 3.2 例3.1 ARIMA$(0,1,1)(0,1,1)_{12}$ 模型拟合的特征方程根的位置

这里得到的是 ARIMA$(0,1,1)(0,1,1)_{12}$ 模型,两个参数估计为 $\hat\theta_1 = -0.220\,3$, $\hat\Theta_1 = -0.621\,4$. 这里用的方法是根据 AIC、AICc 或者 BIC 的值来选取模型 (默认是 AICc),

测试的模型最大阶数的默认值是 5. 通过图3.2可以看出特征方程的根 (MA 模型一个, 季节 MA 模型 12 个) 均在单位圆外, 图中显示的是单位根的逆. 可用各种度量来显示拟合的精确性, 因为这里没有给出测试集 (testing set), 只显示出训练集 (training set) 的精确性度量:

```
> accuracy(fit)
                   ME     RMSE      MAE         MPE
Training set 0.0356593 6.975173 5.168896 -0.003681841
                 MAPE     MASE       ACF1
Training set 0.6897827 0.2428027 -0.00843703
```

下面对拟合所得的残差做混成检验及有关点图 (图3.3), 代码为

```
library(portes)
par(mfrow=c(2,2))
plot(gvtest(fit$res,1:60)[,4],main="Gneralized variance tests",
ylab="p-value", xlab="lag",pch=16);abline(h=0.05,lty=2)
plot(LjungBox(fit$res,1:60)[,4],main="Ljung-Box tests",
ylab="p-value", xlab="lag",pch=16,ylim=c(0,1));abline(h=0.05,lty=2)
Acf(fit$res,main="ACF of residuals",lag.max=60)
plot(fit$res,type="o",ylab="Residual",pch=16);
title("Residual series");abline(h=0,lty=2)
```

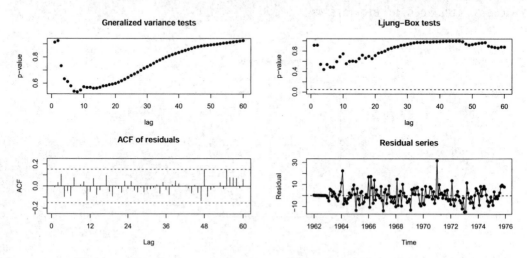

图 3.3 例3.1 ARIMA$(0,1,1)(0,1,1)_{12}$ 模型拟合的有关残差的检验和点图

从图3.3看不到残差有明显的序列自相关.

利用下面代码产生 48 个月的预测, 这里不显示输出, 但图3.4给出了预测值和置信

区间.

```
ff<-forecast(fit,h=48)
plot.forecast(ff)
```

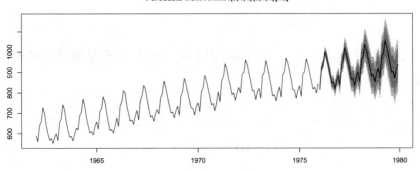

图 3.4 例3.1 ARIMA$(0,1,1)(0,1,1)_{12}$ 模型做 48 个月的预测

我们用 1973 年之前的数据集作为训练集, 而 1973 年之后的数据集作为测试集, 计算交叉验证的精度. 下面是代码及输出的不同度量的训练集和测试集的精度:

```
> m1=window(milk,end=1973)
> m2=window(milk,start=1973)
> mf1=forecast(m1,h=48)
> accuracy(mf1, m2)
                     ME       RMSE        MAE         MPE
Training set  0.3621368   6.840277   5.228552  0.04650867
Test set    -14.7633921  18.968257  15.933704 -1.76754432
                   MAPE       MASE        ACF1    Theil's U
Training set  0.7295653  0.2198245  0.001220503          NA
Test set      1.8996357  0.6699021  0.693872305   0.3727644
```

3.4 简单指数平滑

简单指数平滑 (simple exponential smoothing) 应该仅仅用于没有系统趋势的非季节性时间序列. 其基本思想为利用过去观测值的加权和来预测 x_{N+1}(用 $\hat{x}_N(h)$ 表示对 x_{N+h} 的预测值):

$$\hat{x}_N(1) = c_0 x_N + c_1 x_{N-1} + c_2 x_{N-2} + \cdots$$

这里的权重可以是**几何权重** (geometric weight):

$$c_i = \alpha(1-\alpha)^i, \quad i = 0, 1, \cdots, \ 0 < \alpha < 1$$

$$\hat{x}_N(1) = \alpha x_N + \alpha(1-\alpha)x_{N-1} + \alpha(1-\alpha)^2 x_{N-2} + \cdots$$

$$= \alpha \sum_{k=0}^{\infty}(1-\alpha)^k x_{N-k}.$$

这是依赖于无穷过去值的序列, 但在实际应用中, 通常只有有限的历史观测值. 上面式子可以写成迭代形式

$$\hat{x}_N(1) = \alpha x_N + (1-\alpha)[\alpha x_{N-1} + \alpha(1-\alpha)x_{N-2} + \cdots]$$

$$= \alpha x_N + (1-\alpha)\hat{x}_{N-1}(1).$$

如果设 $\hat{x}_1(1) = x_1$, 那么这个迭代式子就可以用于预测了.

与上式等价的**误差纠正** (error-correction) 形式为

$$\hat{x}_N(1) = \alpha[x_N - \hat{x}_{N-1}(1)] + \hat{x}_{N-1}(1)$$

$$= \alpha e_N + \hat{x}_{N-1}(1),$$

这里 $e_N = x_N - \hat{x}_{N-1}(1)$ 为在时间 N 的预测误差.

简单指数平滑对于下面背景模型是最优的:

$$X_t = \mu + \alpha \sum_{j<t} w_j + w_t, \ t = 1, 2, \cdots$$

这里 $\{w_t\}$ 为白噪声, $X_0 = 0$ 及 $0 < \alpha < 1$. 显然, X_t 的一阶差分 $\nabla X_t = w_t - (1-\alpha)w_{t-1}$ 是可逆的 MA(1) 过程, 因此 X_t 为 ARIMA(0,1,1). 根据 ∇X_t 的可逆性, 有

$$\nabla X_t = \sum_{j=1}^{\infty}(1-\alpha)^j \nabla X_{t-j} + w_t.$$

根据 $\nabla X_t = X_t - X_{t-1}$,

$$X_t = \alpha \sum_{j=1}^{\infty}(1-\alpha)^{j-1} X_{t-j} + w_t.$$

3.4 简单指数平滑

于是, 近似的一步向前预测为

$$\hat{x}_N(1) = \alpha \sum_{j=1}^{\infty} (1-\alpha)^{j-1} x_{N+1-j}$$
$$= \alpha x_N + (1-\alpha) \sum_{j=1}^{\infty} \alpha(1-\alpha)^{j-1} x_{N-j}$$
$$= \alpha x_N + (1-\alpha)\hat{x}_{N-1}(1),$$

这里 $\hat{x}_0(1) = x_1$ 作为初始值, 这恰好是前面的简单指数平滑的形式. 因此, 对于这一类模型, 适宜选用简单指数平滑预测方法. 当然, 对于一些其他模型, 简单指数平滑也是最优的. 容易表明, 从时间 n 向前预测 m 步的误差为

$$P_n(m) \approx \sigma_w^2 [1 + (m-1)\alpha^2].$$

显然, 当 α 越接近 1, 预测时把更多的权重加在最近的观测值, 因此预测调整得更快, 预测结果也就越不光滑. 当 α 越接近 0, 预测时把更多的权重加在较早的观测值, 因此预测调整得较慢, 预测结果也就越光滑.

在一般情况下, 寻求 α 的过程如下. 首先, 给出一个 α 值, 做下面计算:

$$\hat{x}_1(1) = x_1 \Rightarrow e_2 = x_2 - \hat{x}_1(1),$$
$$\hat{x}_2(1) = \alpha e_2 + \hat{x}_1(1) \Rightarrow e_3 = x_3 - \hat{x}_2(1),$$
$$\vdots$$
$$e_N = x_N - \hat{x}_{N-1}(1).$$

然后计算 $\sum_{i=2}^{N} e_i^2$. 对于不同的 α 重复上面的计算, 选择使得 $\sum_{i=2}^{N} e_i^2$ 最小的 α. 本小节的简单指数平滑实际上是下面要介绍的 Holt-Winters 滤波预测方法的特例, 因此在数值计算上, R 中的简单指数平滑的函数包含在 Holt-Winters 滤波预测方法的函数 `HoltWinters()` 之中 (利用选项 `gamma=FALSE, beta=FALSE`).

例 3.2　尼罗河数据 (Nile.txt). 这里是在埃及的阿斯旺 (Ashwan) 所测量的 1871—1970 年尼罗河的年度流量[1]. 该数据可以从程序包 `datasets`[2]得到. 图3.5展示了原始

---

[1] Durbin, J. and Koopman, S. J. (2001). Time Series Analysis by State Space Methods. Oxford University Press. http://www.ssfpack.com/DKbook.html.

[2] R Development Core Team (2011). R: A language and environment for statistical computing. R Foundation

数据. 该时间序列的趋势很小, 由于是年流量, 没有季节成分.

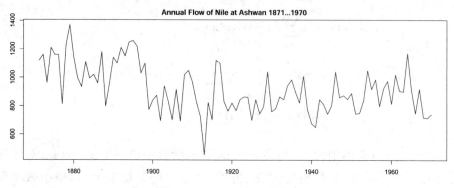

图 3.5 尼罗河年流量数据

图3.5以及指数平滑(包括图3.6)是由下面语句产生的:

```
plot(Nile,ylab="Flow",main="Annual Flow of Nile at Ashwan 1871 - 1970")
(Nr=HoltWinters(Nile, gamma=FALSE, beta=FALSE))
plot(Nr)
```

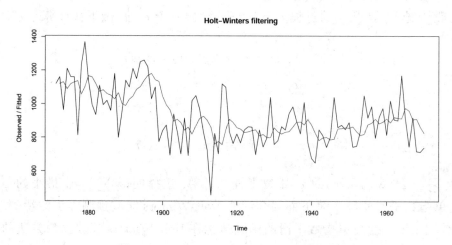

图 3.6 例3.2尼罗河年流量数据的指数平滑

输出的结果为

```
Holt-Winters exponential smoothing without trend and without seasonal component.
```

3.4 简单指数平滑

```
Call:
HoltWinters(x = Nile, beta = FALSE, gamma = FALSE)

Smoothing parameters:
 alpha: 0.2465579
 beta : FALSE
 gamma: FALSE

Coefficients:
   [,1]
a 805.0389
```

从例3.2数据及其一阶差分的 acf 和 pacf 图 (图3.7) 很难看出来其是否是平稳的及该序列或差分是否能够拟合 ARIMA 模型.

```
par(mfrow=c(,2,2))
acf(Nile);pacf(Nile);act(diff(Nile));pact(diff(Nile))
```

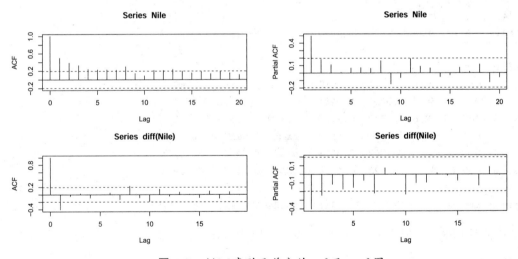

图 3.7 例3.2序列及差分的 acf 及 pacf 图

可以用 BIC 来搜索平稳序列 ARMA 阶数的点图来看什么阶数合适. 这里用的是程序包 TSA [1]中的函数 armasubsets(text), 得到图3.8:

```
library(TSA)
res=armasubsets(y=Nile,nar=15,nma=15,y.name='test',ar.method='ols')
plot(res)
```

---

[1] Kung-Sik Chan and Brian Ripley (2012). TSA: Time Series Analysis. R package version 1.01. https://CRAN.R-project.org/package=TSA.

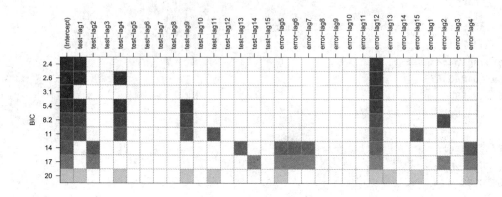

图 3.8 例3.2序列根据 BIC 选择 ARMA 阶数图

图3.8给出了模型 ARMA(1,12), 但看来只有 ϕ_1 和 θ_{12} 显著. 我们试试这个模型:

```
> (fit=arima(Nile,c(1,0,12)))

Call:
arima(x = Nile, order = c(1, 0, 12))

Coefficients:
         ar1      ma1     ma2      ma3      ma4      ma5     ma6
      0.9471  -0.5624  0.0254  -0.0261  -0.2592  -0.1422  0.2771
s.e.  0.0667   0.1298  0.1349   0.1190   0.1160   0.1504  0.1112
         ma7     ma8      ma9    ma10     ma11     ma12  intercept
     -0.1858  0.3068  -0.2367  -0.3203  0.4697  -0.0114   930.6255
s.e.  0.1489  0.1407   0.1023   0.1614  0.1246   0.1203    68.5955

sigma^2 estimated as 14979: log likelihood=-626.92, aic = 1281.85
```

从参数估计值来看, 似乎 θ_{12} 不如 θ_{11} 显著. 使用 auto.arima() 函数, 得到下面结果:

```
> (nfit=auto.arima(Nile,max.order = 20,ic='bic'))
Series: Nile
ARIMA(0,1,1)

Coefficients:
          ma1
      -0.7329
s.e.   0.1143

sigma^2 estimated as 20810: log likelihood=-632.55
```

AIC=1269.09 AICc=1269.22 BIC=1274.28

用指数平滑方法, 对 ARIMA(1,0,12) 及 ARIMA(0,1,1) 的残差做广义方差检验及点图, 得到图3.9, 图中三行相应于上面三个模型. 从图中很难看出哪一个完全不合适, 但似乎 ARIMA(1,0,12) 模型 (中间一行图) 无论从哪一方面都优于另外两个模型.

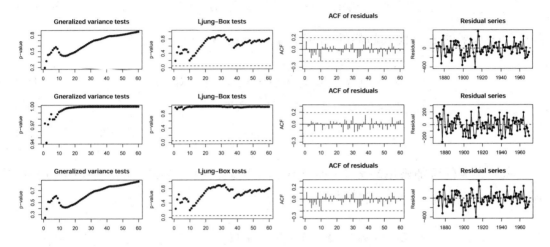

图 3.9   根据指数平滑方法, 对例3.2序列使用 ARIMA(1,0,12) 及 ARIMA(0,1,1) 模型的残差分析点图

3.5 Holt-Winters 滤波预测方法

在没有趋势时, 类似于前面指数平滑, 有

$$L_t = \alpha x_t + (1-\alpha)L_{t-1},$$

这里 L_t 为**局部水平** (local level).

在包含趋势项 T_t 之后有

$$L_t = \alpha x_t + (1-\alpha)(L_{t-1} + T_{t-1}),$$
$$T_t = \beta(L_t - L_{t-1}) + (1-\beta)T_{t-1}.$$

在时刻 t, h 步向前预测为两参数形式的指数平滑:

$$\hat{x}_t(h) = (L_t + hT_t), \quad h = 1, 2, 3, \cdots$$

令 L_t, T_t, S_t 分别表示在时刻 t 的局部水平、趋势和季节指标. 在可加季节性时, $x_t - S_t$ 为去季节值, 而在可乘季节情况, 去季节值为 x_t/S_t.

周期为 s 的**可加 Holt-Winters 预测函数** (additive Holt-Winters prediction function) 为

$$\hat{x}_t(h) = L_t + hT_t + S_{t-s+h}, \tag{3.1}$$

这里代表水平的 L_t、代表趋势的 T_t 及代表季节的 S_t 分别为

$$L_t = \alpha(x_t - S_{t-s}) + (1-\alpha)(L_{t-1} + T_{t-1}), \tag{3.2}$$
$$T_t = \beta(L_t - L_{t-1}) + (1-\beta)T_{t-1}, \tag{3.3}$$
$$S_t = \gamma(x_t - L_t) + (1-\gamma)S_{t-s}. \tag{3.4}$$

周期为 s 的**可加阻尼趋势 Holt-Winters 预测函数** (additive damped trend Holt-Winters prediction function) (对于 $0 < \phi < 1$) 为

$$L_t = \alpha(x_t - S_{t-s}) + (1-\alpha)(L_{t-1} + \phi T_{t-1}),$$
$$T_t = \beta(L_t - L_{t-1}) + (1-\beta)\phi T_{t-1},$$
$$S_t = \gamma(x_t - L_t) + (1-\gamma)S_{t-s}.$$

周期为 s 的**可乘 Holt-Winters 预测函数** (multiplicative Holt-Winters prediction function) 为

$$\hat{x}_t(h) = (L_t + hT_t)S_{t-s+h},$$

这里 L_t, T_t 和 S_t 分别是

$$L_t = \alpha(x_t/S_{t-s}) + (1-\alpha)(L_{t-1} + T_{t-1}),$$
$$T_t = \beta(L_t - L_{t-1}) + (1-\beta)T_{t-1},$$
$$S_t = \gamma(x_t/L_t) + (1-\gamma)S_{t-s}.$$

周期为 s 的**可乘阻尼趋势 Holt-Winters 预测函数** (multiplicative damped trend Holt-Winters prediction function) (对于 $0 < \phi < 1$) 为

$$L_t = \alpha(x_t/S_{t-s}) + (1-\alpha)(L_{t-1} + T_{t-1}^{\phi}),$$

$$T_t = \beta(L_t - L_{t-1}) + (1-\beta)T_{t-1}^\phi,$$
$$S_t = \gamma(x_t/L_t) + (1-\gamma)S_{t-s}.$$

Holt-Winters 光滑的逻辑步骤 (软件完全自动执行):
(1) 点图: 选择可加或可乘的季节模型.
(2) 对于 L_1, T_1 及 $S_1, \cdots, S_s$ 提供初始值, 比如 $L_1 = \sum_1^s x_i/s$.
(3) 估计使得 $\sum e_t^2$ 在一定时间段最小的 α, β, γ 值.
(4) 确定是否要在规则的区间标准化季节指标 (在可加情况使其和为 0, 在可乘情况使其平均为 1).

还有更复杂的平滑或滤波模型, 这里不逐一介绍. 指数平滑类模型预测与下面要介绍的 ARMA 类模型预测一起形成了当前时间序列预测的主要方法.

3.6 指数平滑模型的一些术语和符号

根据 Hyndman et al. (2002), Hyndman et al. (2008) 及 Hyndman and Khandakar (2008), 人们用符号 ETS 来表示与误差、趋势、季节有关的预测模型, 这里 ETS 是误差 (error)、趋势 (trend)、季节性 (seasonality) 的英文首字母组合. 在一些软件中误差、趋势、季节的各种标识为: "N" 代表 "没有" 或 "无", "A" 代表 "可加", "M" 代表 "可乘", "Z" 代表软件自动选择. 各种可能性为:
- 误差类型 ("A", "M" 或者 "Z");
- 趋势类型 ("N", "A", "M" 或者 "Z");
- 季节类型 ("N", "A", "M" 或者 "Z").

例如, "ANN" 为简单的指数平滑和可加误差项, "MAM" 为可乘 Holt-Winter 方法及可乘误差项.

各种组合总共有 15 个方法:

趋势成分	季节成分		
	N(无)	A(可加)	M(可乘)
N (无)	N,N	N,A	N,M
A (可加)	A,N	A,A	A,M
A_d (可加阻尼)	A_d,N	A_d,A	A_d,M
M (可乘)	M,N	M,A	M,M
M_d (可乘阻尼)	M_d,N	M_d,A	Md,M

例 3.3 夏威夷 Mauna Loa 火山大气二氧化碳浓度数据. 这是 R 自带的数据, 名为 co2, 二氧化碳浓度单位为百万分之一 (ppm). 该数据可以从程序包 datasets[①]得到. 对该序列做 Holt-Winters 光滑的 R 代码 (产生图3.10) 为:

```
> require(graphics)
> (m <- HoltWinters(co2))
Smoothing parameters:
alpha: 0.5126484
beta : 0.009497669
gamma: 0.4728868
Coefficients:
      [,1]
a    364.7616237
b      0.1247438
s1     0.2215275
s2     0.9552801
s3     1.5984744
s4     2.8758029
s5     3.2820088
s6     2.4406990
s7     0.8969433
s8    -1.3796428
s9    -3.4112376
s10   -3.2570163
s11   -1.9134850
s12   -0.5844250
> plot(fitted(m))
```

例 3.4 1949 年到 1960 年乘机旅客月度数据. 这是 Box et al.(1976) 的数据, 包含在 R 中, 名为 AirPassengers. 该数据可以从程序包 datasets 得到. 对该序列做 Holt-Winters 光滑 (略去输出的数字结果) 的 R 代码 (产生图3.11) 为:

```
(m <- HoltWinters(AirPassengers, seasonal = "mult"))
plot(fitted(m))
```

[①] R Development Core Team (2011). R: A language and environment for statistical computing. R Foundation for Statistical Computing, Vienna, Austria. ISBN 3-900051-07-0. http://www.R-project.org/.

3.6 指数平滑模型的一些术语和符号

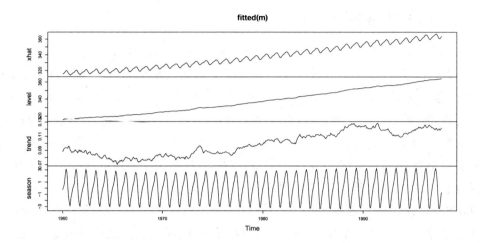

图 3.10 例3.3序列的 Holt-Winters 光滑

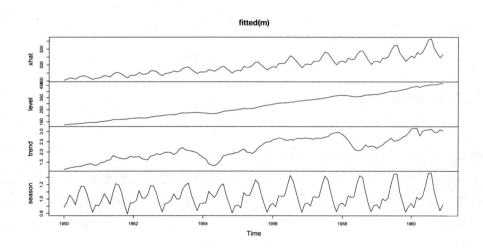

图 3.11 例3.4序列的 Holt-Winters 光滑

3.7 时间序列季节性分解的 LOESS 方法

3.7.1 LOESS 方法简介

LOESS 和 LOWESS (locally weighted scatterplot smoothing) 是两个类似的非参数回归方法, 事实上前者是后者的推广, 很多文献把它们看成一回事, 即 LOESS 和 LOWESS 是同义词. 最初由 Cleveland (1979) 提出并由 Cleveland and Devlin (1988) 进一步开发的 LOESS 是一种局部加权多项式回归的方法. 该方法在欲估计的每个点处利用低阶多项式进行加权最小二乘拟合, 离目标点越近的点给予的权重越大. 这个方法不需要对数据做任何诸如分布的假定, 在多项式形式及权重的选择等方面很灵活. 而数据分析者只需要选择多项式阶数和光滑参数即可.

LOESS 的缺点在于需要较密集的数据及较大计算量. 由于它不产生诸如经典回归那样的数学公式, 有人认为用它把结果外推到已知数据集合之外不那么合适, 其实, 经典线性回归用于外推到给定数据之外的数学公式也完全是基于假定的.

假定已经观测的数据为 $\{x_i, y_i\}_{i=1}^n$, 记 LOESS 在 x 点的拟合值 $\hat{y} = \hat{g}(x)$, 这里 x 不必属于已经观测的数据. 计算 $\hat{g}(x)$ 的步骤描述如下. 首先选择一个整数 $q \leqslant n$, 它是最靠近 x 的已给观测值的数目 (需要选择 q). 这 q 个邻近的观测值中的每一个都根据其和 x 的距离给予一个近邻权重, 这个权重通常采用下面三立方 (tricube) 形式:

$$W(u) = \begin{cases} (1-u^3)^3, & 0 \leqslant u < 1 \\ 0, & u \geqslant 1 \end{cases}.$$

对于任何 x_i 的近邻权重为

$$w_i(x) = W\left(\frac{|x_i - x|}{\lambda_q(x)}\right),$$

这里的 $\lambda_q(x)$ 为离 x 第 q 远的 x_i 到 x 的距离.

下一步就是拟合 d 阶多项式 (需要选择阶数 d, 比如 $d=1$ 或 $d=2$) 到加权数据, 拟合时给数据点 (x_i, y_i) 以权重 $w_i(x)$, 而在 x 的局部拟合的多项式的值就是 $\hat{g}(x)$.

如果 $q > n$, 则定义

$$\lambda_q(x) = \lambda_n(x) \frac{q}{n}.$$

显然, q 越大, $\hat{g}(x)$ 就越光滑.

下面是比较 LOESS 和 OLS 回归的例子, 所用的数据为 R 自带的描述刹车距离和

速度关系的 cars. 图3.12展示了回归结果, 而图3.13展示了外推结果. 产生图3.12所用的 R 代码为:

```
cars.lo <- loess(dist ~ speed, cars)
pa=predict(cars.lo, data.frame(speed = seq(5, 30, 1)), se = TRUE)
plot(dist~speed,cars, main="LOESS vs OLS")
lines(cars.lo$fitted~cars$speed,lwd=3)
points(pa$fit~seq(5, 30, 1),pch=16)
abline(lm(dist ~ speed, cars),col=4,lty=2,lwd=3)
legend(5,120, c("loess regression","linear regression"),
lty=1:2,pch=c(16,NA),col=c(1,4),lwd=3)
```

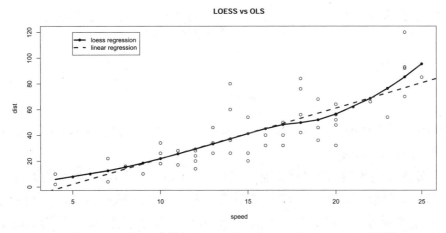

图 3.12 对 R 自带数据 cars 做 LOESS 和 OLS 回归的比较

产生图3.13所用的 R 代码为:

```
cars.lo2 <- loess(dist ~ speed, cars,
control = loess.control(surface = "direct"))#default="interpolate"
pa2=predict(cars.lo2, data.frame(speed = seq(0, 30, 1)), se = TRUE)
plot(dist~speed,cars,xlim=c(0,30), ylim=range(pa2$fit))
title("Extrapolation")
lines(cars.lo2$fitted~cars$speed,col=4)
points(pa2$fit~seq(0, 30, 1),col=2,pch=16)
```

3.7.2 利用 LOESS 做时间序列的季节分解

利用LOESS 做时间序列的季节分解 (seasonal decomposition of time series by LOESS, 简称 STL) 是 Cleveland et al. (1990) 发展的分解时间序列的常用稳健滤波方法. 模型

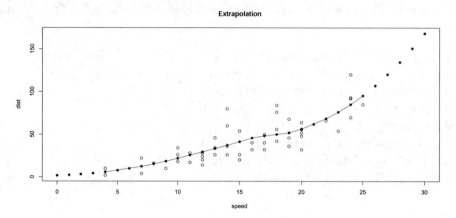

图 3.13 对 R 自带数据 cars 做 LOESS 回归的外推 (没有连线的实心散点是外推值)

可写成
$$Y_t = T_t + S_t + R_t, \ t = 1, \cdots, N,$$

这里 Y_t 为数据, T_t 为趋势成分 (trend component), S_t 为季节成分 (seasonal component), R_t 为剩余部分 (remainder).

STL 可处理任何类型的季节性, 而不仅仅是 ARIMA 模型可以处理的月度和季度的数据. 可以选择抽取趋势成分 T_t 的滞后时间和局部多项式的阶数; 季节性成分 S_t 可随时间变化, 变化率 (局部多项式阶数) 可由分析人员来掌控, 而趋势周期的平滑度也可以由用户控制. 对于离群点 STL 也是稳健的, 少数的离群观测值不会影响趋势周期和季节性因素的估计, 然而, 它们将影响剩余部分 R_t.

STL 分解由外循环及嵌套在外循环之中的内循环组成, 每一次内循环都更新季节和趋势成分一次. 而每次包括内循环的外循环之后计算用于下一轮内循环的稳健权重, 初始权重为 1.

在内循环中, 记 $S_t^{(k)}$ 和 $T_t^{(k)}$ 为第 k 步的迭代结果, 第 $k+1$ 步为

步骤 1 去掉趋势: $Y_t - T_t^{(k)}$.

步骤 2 循环子序列 (cycle-subseries) 的光滑: 利用 LOESS 对除去趋势之后的序列进行平滑, 取 $d=1$ 及 $q = n_{(s)}$, 这里的 $n_{(s)}$ 反映了季节的周期, 比如对于月度数据, $n_{(s)} = 12$. 这产生了平滑后的循环子序列, 为暂时的季节序列, 记为 $C_t^{(k+1)}$, 包含了从 $t = -n_{(s)} + 1$ 到 $t = N + n_{(s)}$ 的 $N + 2n_{(s)}$ 个值.

步骤 3 平滑后的循环子序列 $C_t^{(k+1)}$ 的低通滤波 (low-pass filtering), 包括两次长度为

$n_{(s)}$ 的移动平均和一次长度为 3 的移动平均, 接着是 LOESS 平滑, 选择 $d = 1$ 及某个 $q = n_{(l)}$. 输出为 $L_t^{(k+1)}$ ($t = 1, \cdots, N$).

步骤 4 去掉平滑后的循环子序列的趋势得到季节成分

$$S_t^{(k+1)} = C_t^{(k+1)} - L_t^{(k+1)}, \ t = 1, \cdots, N.$$

步骤 5 去掉季节: $Y_t - S_t^{(k+1)}$.

步骤 6 去掉季节成分的序列的趋势做 LOESS 平滑.

在内循环之后得到对季节和趋势成分的估计, 然后得到剩余部分

$$R_t = Y_t - T_t - S_t.$$

在外循环中要对每个观测值 Y_t 确定稳健权重, 对于很大的 $|R_t|$ 值的观测值给予很小的权重. 令 h 等于 6 倍 $\{|R_t|\}$ 的中位数, 则权重计算公式为

$$\rho_t = B(|R_t|/h),$$

这里 B 为双二次 (bisquare) 权函数

$$B(u) = \begin{cases} (1-u^2)^2, & 0 \leqslant u < 1 \\ 0, & u \geqslant 1 \end{cases}$$

STL 方法和各种参数的选择的细节请参看 Cleveland et al. (1990).

例 3.5 **英国 Nottingham 城堡 1920 年至 1939 年的平均月度气温**. 这是 R 自带的数据, 名为 nottem. 该数据可以从程序包 datasets[①] 得到. 利用下面代码对该数据做季节分解, 输出结果, 并得到图3.14:

```
> plot(stl(nottem, s.window = 7, t.window = 50, t.jump = 1))
> summary(NotTem)
Call:
stl(x = nottem, s.window = 7, t.window = 50, t.jump = 1)

Time.series components:
 seasonal           trend            remainder
```

[①] R Development Core Team (2011). R: A language and environment for statistical computing. R Foundation for Statistical Computing, Vienna, Austria. ISBN 3-900051-07-0. http://www.R-project.org/.

```
Min.   :-12.076004  Min.   :47.84573  Min.   :-5.379845
1st Qu.: -8.010729  1st Qu.:48.61065  1st Qu.:-1.259899
Median : -1.172659  Median :48.97628  Median : 0.127038
Mean   :  0.001925  Mean   :49.04444  Mean   :-0.006777
3rd Qu.:  8.256423  3rd Qu.:49.59149  3rd Qu.: 1.196338
Max.   : 14.813684  Max.   :50.21671  Max.   : 5.700518
IQR:
STL.seasonal STL.trend STL.remainder data
16.2672       0.9808    2.4562        15.4500
% 105.3       6.3       15.9          100.0

Weights: all == 1

Other components: List of 5
$ win  : Named num [1:3] 7 50 13
$ deg  : Named int [1:3] 0 1 1
$ jump : Named num [1:3] 1 1 2
$ inner: int 2
$ outer: int 0
```

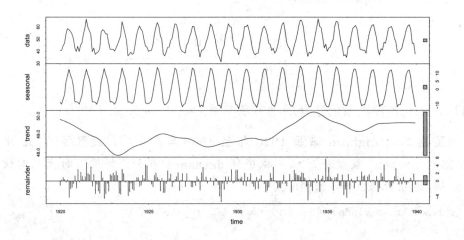

图 3.14 例3.5序列的 STL 分解

例 3.6 **中国经济数据** (outdata201608_hz_quarterly.csv). 这些数据集的大部分数据来自中国经济信息中心 (China Economic Information Center, CEIC) 和风信息数据库 (Wind Info database). 季度和年度数据的主要来源是中国国家统计局、财政部和中

3.7 时间序列季节性分解的 LOESS 方法

国人民银行.[①] 我们考虑其中第一个 CPI 序列, 图3.15为该序列及其差分的 acf 和 pacf 图. 代码为:

```
w=read.csv("/users/wu/documents/ats2/data/outdata201608_hz_quarterly.csv")
head(na.omit(w[,1:2]))
CPI=ts(na.omit(w[,2]),start = c(1984,1),frequency = 4)
par(mfrow=c(2,3));
plot(CPI);acf(CPI);pacf(CPI)
plot(diff(CPI));acf(diff(CPI));pacf(diff(CPI))
```

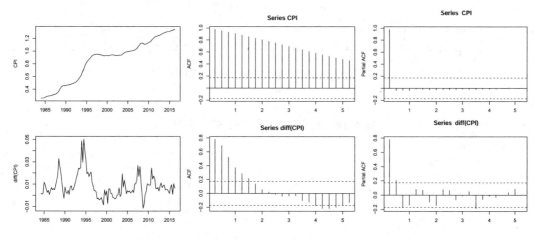

图 3.15 例3.6 CPI 序列及其差分的 acf 和 pacf 图 (分别在上下两行)

对例3.6的 CPI 序列首先做季节分解, 并画出图3.16:

```
b=stl(CPI,"per");plot(b)
```

对例3.6的 CPI 序列应用 Holt-Winters 模型, 并画出图3.17:

```
(hw=HoltWinters(CPI))
plot(hw$fit,main="Fit and Decomposition of CPI")
hw.e=CPI-hw$fitted[,1]
```

对例3.6的 CPI 序列应用 auto.arima() 函数拟合 ARIMA 模型:

```
> (CPI.auto=auto.arima(CPI,max.order = 20))
Series: CPI
ARIMA(1,1,2) with drift
```

[①] 该数据可从网站 https://www.frbatlanta.org/cqer/research/china-macroeconomy.aspx?panel=3 下载.

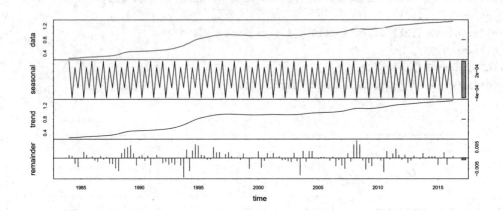

图 3.16　例3.6 CPI 序列的 STL 分解

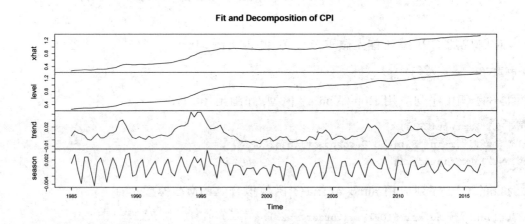

图 3.17　对例3.6 CPI 序列使用 Holt-Winters 模型

```
Coefficients:
         ar1      ma1     ma2
      0.7156  -0.1071  0.4161
s.e.  0.0832   0.0915  0.1135
      drift
      0.0083
s.e.  0.0024

sigma^2 estimated as 3.788e-05:  log likelihood=475
AIC=-939.99   AICc=-939.51   BIC=-925.69
```

对例3.6的 CPI 序列所用的 STL、Holt-Winters 及 ARIMA(1,1,2) 的残差检验和有关点图分别在图3.18的三行之中.

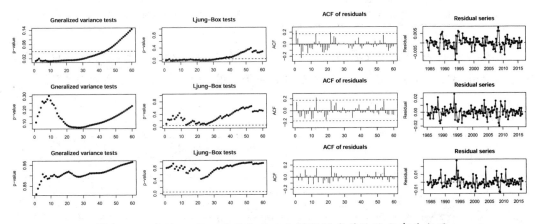

图 3.18 对例3.6 CPI 序列使用三个模型的残差检验和有关点图

从图3.18来看 STL 的残差最小, 但 ARIMA(1,1,2) 模型的残差自相关最小.

3.8 回归用于时间序列

通常的最小二乘回归可以用于时间序列, 但这里对参数的检验与在样本独立同分布假定下的情况不一样, 这里就以一个例子做简单介绍.

例 3.7 Nelson & Plosser 经济数据 (nporg.csv). 这是 Nelson and Plosser (1982) 所用的 14 个美国经济时间序列, 都是年度数据, 范围为 1860 年到 1970 年. 除了时间变量 year 之外, 这 14 个时间序列为 gnp.r(实际 GNP)、gnp.n(名义 GNP)、gnp.pc(实际人均 GNP)、ip(工业生产指数)、emp(总就业人数)、ur(总失业率)、gnp.p(GNP 平均物价

指数)、cpi(消费者物价指数)、wg.n(名义工资)、wg.r(实际工资)、M(货币存量)、vel(货币流通速度)、bnd(债券收益率)、sp(股票价格). 表3.1仅展示部分时间序列变量信息.

表 3.1 Nelson & Plosser 经济数据描述

变量名	变量含义	单位	起止年份
gnp.r	实际 GNP	十亿美元	1909—1970
gnp.n	名义 GNP	百万美元	1909—1970
ip	工业生产指数	[1967 = 100]	1860—1970
cpi	消费者物价指数	[1967 = 100]	1860—1970
wg.n	名义工资 (制造业员工年均收入)	美元	1900—1970
...		...	...
M	货币存量	十亿美元	1889—1970
vel	货币流通速度	%	1869—1970
sp	股票价格	%	1871—1970

该数据为 R 程序包 urca[①]所带, 下载该程序包后即可使用. 我们在回归中仅考察序列 ip, gnp.p, cpi, wg.n 等几个变量之间的关系. 图3.19显示了这4个序列的图.

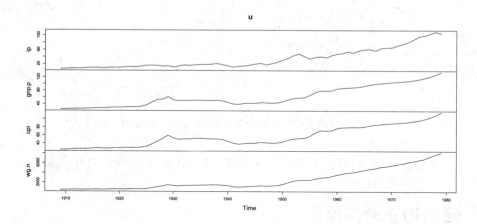

图 3.19 例3.7美国经济时间序列中的 ip, gnp.p, cpi, wg.n

通过下面语句可读入数据及产生图3.19.

```
data(nporg, package="urca")
w=na.omit(nporg[,c(5,8,9,10)])
u=ts(w,start=1909);plot(u)
```

[①] Pfaff, B. (2008). Analysis of Integrated and Cointegrated Time Series with R. Second Edition. New York: Springer.

使用下面语句来实现最小二乘回归及系数的检验,这里所用的程序包为 dynlm[①],还涉及程序包 lmtest[②]和 sndwich[③]中的函数:

```
library(dynlm);library(lmtest);library(sandwich)
(u_dyn=dynlm(cpi~L(ip,3)+L(gnp.p,c(0,3))+L(wg.n,3:4)+time(u),data=u))
coeftest(u_dyn, vcov = vcovHC(u_dyn, type = "HC1"))
```

令 y 代表 cpi, x_1, x_2, x_3 分别代表 ip, gnp.p, wg.n, 显然这里所用的模型为

$$y_t = \mu + \phi_{13} x_{1,t-3} + \phi_{20} x_{2,t} + \phi_{23} x_{2,t-3} + \phi_{33} x_{3,t-3} + \phi_{34} x_{3,t-4} + \beta t + \varepsilon_t,$$

得到输出:

```
t test of coefficients:

                  Estimate Std. Error t value Pr(>|t|)
(Intercept)     142.0270866 41.3133800  3.4378 0.0010716 ***
L(ip, 3)          0.2659875  0.0661297  4.0222 0.0001637 ***
L(gnp.p, c(0, 3))0 0.7132670  0.0538896 13.2357 < 2.2e-16 ***
L(gnp.p, c(0, 3))3 0.5146977  0.0692628  7.4311 4.592e-10 ***
L(wg.n, 3:4)3    -0.0167018  0.0029856 -5.5942 5.782e-07 ***
L(wg.n, 3:4)4     0.0080836  0.0021057  3.8389 0.0002999 ***
time(u)          -0.0757527  0.0217593 -3.4814 0.0009365 ***
```

输出中显示 $\hat{\mu} = 142.0271, \hat{\phi}_{13} = 0.2660, \hat{\phi}_{20} = 0.7133, \hat{\phi}_{23} = 0.5147, \hat{\phi}_{33} = -0.0167, \hat{\phi}_{34} = 0.0081, \hat{\beta} = -0.0758$. 在检验中所用的协方差矩阵估计选项有这里用的 vcovHC (heteroskedasticity-consistent covariance matrix estimation) 和 vcovHAC (Newey-West HAC covariance matrix estimation).

当然,对时间序列还可以对趋势和季节做回归,例如,对例1.3的 Bogota 最低温度,可以对趋势和季节做回归 (分解)、谐波函数回归及自回归,图3.20展示了回归的拟合结果. 上述回归和作图的代码为:

```
library(dynlm);library(lmtest);library(sandwich)
u=read.csv("/users/wu/documents/ats2/data/TempWorld2.csv")[,c(5,11)]
ut=ts(u,start=c(2000,1),frequency=12)
```

[①] Achim Zeileis (2016). dynlm: Dynamic Linear Regression. R package version 0.3-5. http://CRAN.R-project.org/package=dynlm.

[②] Achim Zeileis, Torsten Hothorn (2002). Diagnostic Checking in Regression Relationships. R News 2(3), 7-10. http://CRAN.R-project.org/doc/Rnews/.

[③] Achim Zeileis (2004). Econometric Computing with HC and HAC Covariance Matrix Estimators. *Journal of Statistical Software* 11(10), 1-17. http://www.jstatsoft.org/v11/i10/. Achim Zeileis (2006). Object-Oriented Computation of Sandwich Estimators. 16(9), 1-16. http://www.jstatsoft.org/v16/i09/.

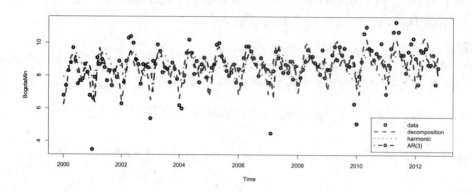

图 3.20 对例1.3的 Bogota 最低温度, 对趋势和季节做回归 (分解)、
谐波函数回归及自回归

```
bts=dynlm(BogotaMin~trend(BogotaMin)+season(BogotaMin),ut)#分解
bh=dynlm(BogotaMin~harmonic(BogotaMin),ut)#谐波回归
b3=dynlm(BogotaMin~L(BogotaMin,1:3),ut)#自回归
plot(ut[,1],type="p",ylab="BogotaMin",lw=4)
lines(fitted(bts), col = 2,lty=2,lw=4)
lines(fitted(bh),  col = 3,lty=3,lw=4)
lines(fitted(b3),  col = 4,lty=4,lw=4)
legend(2010.5,5.5,c("data","decomposition","harmonic","AR(3)"),
   pch=c(1,NA,NA),lty=c(NA,2:4),col=c(1,2:4),lw=3)
```

3.9 时间序列的交叉验证

对于截面数据, 有一套成熟的交叉验证方法. 而对于时间序列, 这里介绍下面两种交叉验证方法:

- N 个训练数据集和 N 个测试数据集以适当的方式随机选择, 类似于横截面案例 N-折交叉验证, 训练集和测试集都是固定合理长度的原始系列的完整窗口, 而且所有折的训练数据集和测试数据集之间的滞后间隔固定.
- 固定长度 (或改变长度) 的训练集每次向前移动一个时间 (或一段固定时间, 比如周期), 后面是固定长度的测试集.

通过交叉验证可以做的事情包括:

- 对不同的时间段比较不同的精度度量.
- 对不同的方法比较不同的精度度量.

- 对不同的预测前景比较不同的精度度量等.

我们将借用例子来说明一些交叉验证的方法.

3.9.1 交叉验证: 利用固定长度时间段的训练集来预测固定长度的未来

例 3.8 就业人口比率数据 (EMRATIO.csv). 这是美国联邦储备银行 (圣路易) 发表的就业人口比率 (Civilian Employment-Population Ratio) 数据[①], 图3.21为该序列图.

用下面代码输入数据及绘制图3.21:

```
w=read.csv("/users/wu/documents/ats2/data/EMRATIO.csv")
x=ts(w[,2],start = c(1948,1),frequency = 12);plot(x)
```

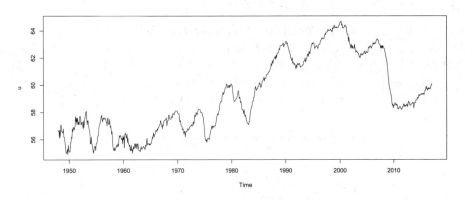

图 3.21 例3.8就业人口比率序列图

下面使用 5 年的数据通过 ARIMA 模型 (利用 auto.arima(text) 函数) 来预测未来一年并获得输出的准确性. 在计算中, 用 1971, 1972, · · ·, 1975 年的 5 年数据建模对 1972, 1973, · · ·, 1976 年做预测, 得到 6 种对测试集的预测精度的度量 (年度平均): ME、RMSE、MAE、MPE、MAPE、MASE. 输出中的 A 为 ARIMA 建模得到的 5 次交叉验证 (每次一行) 的 6 种精度 (每种精度一列).

```
auto.arima(x)#ARIMA(1,1,2)(2,0,2)[12]
A=NULL;B=NULL
for(i in 1971:1975){
x1=window(x,start=c(i-4,1),end=c(i,12))
x2=window(x,start=c(i+1,1),end=c(i+1,12))
```

---

① https://fred.stlouisfed.org/series/EMRATIO.

```
fit=auto.arima(x1)
ff=forecast(fit,h=12)
A=rbind(A,c(i,accuracy(ff,x2)[2,1:6]))#auto.arima
}
A=A[,2:7];row.names(A)=1972:1976
```

输出为

```
> A
          ME    RMSE     MAE      MPE    MAPE    MASE
1972  0.18333 0.24833 0.21667  0.32087 0.37966 0.39695
1973  0.52500 0.60346 0.55833  0.90528 0.96365 0.96057
1974 -0.64609 0.83447 0.64609 -1.12339 1.12339 0.95423
1975 -0.16853 0.27448 0.21516 -0.30075 0.38389 0.33751
1976  0.73333 0.75939 0.73333  1.28913 1.28913 0.83610
```

把这 5 次预测交叉验证的 6 个精度用图3.22表示. 作图3.22的代码为:

```
matplot(1972:1976,A,type='o',pch=2:7,lty=2:7,col=2:7,lwd=3,
   ylab='Mean accuracy',xlab = 'Predicted year')
legend(1972,-.2,legend=colnames(A),pch=2:7,lty=2:7,col=2:7,lwd=3)
title('Six mean accuracy meansures for cross-validation of 12
   month forecasts based on 5 years history for EMRATIO data')
```

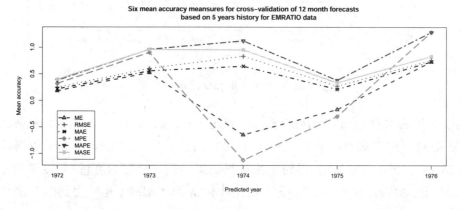

图 3.22　ARIMA 模型拟合例3.8就业人口比率序列的五次预测交叉验证的 6 个精度图

图3.22表明, 除了对 1974 年的预测之外 (那里 ME 及 MPE 和其他的度量不那么一致), 各种精度度量大体上有类似的趋势.

下面就例3.8数据比较不同的三种方法 (利用 R 函数 auto.arima, ets(MMM), meanf) 对未来一年的 12 个月预测的平均精度, 这里只利用 MAE(平均绝对值误差) 一种精度来度量. 这里利用之前 5 年的序列来对 1955~1976 年的 22 年做预测, 在交叉验证中对 1 月到 12 月的误差精度分别做平均. 结果显示在图3.23中. 计算及作图代码为:

```
E1=NULL;E2=NULL;E3=NULL
for(i in 1954:1975){
x1=window(x,start=c(i-4,1),end=c(i,12))
x2=window(x,start=c(i+1,1),end=c(i+1,12))
fit=auto.arima(x1)
fit2=ets(x1,model="MMM",damped=TRUE)
ff=forecast(fit,h=12)
ff2=forecast(fit2,h=12)
ff3=meanf(x1,h=12)
E1=rbind(E1,abs(ff[["mean"]]-x2))
E2=rbind(E2,abs(ff2[["mean"]]-x2))
E3=rbind(E3,abs(ff3[["mean"]]-x2))}
E=cbind(colMeans(E1),colMeans(E2),colMeans(E3))
matplot(1:12,E,type='o',pch=2:4,lty=2:4,col=2:4,lwd=3,
ylab="MAE",xlab="Horizon")
legend(10.5,0.35,c("auto.arima","ets(MMM)","meanf"),
pch=2:13,lty=2:13,col=2:13,lwd=3)
title("Compare month mean for different methods:
    auto.arima, ets(MMM), meanf")
```

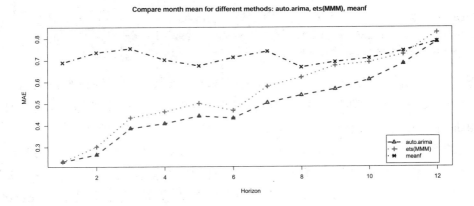

图 3.23 三个模型预测例3.8序列交叉验证的逐月 MAE 精度

由图3.23可以看出, 平均模型 (meanf) 的 MAE 误差最大, 而 ARIMA 模型的误差较小. 显然, 相对来说, 由于 1 月距离训练集数据较近, 预测比较精确, 离训练集越远预测越差, 12 月的预测误差最大.

3.9.2 交叉验证: 利用逐渐增加长度的训练集来预测固定长度的未来

例 3.9 1992 年至 2008 年澳大利亚每月抗糖尿病药物销售. 该数据是澳大利亚健康保险委员会记录的药品符合 ATC 代码 A10 的每月药方总量. 该数据包含在 R 程序包 fpp 之中.① 图3.24为该序列数据 (左) 及其对数 (右) 的点图.

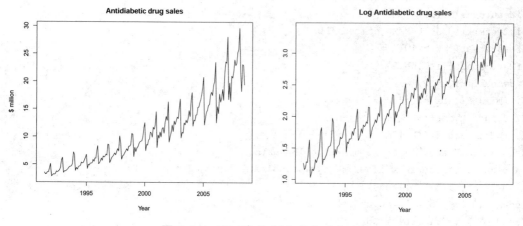

图 3.24 例3.9序列 (左) 及其对数 (右)

产生例3.9序列及其对数的图3.24的代码为:

```
par(mfrow=c(1,2))
plot(a10,ylab="$ million",xlab="Year",main="Antidiabetic drug sales")
plot(log(a10),ylab="",xlab="Year",main="Log Antidiabetic drug sales")
```

下面用例3.9数据 (取对数之后) 进行利用逐渐增加长度的训练集来预测固定长度的未来的交叉验证. 计算以 1991 年 7 月到 1994 年 6 月为第一个训练集, 以 1994 年 7 月到 1995 年 6 月为第一个测试集; 然后, 训练集增加一个月, 以 1991 年 7 月到 1994 年 7 月为第二个训练集, 以 1994 年 8 月到 1995 年 7 月为第二个测试集; 如此下去, 训练集每次增加一个值, 而测试集为其后的 12 个月, 直到整个数据最后 12 个月成为测试集而结束, 共进行 156 次交叉验证计算. 我们使用了三个模型 (均使用程序包 forecast): ARIMA(用 auto.arima)、时间序列回归 (用 tslm) 及指数平滑模型 (用 ets) 来进行比较.

计算的主要程序为:

---

① Rob J Hyndman (2013). fpp: Data for Forecasting: principles and practice. R package version 0.5. https://CRAN.R-project.org/package=fpp.

```
n=length(a10)
ST=tsp(a10)[1]# starting time
ET=tsp(a10)[2]#ending time
MTL=3*12 #minimum training length 36
TE=ST+MTL/12 #minimum ending time for training set
#each time increase one month with h=12
A=NULL;D=NULL;E=NULL;E0=NULL;E1=NULL;E2=NULL
for (i in 1:(n-MTL-12)){
x1=window(log(a10),end=TE+(i-1)/12)
x2=window(log(a10),start=TE+i/12,end=TE+(i+12-1)/12)
fit0=tslm(x1 ~ trend + season, lambda=0)
fit=auto.arima(x1)
fit2=ets(x1,model="MMM",damped=TRUE)
ff0=forecast(fit0,h=12)
ff=forecast(fit,h=12)
ff2=forecast(fit2,h=12)
E=rbind(E,c(i,accuracy(ff0,x2)[2,c(3,5:8)]))#tslm
A=rbind(A,c(i,accuracy(ff,x2)[2,c(3,5:8)]))#auto.arima
D=rbind(D,c(i,accuracy(ff2,x2)[2,c(3,5:8)]))#eta(MMM)
E0=rbind(E0,abs(ff0[['mean']]-x2))#tslm
E1=rbind(E1,abs(ff[['mean']]-x2))#auto.arima
E2=rbind(E2,abs(ff2[['mean']]-x2))#eta(MMM)}
```

图3.25为三种方法 arima、tslm、ets(左中右) 的 5 种精度的 156 个结果.

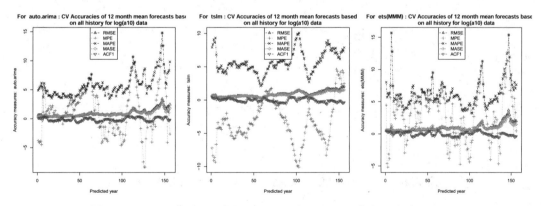

图 3.25 例3.9序列 (取对数) 的三个模型的 5 种精度的 156 个结果

产生图3.25的代码为:

```
Res=list(A[,c(3,5:8)],E[,c(3,5:8)],D[,c(3,5:8)])
mth=c("auto.arima","tslm","ets(MMM)")
for(i in 1:3){
```

```
matplot(Res[[i]],type='o',pch=2:6,lty=2:6,col=2:6,
ylab=paste("Accuracy measures: ",mth[i]),
xlab = "Predicted year")
legend('top',legend = colnames(A1),pch=2:6,lty=2:6,col=2:6)
title(paste("For ",mth[i], ": CV Accuracies of 12 month mean forecasts
   based on all history for log(a10) data"))}
```

下面就例3.9数据比较不同的三种方法 (利用 R 中程序包 forecast 中的函数 tslm、auto.arima、ets(MMM)) 对未来的 12 个月预测的平均精度, 这里只利用 MAE(平均绝对值误差) 一种精度来度量. 在交叉验证中对未来距离 1 个月到 12 个月 (horison) 的每月误差精度分别做平均. 结果显示在图3.26中. 计算及作图代码为:

```
par(mfrow=c(1,1))
EE=cbind(colMeans(E0),colMeans(E1),colMeans(E2))
matplot(1:12,EE,type='o',pch=2:4,lty=2:4,col=2:4,lwd=3,
ylab='MAE',xlab='Horizon')
legend('topleft',c('tslm','auto.arima','ets'),
pch=2:4,lty=2:4,col=2:4,lwd=3)
title('MAE: cross-validation of 12 month forecasts based
   on history for a10 data')
```

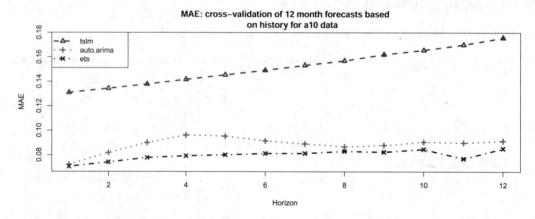

图 3.26 三个模型预测例3.9序列交叉验证的逐月 MAE 精度

显然, 时间序列回归方法的误差远大于另外两种方法, 而 ets 看上去精度最高.

3.10 更多的一元时间序列数据实例分析

3.10.1 例1.4有效联邦基金利率例子

对例1.4数据做差分

差分是去除趋势和季节成分的一个有效方法. 为什么要执意去除趋势和季节成分呢? 主要是希望把序列变换成平稳序列, 而平稳序列是可以较好地用数学语言来描述的. 下面通过数据分析来介绍. 去除趋势最简单的方法是一阶差分, 去除有周期 k 的季节成分的最简单办法是对序列做 k 期滞后差分.

用 $\{X_t\}$ 表示美国有效联邦基金利率序列. 图3.27中的上图就是对例1.4序列的一阶差分 $\{\nabla X_t\}$ 曲线图, 中图是对其做滞后 12 期的一阶差分 $\{\nabla_{12} X_t\}$ 的点图 (对 x 做 k 期滞后一阶差分的 R 函数为diff(x,k)), 下图是对其做滞后 12 期的一阶差分后再做一阶差分 $\{\nabla\nabla_{12} X_t\}$ 的点图. 可以看出, 一阶差分之后较早的趋势基本没有了, 但一些年的一些波动无法消除. 这些无法消除的不是趋势, 而是序列的震荡, 它反映了金融领域那些年的危机和动荡. 这种震荡是目前任何数学模型都很难刻画的.

下面是产生图3.27中三个图的代码:

```
w=read.csv("FEDFUNDS.csv")
x=ts(w[,2],start=c(1954,7),freq=12)
par(mfrow=c(3,1))
ts.plot(diff(x),ylab="Difference")
title(expression(paste(nabla, "(X)")))
ts.plot(diff(x,12),ylab="Difference")
title(expression(paste(nabla[12], "(X)")))
ts.plot(diff(diff(x,12)),ylab="Differences")
title(expression(paste(nabla,nabla[12], "(X)")))
```

对例1.4数据做 STL 分解

用 R 做 STL 分解很简单, 输入数据及进行 STL 分解的代码为:

```
bstl=stl(x,"per")
plot(bstl,main="STL decomposition")
```

这产生了图3.28.

图3.28中四个图从上到下分别为: 原始数据、季节成分、趋势成分和剩余误差成分. 图中显示, 季节影响极小 (根据刻度), 完全可以忽略不计, 而主要是趋势的影响, 最

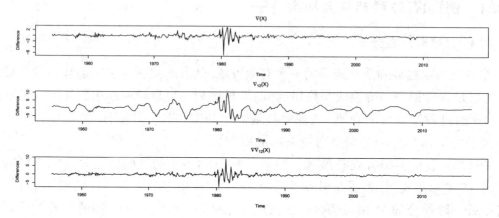

图 3.27 例1.4序列的各种差分图: $\{\nabla X_t\}$(上), $\{\nabla_{12} X_t\}$(中), $\{\nabla\nabla_{12} X_t\}$(下)

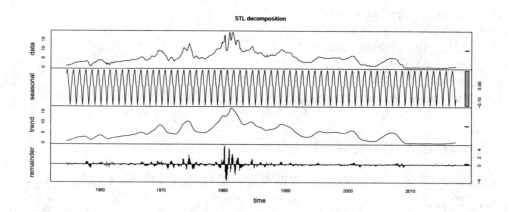

图 3.28 例1.4序列的 STL 分解

后的剩余分量 (remainder) 显示出最近一些年来的不规则的金融领域的波动, 这些非随机的波动无法被模型描述, 成为剩余误差的一部分.

对例1.4数据使用 Holt-Winters 滤波

对于该数据, 可以用 Holt-Winters 滤波来做指数平滑或者分解成水平、趋势及季节三个成分. 注意, 这里的趋势和水平结合起来大体上相应于 STL 的趋势. 原始数据减去拟合值所得到的残差大体上相当于 STL 方法的剩余误差成分. 做模型拟合及分解的具体代码如下 (这里使用可乘模型):

```
w=read.csv("FEDFUNDS.csv")
x=ts(w[,2],start=c(1954,7),freq=12)
(b1=HoltWinters(x,seasonal="multiplicative"))
plot(b1$fit,main="Holt-Winters decomposition")
```

该程序的输出给出了 (这里不显示) 相应于 (3.1) 到 (3.4) 迭代公式中的光滑参数估计: $\hat{\alpha}=1, \hat{\beta}=1, \hat{\gamma}=0$; 输出中的 a 和 b 相应于公式中局部水平 L_t 和趋势 T_t 的初始值 L_0 和 T_0, 而输出中的 s1, s2,···, s12 相应于公式中季节 S_t 的 12 个初始值, 并不显著, 显然, 季节成分可以忽略.

上面代码还产生了图3.29, 图中从上到下分别为拟合序列 (fitted)$\{\hat{X}_t\}$、水平成分、趋势成分和季节成分.

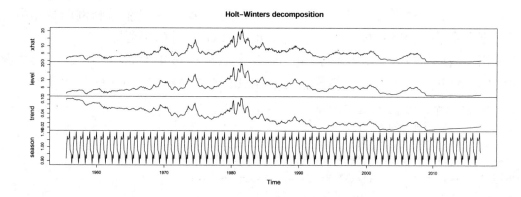

图 3.29 例1.4序列的 Holt-Winter 滤波

从图3.29可以看出, 这个序列的趋势很不明显, 但一些年有剧烈波动; 水平 (level) 成分和数据本身很接近.

拟合之后可以画出残差序列图 (图3.30), 可以用下面代码获得:

```
e=b1$x-b1$fitted[,1]
plot(e,main="Residuals")
```

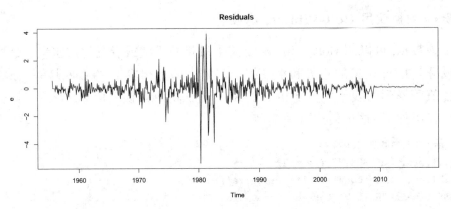

图 3.30 例1.4数据的 Holt-Winters 滤波拟合的残差序列图

这个残差图显示序列在一些年的激烈震荡. 这个残差也清楚地说明了 Holt-Winters 滤波对这个数据的拟合并不成功, 根本不能说这个残差是随机误差或者白噪声. 这个残差带有太多的确定性信息.

对例1.4序列做自动 ARIMA 拟合及预测

由于在一些年中序列受到金融危机的影响失去了规律性, 我们选择例1.4数据中的几段数据用自动 ARIMA 方法做拟合, 并做出以后 60 个月的预测.

使用下面语句载入及截取数据, 并用程序包 forecast 中的 auto.arima() 函数做自动 ARIMA 拟合, 计算 4 种训练集精度 (RMSE, MAE, MASE, ACF1), 并产生图3.31:

```
w=read.csv("FEDFUNDS.csv")
x=ts(w[,2],start=c(1954,7),freq=12)
ss=list(c(1961,1),c(1975,8),c(1982,10),c(2010,2))
se=list();for(i in 1:length(ss))se[[i]]=ss[[i]]-0:1
X=list();for(i in 1:length(se)) X[[i]]=window(x,end=se[[i]])
ac=NULL
library(forecast)
LL=c("start=c(1961,1)","start=c(1975,8)",
  "start=c(1982,10)","start=c(2010,2)")
par(mfrow=c(2,2))
for(i in 1:length(X)){
(a=auto.arima(X[[i]]))
```

3.10 更多的一元时间序列数据实例分析

```
z=forecast(a, h=52)
plot(z, ylim=c(min(X[[i]]),max(X[[i]])),ylab="FEDFUNDS",xlab=LL[i])
lines(window(x,start=ss[[i]]),lty=2)
ac=rbind(ac,accuracy(z, window(x,start=ss[[i]]))[2,c(2,3,6,7)])
}
```

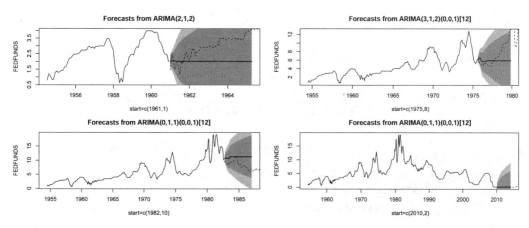

图 3.31 用自动 ARIMA 模型拟合例1.4序列到 4 种不同截止时间,并预测其后 60 个月值

图3.31中的带有置信带阴影部分的曲线为预测值,而虚线部分为实际的观测值. 这 4 个预测图说明了该序列很难用统一的模型来做预测,对于不同的截止日期会得到不同的预测结果. 这也说明了各种金融事件对时间序列规律的影响以及现有时间序列数学模型的局限性.

对于上述例1.4数据的四个不同时段的拟合,不但模型不尽相同 (不同参数的 ARIMA),预测精度也大相径庭. 下面代码把这 4 个预测的 4 个精度度量 (RMSE, MAE, MASE, ACF1) 显示在图3.32中.

```
I=length(se)
par(mfrow=c(1,1))
matplot(ac,type="b",col=1:I,pch=1:I,xaxt = "n",lwd=3)
axis(side=1, at = 1:4, labels =c("start=c(1961,1)",
"start=c(1975,8)","start=c(1982,10)","start=c(2010,2)"), tcl = -0.2)
legend("topright",colnames(ac),lty=1:I,col=1:I,pch=1:I,lwd=3)
title("Accuracy measures for the 4 forecast results")
```

相应于图3.32的输出为:

```
> ac
        RMSE    MAE    MASE   ACF1
```

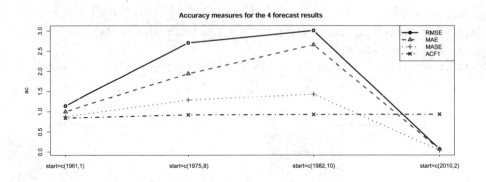

图 3.32　用自动 ARIMA 模型拟合例1.4序列到 4 种不同截止时间，并预测其后 60 个月值的 4 种精度度量值

```
[1,] 1.140549 0.998868 0.874109 0.84159
[2,] 2.704513 1.940752 1.286256 0.92106
[3,] 3.007872 2.655974 1.431025 0.92862
[4,] 0.071727 0.062974 0.038347 0.93440
```

3.10.2　澳洲 Darwin 自 1882 年以来月度海平面气压指数例子

例 3.10　澳洲 Darwin 自 1882 年以来 (更新到 2017 年 2 月) 的月度海平面气压 (Sea Level Pressure, SLP) 指数 (slp.txt). 这个序列是气候学模式的关键指标, 用来对厄尔尼诺 (El Niño) 和南方涛动指数 (Southern Oscillation Index, SOI) 做一系列研究[①]. 我们对数据中的两个缺失值做了填补 (利用程序包 imputeTS 中的函数 na.interpolation()). 图3.33为该序列的点图. 读入数据及绘图是由下面代码生成的:

```
x=scan("slp.txt")
x=ts(x,start=c(1882,1),freq=12)
plot(x,ylab="Sea Level Pressure")
title("Sea Level Pressure at Darwin")
```

对例3.10海平面气压数据做差分

这个序列显现出很强的季节效应, 但趋势并不明显. 对该序列 (用 $\{X_t\}$ 表示) 做滞后 12 期的差分以试图去掉季节成分, 然后再做滞后 1 期的差分. 图3.34的左图为该

---
① 该序列可从网站 http://iridl.ldeo.columbia.edu/SOURCES/.Indices/.Darwin/.slp/.full/datafiles.html 下载.

3.10 更多的一元时间序列数据实例分析

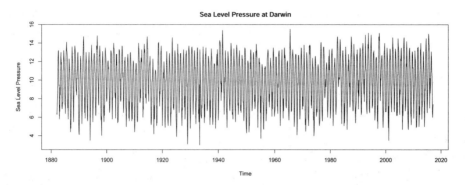

图 3.33 例3.10澳洲 Darwin 自 1882 年以来的月度海平面气压

序列滞后 12 期的差分 $\{\nabla_{12}X_t\}$, 右图为该序列滞后 12 期的差分再做滞后 1 期的差分 $\{\nabla\nabla_{12}X_t\}$. 为了显示更清楚, 这里没有取全部序列, 而仅仅取了 1980 年以后的数据.

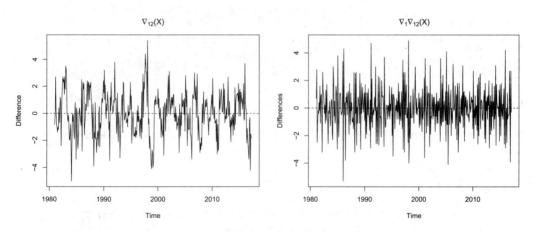

图 3.34 例3.10澳洲 Darwin 自 1980 年以来的月度海平面气压序列的差分 $\{\nabla_{12}X_t\}$ 和 $\{\nabla\nabla_{12}X_t\}$

经过第一次差分 $\{\nabla_{12}X_t\}$ 之后还有些趋势成分, 而两次差分的序列 $\{\nabla\nabla_{12}X_t\}$ 基本上看不出周期和趋势了. 当然, 也可能有些和月份周期不一样的自然周期以及某些不规律的变化无法用差分来去除.

图3.34是用下面语句生成的:

```
X=window(x,start=c(1980,1))
par(mfrow=c(1,2))
plot(diff(X,12),ylab="Difference");abline(h=0,lty=2)# 画图
title(expression(paste(nabla[12], "(X)")))#标题
plot(diff(diff(X,12)),ylab="Differences") #画图
```

```
title(expression(paste(nabla[1], nabla[12], "(X)")))#标题
abline(h=0,lty=2)
```

用 STL 方法对例3.10海平面气压数据做分解

对例3.10数据做 STL 分解的 R 代码如下:

```
x=scan("slp.txt")
x=ts(x,start=c(1882,1),freq=12)
b0=stl(x,"per");plot(b0)
```

得到图3.35, 图中四个图从上到下分别为: 原始数据、季节成分、趋势成分和剩余误差成分.

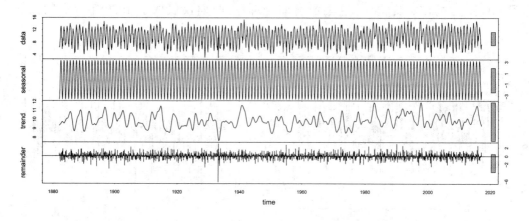

图 3.35　例3.10澳洲 Darwin 自 1980 年以来的月度海平面气压序列的 STL 分解

用 Holt-Winters 滤波对例3.10 海平面气压数据做拟合

对于该数据, 可以用 Holt-Winters 滤波来做指数平滑或者分解成水平、趋势及季节三个成分. 注意, 这里的趋势和水平结合起来大体上相应于 STL 的趋势. 做分解的具体代码如下 (这里选择的是默认的可加模型):

```
(b=HoltWinters(x))
plot(b$fit)
```

该程序给出了如下的输出:

```
Smoothing parameters:
alpha: 0.35
beta : 0
gamma: 0.12835

Coefficients:
        [,1]
a   10.0100102
b    0.0073864
s1  -0.4142998
s2   1.2423568
s3   2.4803764
s4   3.1313098
s5   3.1251798
s6   1.7955043
s7   0.5281600
s8  -1.6345418
s9  -3.3906653
s10 -3.8737105
s11 -3.4294794
s12 -2.2971396
```

这相应于 (3.1) 到 (3.4) 的迭代公式的光滑参数估计: $\hat{\alpha}=0.35, \hat{\beta}=0, \hat{\gamma}=0.12835$; 输出中的 a 和 b 相应于公式中局部水平 L_t 和趋势 T_t 的初始值 L_0 和 T_0, 而输出中的 s1, s2, ⋯, s12 相应于公式中季节 S_t 的 12 个初始值.

上面代码还产生了图3.36, 图中从上到下分别为拟合序列 (fitted)$\{\hat{X}_t\}$、水平成分、趋势成分和季节成分.

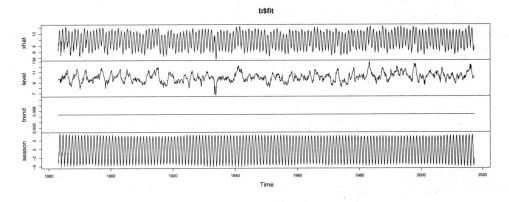

图 3.36 例3.10序列的 Holt-Winter 滤波

从图3.36可以看出, 这个序列的趋势很不明显, 基本上是一条水平线; 水平 (level) 成分体现了去除趋势和季节成分之后的序列, 这是科学家研究的重点.

图3.37为拟合之后得到的残差的密度直方图(包括估计的密度曲线)(左)、正态 QQ 图 (中)、残差序列 (右).

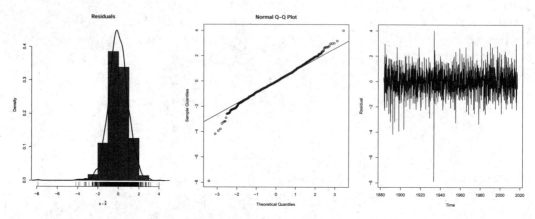

图 3.37 例3.10数据的 Holt-Winters 滤波拟合的残差的密度直方图和密度估计 (左)、正态 QQ 图 (中)、残差序列 (右)

这个直方图显示的残差密度看上去左边有些尾巴, 既不对称, 更不像正态分布, 这也由 QQ 图证实. 当然, 好的拟合残差应该类似于白噪声, 并不一定非得符合正态分布. 重要的是残差序列中是否存在自相关.

图3.37可以用下面代码获得:

```
e=b$x-b$fitted[,1]
par(mfrow=c(1,3))
hist(e,main="Residuals",col=4,ylim=c(0,0.45)
   xlab=expression(x-hat(x)),probability=T)
lines(density(e),lwd=2);rug(e)
qqnorm(e);qqline(e);plot(e,ylab="Residual")
```

图3.38为对例3.10数据的 Holt-Winters 滤波拟合的残差的广义方差检验的 p 值点图和 acf 图.

图3.38表明, 这个拟合很糟糕, 残差显示了较远距离的严重自相关. 为了产生图3.38, 使用下面 R 语句:

```
x=scan("slp.txt")
x=ts(x,start=c(1882,1),freq=12)
(b=HoltWinters(x))
e=b$x-b$fitted[,1]
```

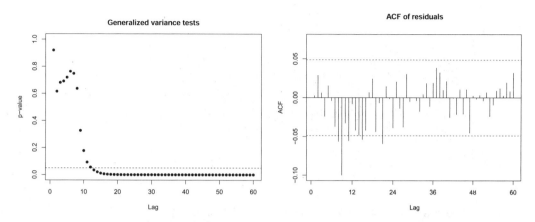

图 3.38 例3.10数据的 Holt-Winters 滤波拟合的残差的广义方差检验的 p 值点图 (左) 和 acf 图 (右)

```
library(forecast);library(portes);par(mfrow=c(1,2))
plot(gvtest(e,1:60)[,4],main="Generalized variance tests",
   ylab="p-value", xlab="Lag",pch=16,ylim=c(0,1));abline(h=0.05,lty=2)
Acf(e,main="ACF of residuals",lag.max=60)
```

此外用语句 plot(b) 可以生成原序列和拟合序列在一起的图, 这里不展示, 请读者自己产生.

当然, 可以用语句 b1=HoltWinters(x,seasonal="multiplicative") 试试可乘模型, 但结果似乎还不如可加模型.

用 Holt-Winters 滤波的结果可以做预测, 预测未来 72 个月数据的代码为:

```
(p=predict(b, 72))
plot(x,xlim=(c(min(time(x)),max(time(p)))))
lines(p,lty=2)
```

上述代码还产生了图3.39, 虚线部分为预测的数据.

和图3.39对应的预测数据输出为:

```
        Jan     Feb     Mar     Apr     May     Jun
2017                            9.6031 11.2671 12.5125
2018  6.2102  6.6618  7.8015  9.6917 11.3558 12.6012
2019  6.2988  6.7504  7.8901  9.7804 11.4444 12.6898
2020  6.3874  6.8391  7.9788  9.8690 11.5330 12.7785
2021  6.4761  6.9277  8.0674  9.9576 11.6217 12.8671
2022  6.5647  7.0163  8.1561 10.0463 11.7103 12.9557
2023  6.6533  7.1050  8.2447
        Jul     Aug     Sep     Oct     Nov     Dec
```

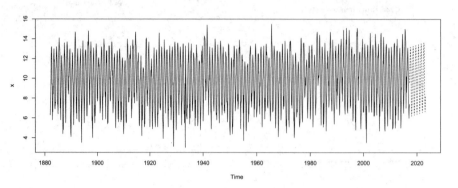

图 3.39 例3.10数据基于 Holt-Winters 模型对未来 72 个月的预测

```
2017  13.1709  13.1721  11.8498  10.5899  8.4346  6.6858
2018  13.2595  13.2608  11.9385  10.6785  8.5232  6.7745
2019  13.3481  13.3494  12.0271  10.7671  8.6118  6.8631
2020  13.4368  13.4380  12.1157  10.8558  8.7005  6.9517
2021  13.5254  13.5267  12.2044  10.9444  8.7891  7.0404
2022  13.6140  13.6153  12.2930  11.0331  8.8777  7.1290
```

例3.10 海平面气压数据用 ARMA 及 ARIMA 模型的尝试

首先通过 BIC 选择模型. 使用下面语句得到 BIC 图 (图3.40):

```
x=scan("darwin.slp.txt")
x=ts(x,start=c(1882,1),freq=12)
library(TSA)
res=armasubsets(x,nar=15,nma=15,y.name='test',ar.method='ols')
plot(res)
```

图3.40显示应该用 ARMA(15, 13) 模型, 但使用代码 auto.arima(x) 用自动 ARIMA 方法做拟合, 得到 ARIMA$(1,0,0)(2,0,0)_{12}$ 模型. 这两个模型拟合得到两个诊断图 (图 3.41 和图3.42), 看来第一个模型的残差似乎自相关小一些, 但都不理想.

拟合这两个模型及产生图3.41和图3.42的代码为

```
a1513=Arima(x, order = c(15, 0, 13))
aa=auto.arima(x,max.p=20, max.q=20)
tsdiag(a1513,gof.lag=500)
tsdiag(aa,gof.lag = 500)
```

3.10 更多的一元时间序列数据实例分析

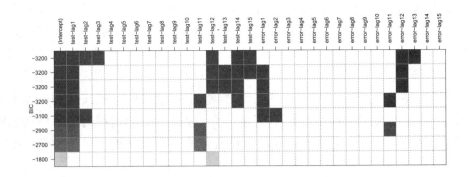

图 3.40 例3.10数据为寻求 ARMA 阶数的 BIC 图

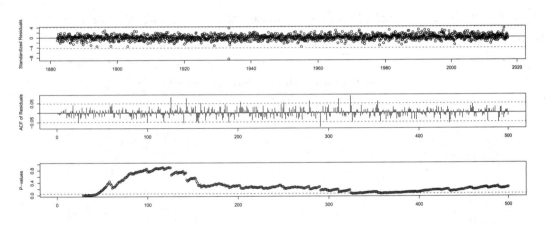

图 3.41 例3.10数据 ARMA(15,13) 拟合的诊断图

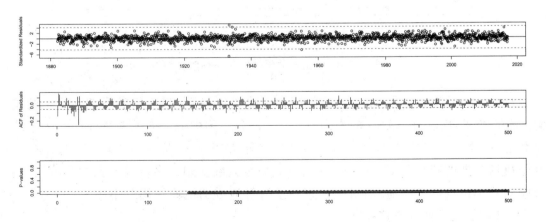

图 3.42 例3.10数据 ARIMA$(1,0,0)(2,0,0)_{12}$ 拟合的诊断图

对该数据拟合不理想说明,目前我们所掌握的关于一元时间序列的线性数学模型还不足以满意地描述这个自然现象. 实际上,人们所掌握的数学模型仅仅能够描述非常可怜的一小部分自然现象和人类活动. 这并不奇怪, 和大自然相比, 人类在时间和空间上是极其渺小的. 不幸的是, 很多人没有认识到这一点, 总是以"人定胜天"的观念来对待宇宙. 在一些教科书中, 也仅仅列出成功的少数例子, 只谈这些模型可以做什么, 绝口不提那些模型的局限性及不能做什么. 包括模型形式在内的数学假定应该尽量去近似宇宙规律, 而不能要求无限的宇宙规律来迎合有限的大脑所想象的数学假定.

3.10.3 中国 12 个机场旅客人数例子

例 3.11 **中国 12 个机场旅客人数 (airports.csv).** 这个数据包含中国 12 个机场从 1995 年 1 月到 2003 年 12 月的月度旅客人数数据. 这个数据展示在图3.43中.

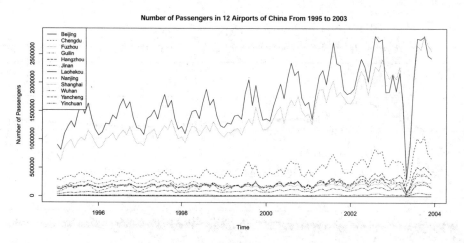

图 3.43 例3.11中 12 个机场的旅客人数序列图

从图3.43可以看出, 2003 年之前的序列规律比较明显: 有固定的周期和稳定的趋势. 而在 2003 年, 由于 SARS 的原因有一个"深谷". 图中最上面的两条曲线代表了北京和上海机场旅客人数的序列, 除了 2003 年之外, 它们均有很明显的季节和趋势成分. 其他机场数据的趋势不那么明显. 中国民航旅客人数受到许多行政干预的影响, 这些影响对于小机场尤其明显, 但对于北京和上海等地方的机场则相对小些.

图3.43是用下面代码产生的:

```
w=read.csv("airports.csv")
```

3.10 更多的一元时间序列数据实例分析   97

```
v=ts(w,start=c(1995,1),freq=12)
plot(v,plot.type="single",lty=1:ncol(w),ylab="Number of Passengers")
legend("topleft",names(w),lty=1:ncol(w),cex=.9)
title("Number of Passengers in 12 Airports of China From 1995 to 2003")
```

对例3.11北京机场旅客人数序列做 STL 分解

对例3.11北京机场旅客人数序列画 STL 分解图 (图3.44) 的代码为:

```
plot(stl(x,"per"))
```

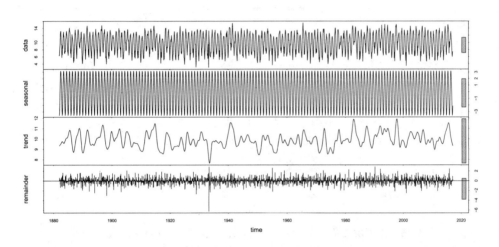

图 3.44 例3.11中北京机场的旅客人数序列的 STL 分解

图3.44清楚地显示了原始数据被分解为季节、趋势和误差三部分的情况, 也显示出在 SARS 时期的异常.

用 Holt-Winters 滤波对例3.11北京机场旅客人数序列做拟合及预测

下面用 Holt-Winters 滤波来拟合例3.11的北京机场旅客人数的数据. 由于 2003 年 1 月之后受到 SARS 的影响, 序列很不规则, 因此, 这里用 2003 年 2 月之前的数据建模, 并且预测以后 12 个月的旅客人数. 结果在图3.45 中. 图中虚线为原来的序列, 实线为对 2003 年 2 月之后的预测部分. 从图3.45可以看出, 如果没有 SARS 的干扰, 北京机场的旅客人数很可能会达到图中实线所示的人数.

对例3.11中的数据做 Holt-Winters 滤波以及产生图3.45所用的代码为:

```
w=read.csv("airports.csv")
x=ts(w[,1],start=c(1995,1),freq=12)#标以原始数据开始时间和周期
X=window(x,end=c(2003,1),freq=12)#以2003年1月结尾的序列
a=HoltWinters(X,seasonal="multiplicative")
Y=predict(a, n.ahead = 12, prediction.interval = FALSE)
plot(x,ylim=range(c(x,Y)),lty=3,lwd=2)
lines(Y,lwd=2)
title("Holt Winters Model for Passenger Number in Beijing Airport")
legend("topleft",c("Original series","Predicted series"),
    lty=c(2,1),lwd=2)
```

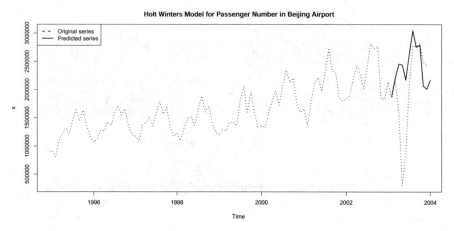

图 3.45 用例3.11序列 2003 年 2 月之前的数据做 Holt-Winter 滤波并预测以后 12 个月的旅客人数

如果在前面语句中改用下面语句来预测及画图, 则会产生原始序列图和带有 95% 置信带的预测序列 (图3.46).

```
Y=predict(a, n.ahead = 12, prediction.interval=TRUE)
plot(a,Y)
```

对例3.11北京机场旅客人数用自动 ARIMA 方法做拟合与预测

下面用自动 ARIMA 函数对例3.11的北京机场旅客人数序列 (2003 年 2 月以前的数据) 进行拟合, 并对 2003 年 1 月之后的序列做预测.

图3.47中带阴影的曲线是对 2003 年 1 月之后旅客人数的预测, 而相应时间的虚线为由于 SARS 而下降的真实数据. 阴影为两个不同置信度 (80% 和 95%) 的置信带. 图3.47和图3.45很类似, 都说明了如果不发生 SARS 的情况下北京机场可能的旅客人数.

3.10 更多的一元时间序列数据实例分析　　99

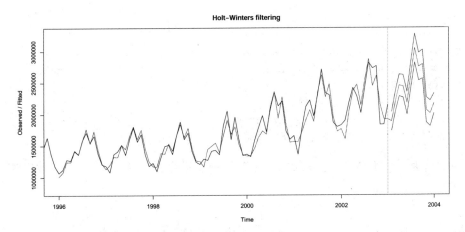

图 3.46　用例3.11序列 2003 年 2 月之前的数据做 Holt-Winter 滤波
并预测以后 12 个月的旅客人数 (带有 95% 置信带)

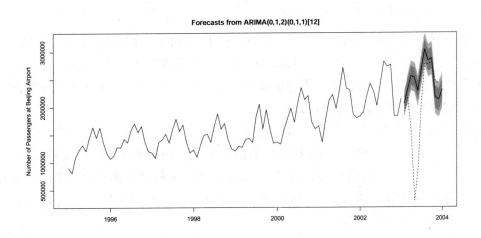

图 3.47　用自动 ARIMA 函数拟合例3.11序列 2003 年 2 月之前的数据
并预测以后 12 个月的旅客人数

用自动 ARIMA 函数对例3.11的北京机场旅客人数序列 (2003 年 2 月以前的数据) 拟合, 预测及画图3.47(包括原数据 2003 年 1 月之后的序列) 的代码如下:

```
library(forecast);w=read.csv("airports.csv")
x=ts(w[,1],start=c(1995,1),freq=12)#标以开始时间和周期
X=window(x,end=c(2003,1),freq=12)#选2003年2月以前的数据
a=auto.arima(X);a #ARIMA(0,1,2)(0,1,1)[12]
z=forecast(a, h=12)
plot(z, ylim=c(min(x),max(x)+4*10^5),
ylab="Number of Passengers at Beijing Airport")
lines(window(x,start=c(2003,2)),lty=2)
```

拟合的输出包括了 ARIMA 的系数估计 (两个 MA 系数及一个季节 MA 系数) 和 AIC、BIC 等度量:

```
Series: X
ARIMA(0,1,2)(0,1,1)[12]

Coefficients:
         ma1     ma2    sma1
      -0.365  -0.373  -0.444
s.e.   0.101   0.092   0.124

sigma^2 estimated as 1.23e+10: log likelihood=-1095.3
AIC=2198.6   AICc=2199.1   BIC=2208.3
```

再来查看对这个拟合残差的广义方差检验、Ljung-Box 检验的 p 值、相应的 acf 及残差序列图, 并且把它们和用可乘 Holt-Winters 滤波得到的对应图形进行比较. 之所以用了几种检验方法是因为结果不那么相同. 图3.48的上面四个图对应于自动 ARIMA 方法, 下面四个图对应于 Holt-Winters 方法.

图3.48的上面四个图显示了自动 ARIMA 模型对于北京机场旅客人数的拟合残差的广义方差检验的 p 值图、Ljung-Box 检验的 p 值图、相应的 acf 图及残差序列图, 看上去似乎没有大问题. 再查看下面相应于 Holt-Winters 模型的类似四个图, 可以发现这两个拟合的各种检验结果很不一样, 显示了 Holt-Winters 拟合残差的自相关更严重些.

图3.48是由下面代码 (包括做 Holt-Winters 拟合) 产生的:

```
c=HoltWinters(X,seasonal="multiplicative")
e=c$x-c$fitted[,1]

library(portes);par(mfrow=c(2,4))
```

```
plot(gvtest(a$res,1:60,order=2)[,4],
main="Generalized variance tests for auto ARIMA",
ylab="p-value", xlab="Lag",pch=16,ylim=c(0,1));abline(h=0.05,lty=2)
plot(LjungBox(a$res,1:60,order=2)[,4],
main="Ljung-Box tests for auto ARIMA",
ylab="p-value", xlab="Lag",pch=16,ylim=c(0,1));abline(h=0.05,lty=2)
Acf(a$res,main="ACF of residuals for auto ARIMA",lag.max=60)
plot(a$res,type="o",ylab="Residual",pch=16);
title("Residual series");abline(h=0,lty=2)
plot(gvtest(e,1:60)[,4],
main="Generalized variance tests for Holt-Winters",
ylab="p-value", xlab="Lag",pch=16,ylim=c(0,1));abline(h=0.05,lty=2)
plot(LjungBox(e,1:60)[,4],main="Ljung-Box tests for Holt-Winters",
ylab="p-value", xlab="Lag",pch=16,ylim=c(0,1));abline(h=0.05,lty=2)
Acf(e,main="ACF of residuals for Holt-Winters",lag.max=60)
plot(e,type="o",ylab="Residual",pch=16);
title("Residual series");abline(h=0,lty=2)
```

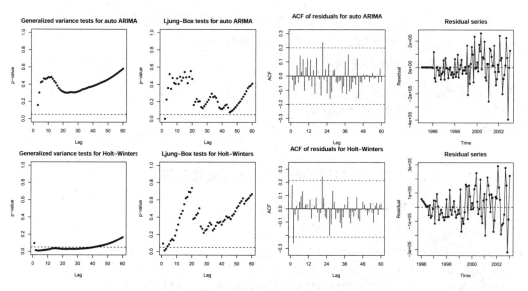

图 3.48 用自动 ARIMA 模型 (上面四个图) 和 Holt-Winters 模型 (下面四个图) 拟合例3.11北京机场旅客数据残差的三种检验的 p 值图 (虚线为 0.05 水平线)、acf 图及残差序列图

3.10.4 例1.2 Auckland 降水序列例子

例1.2 Auckland 降水序列的 STL 分解

首先对于例1.2中 Auckland 降水序列做 STL 分解, 得到图3.49.

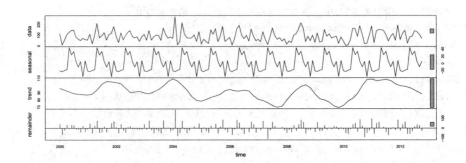

图 3.49 例1.2中 Auckland 降水的 STL 分解图

图3.49从上到下四个图展示了原始数据、季节成分、趋势成分和剩余部分. 这个图中下面三个成分很好地解释了上面原始数据的构成.

产生图3.49的具体代码如下:

```
w=read.csv("NZRainfall.csv")
x=ts(w[,-1],start=c(2000,1),freq=12)
b=stl(x[,1],"per");plot(b)
```

例1.2 Auckland 降水序列的 Holt-Winters 滤波及预测

下面对于例1.2中 Auckland 降水序列做 Holt-Winters 分析:

```
w=read.csv("NZRainfall.csv")
x=ts(w[,-1],start=c(2000,1),freq=12)
(b=HoltWinters(x[,1]))
plot(b$fit,main="Fit and Decomposition of Auckland Rainfall Series")
```

得到对公式 (3.1) 到 (3.4) 中的参数估计: $\hat{\alpha} = 0.03239741, \hat{\beta} = 0.03819334, \hat{\gamma} = 0.1984237$. 而局部水平 L_t 和趋势 T_t 以及季节 S_t 的 12 个初始值为:

```
Coefficients:
     [,1]
a  103.4908
b    0.1956
```

```
s1   -49.6613
s2     8.1320
s3   -25.9958
s4   -26.2581
s5   -17.7379
s6   -23.7668
s7    35.4814
s8    15.7710
s9    29.4317
s10    7.4454
s11  -13.0356
s12  -12.2025
```

还得到拟合及分解图 (图3.50), 画出了拟合、水平、趋势及季节成分. 从该图的坐标可以看出, 和水平及季节分量比较, 趋势是很小的, 在 -0.2 到 0.8 之间波动.

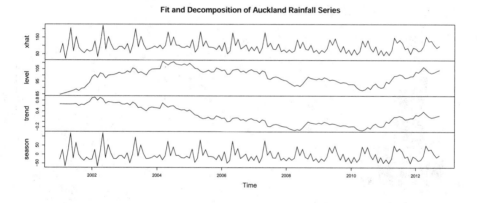

图 **3.50** 例1.2中 Auckland 降水通过 Holt-Winters 分析的拟合及分解图

对例1.2中 Auckland 降水数据基于 Holt-Winters 滤波做 24 个月的预测并产生图3.51. 从预测图 (图3.51) 也能看出来, 趋势很小, 其他的分量影响较大.

对该数据基于 Holt-Winters 滤波做 24 个月的预测以及产生图3.51的代码为:

```
Y=predict(b, n.ahead = 24, prediction.interval = FALSE)
plot(x[,1],ylim=range(c(x,Y)),xlim=range(c(time(x[,1]),time(Y))),
ylab="Rainfall",lty=1,lwd=2)
lines(Y,lty=2,lwd=2)
title("Holt Winters Prediction for Auckland Rainfall")
legend("topleft",c("Original series","Predicted series"),lty=1:2,lwd=2)
```

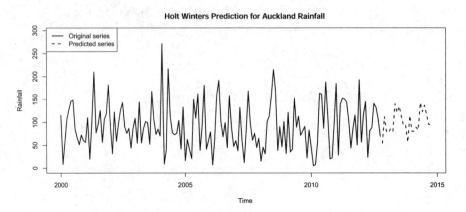

图 3.51　例1.2中 Auckland 降水数据基于 Holt-Winters 滤波的预测图

图3.52的左图为拟合残差的密度直方图, 中图为正态 QQ 图, 右图为残差序列图, 从这三个图看上去, 残差有些像正态分布.

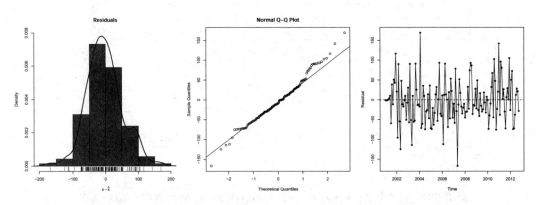

图 3.52　例1.2中 Auckland 降水数据基于 Holt-Winters 滤波拟合的
残差密度直方图、正态 QQ 图及残差序列图

产生图3.52以及做残差 Shapiro-Wilk 正态性检验的代码如下:

```
e=x[,1]-b$fitted[,1]
par(mfrow=c(1,3))
hist(e,main="Residuals",col=4,ylim=c(0,0.008),
xlab=expression(x-hat(x)),probability=T)
lines(density(e),lwd=2);rug(e)
qqnorm(e);qqline(e)
plot(e,ylab="Residual",type="o",pch=16);abline(h=0,lty=2)
shapiro.test(e)
```

3.10 更多的一元时间序列数据实例分析　　　　　　　　　　　　　　　　　　105

上面代码所做的 Shapiro-Wilk 正态性检验的 p 值为 0.118, 说明该残差可能接近正态分布数据, 这和图3.52的直观印象接近. 注意, 正态性检验的 p 值较大只能说明没有足够证据否认该数据为正态的. 在现实中, 不大可能存在完全来自正态的数据, 只是近似于正态的程度不同而已.

利用下面语句, 可以得到关于残差的广义方差检验的 p 值图、Hosking 检验的 p 值图及 acf 图 (图3.53). 从 acf 图看有些自相关. 广义方差检验的 p 值未显示显著性, 但 Hosking 检验显示严重的自相关.

```
library(portes);par(mfrow=c(1,3))
plot(gvtest(e,1:60)[,4],main="Generalized variance tests",
ylab="p-value", xlab="Lag",pch=16,ylim=c(0,1));abline(h=0.05,lty=2)
plot(Hosking(e,1:60)[,4],main="Hosking tests",
ylab="p-value", xlab="Lag",pch=16,ylim=c(0,1));abline(h=0.05,lty=2)
Acf(e,main="ACF of residuals",lag.max=60)
```

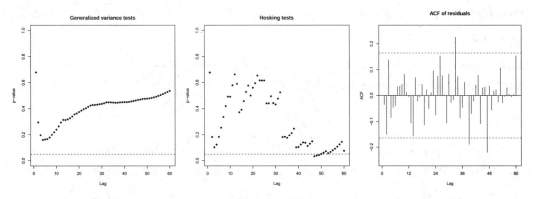

图 3.53 例1.2中 Auckland 降水数据基于 Holt-Winters 滤波残差的
广义方差检验的 p 值图、Hosking 检验的 p 值图及 acf 图

用 BIC 对例1.2中 Auckland 降水序列选择 ARMA 模型并做预测

由于趋势不很明显, 考虑 ARMA(p,q) 模型, 为了选择阶数 p,q, 我们用下面语句产生图3.54.

```
w=read.csv("NZRainfall.csv")
x=ts(w[,-1],start=c(2000,1),freq=12)
library(TSA)
res=armasubsets(y=x[,1],nar=15,nma=15,y.name='test',ar.method='ols')
plot(res)
```

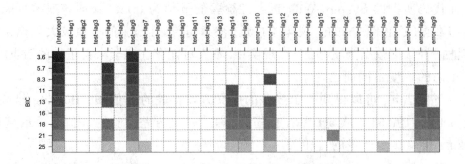

图 3.54 为例1.2中 Auckland 降水数据基于 BIC 选择 ARMA 模型的阶数图

从图3.54可以看出, 可能是 ARMA(6,0), 而且只有 ϕ_6 比较显著. 因此通过下面语句用 ARMA(6,0) 模型拟合数据:

```
library(forecast)
(NZ=Arima(x[,1], order = c(6,0,0)))
```

得到参数估计:

```
Series: x[, 1]
ARIMA(6,0,0) with non-zero mean

Coefficients:
         ar1     ar2    ar3     ar4     ar5     ar6  intercept
       0.049  -0.132  0.059  -0.187  -0.009  -0.226     91.190
s.e.   0.078   0.079  0.078   0.078   0.079   0.078      2.731

sigma^2 estimated as 2467:  log likelihood=-816.59
AIC=1649.2   AICc=1650.2   BIC=1673.5
```

其中 $\hat\phi_6 = -0.2264$ 的确是较显著的参数.

图3.55的左图为拟合残差的密度直方图, 中图为正态 QQ 图, 右图为残差序列. 从这些图看, 残差似乎是单峰的, 有些像正态分布, 但 Shapiro-Wilk 正态性检验的 p 值为 0.03919, 似乎小了一些, 背景分布有可能不是正态的. 当然, 时间序列拟合的残差并不一定要求是正态的.

产生图3.55的代码为:

```
par(mfrow=c(1,3))
hist(NZ$res,main="Residuals",col=4,ylim=c(0,0.009),
xlab=expression(x-hat(x)),probability=T)
lines(density(NZ$res),lwd=2);rug(NZ$res)
```

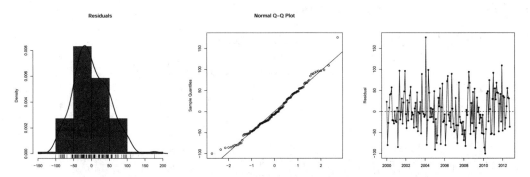

图 3.55 例1.2中 Auckland 降水数据基于 BIC 选择 ARMA 阶数得到的拟合的残差密度直方图、正态 QQ 图、残差序列图

```
qqnorm(NZ$res);qqline(NZ$res)
plot(NZ$res,ylab="Residual",type="o",pch=16);abline(h=0,lty=2)
shapiro.test(NZ$res)
```

图3.56为关于残差的广义方差检验的 p 值图、Ljung-Box 检验的 p 值图及 acf 图. 和前面图3.53所显示的结果相比, 这个基于 BIC 选择的 ARMA 模型拟合的残差似乎更少具备自相关性.

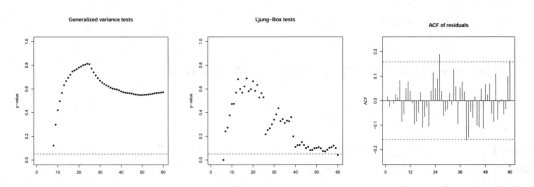

图 3.56 例1.2中 Auckland 降水数据基于 BIC 选择的 ARMA 模型拟合的残差的广义方差检验的 p 值图、Ljung-Box 检验的 p 值图及 acf 图

产生图3.56利用了下面语句:

```
library(portes);par(mfrow=c(1,3))
plot(gvtest(NZ$res,1:60,order=6)[,4],main="Generalized variance tests",
ylab="p-value", xlab="Lag",pch=16,ylim=c(0,1));abline(h=0.05,lty=2)
plot(LjungBox(NZ$res,1:60,order=6)[,4],main="Ljung-Box tests",
ylab="p-value", xlab="Lag",pch=16,ylim=c(0,1));abline(h=0.05,lty=2)
```

```
Acf(NZ$res,main="ACF of residuals",lag.max=60)
```

下面利用这个模型对未来 24 个月的降水做预测, 得到图3.57.

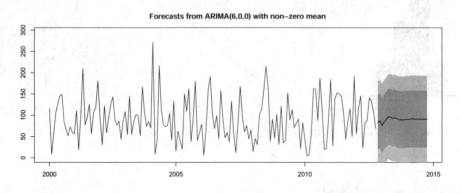

图 3.57 例1.2中 Auckland 降水数据基于 BIC 选择的 ARMA 模型对未来 24 个月的预测

从图3.57来看, 预测主要是在均值附近. 图中的两个套叠的阴影区域分别是预测的 80% 和 95% 置信带. 看来预测不如拟合那么令人信服. 产生图3.57的代码如下:

```
library(forecast)
z=forecast(NZ, h=24)
plot(z, ylim=c(min(x),max(x)),ylab="")
```

对例1.2 Auckland 降水序列使用自动 ARIMA 模型选择

如前面一样, 这里还是用程序包 forecast 中的 auto.arima() 函数来做 ARIMA 阶数的自动选择, 代码如下:

```
w=read.csv("NZRainfall.csv")
x=ts(w[,-1],start=c(2000,1),freq=12)
library(forecast)
(NZA=auto.arima(x[,1]))
```

得到下面选择了 ARIMA(1,0,1) 模型 (即 ARMA(1,1) 模型) 的输出:

```
Series: x[, 1]
ARIMA(1,0,1) with non-zero mean

Coefficients:
         ar1    ma1   intercept
      -0.767  0.908     91.294
```

```
s.e.    0.095  0.059     4.321

sigma^2 estimated as 2516: log likelihood=-820.06
AIC=1648.1   AICc=1648.4   BIC=1660.3
```

图3.58为关于残差的广义方差检验的 p 值图、Ljung-Box 检验的 p 值图及 acf 图. 和前面图3.53及图3.56所显示的结果相比, 这个 ARMA 模型拟合得并不那么理想, 当滞后期在 40 左右及更多时, Ljung-Box 检验的 p 值均小于 0.05.

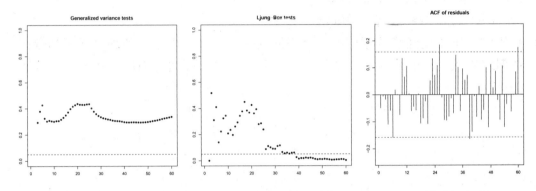

图 3.58 例1.2中 Auckland 降水数据基于自动选择阶数的 ARMA 模型拟合的残差的广义方差检验的 p 值图、Ljung-Box 检验的 p 值图及 acf 图

产生图3.58的代码如下:

```
library(portes);par(mfrow=c(1,3))
plot(gvtest(NZA$res,1:60,order=2)[,4],main="Generalized variance tests",
ylab="p-value", xlab="Lag",pch=16,ylim=c(0,1));abline(h=0.05,lty=2)
plot(LjungBox(NZA$res,1:60,order=2)[,4],main="Ljung-Box tests",
ylab="p-value", xlab="Lag",pch=16,ylim=c(0,1));abline(h=0.05,lty=2)
Acf(NZA$res,main="ACF of residuals",lag.max=60)
```

3.11 习题

1. 对下面 R 程序包 Ecdat 中的数据做各种你想做的差分或光滑或者 ARIMA 模型的拟合及预测. 其中一些是多元时间序列, 可以对每个序列单独分析.

   (1) 每周一个的数据: DM, Pound, Yen.
   (2) 月度数据: CRSPmon, Capm, Mishkin, Orange, StrikeNb, PPP.
   (3) 年度数据: Klein, Mpyr, Solow.
   (4) 逐日数据: CRSPday, SP500.

(5) 季度数据: Consumption.
2. 对下面 R 程序包 datasets 中的数据做各种你想做的差分或光滑或者 ARIMA 模型的拟合及预测. 其中个别是多元时间序列, 可以对每个序列单独分析.
   (1) 月度数据: co2, AirPassengers, ldeaths, nottem.
   (2) 年度数据: discoveries, BJsales, airmiles, precip, USAccDeaths, sunspot.month.
   (3) 逐日数据: EuStockMarkets.
   (4) 季度数据: freeny, presidents.
3. 从例1.1美国年度经济数据中的四个序列选择一个或更多个做各种时间序列分析.
4. 从例1.2新西兰5个城市降水数据中选择除了 Auckland 之外的序列做各种时间序列分析.

第 4 章 状态空间模型和 Kalman 滤波简介

4.1 动机

前面提到过通过白噪声 $\{w_j\}$ 得到线性滤波

$$X_t = \sum_j \psi_j w_j.$$

对于参数为 $\boldsymbol{\alpha}, \boldsymbol{\theta}$ 的 ARMA 过程, 上面滤波系数则为这些参数的函数 $\psi_j = \psi_j(\boldsymbol{\alpha}, \boldsymbol{\theta})$, 于是有

$$X_t = \sum_j \psi_j(\boldsymbol{\alpha}, \boldsymbol{\theta}) w_j.$$

因此每一个 X_t 都是整个时间序列历史的函数. 而**状态空间模型** (state-space model) 不同, 它仅仅考虑有限维向量作为历史, 也就是**状态** (state). 实际上, AR(p) 模型的状态向量只有 p 维, 也就是以前的 p 个观测值.

比如, 信号 S_t 和干扰噪声 w_t 是独立的平稳过程, 那么 $X_t = S_t + w_t$ 的协方差函数为

$$\text{Cov}(X_{t+h}, x_t) = \text{Cov}(S_{t+h}, S_t) + \text{Cov}(w_{t+h}, w_t).$$

考虑到白噪声的可加性, 这时的 X_t 不再是简单的 AR(p) 过程, 而是一个混合的 ARMA 过程. 噪声的变化产生更多的系数. 应该有其他方法来处理这种附加序列或噪声.

另外, AR(p) 过程只依赖于最近的 p 个观测, 到预测时不用再往前的历史观测值, 但如果过程不是一个 AR(p) 过程, 如何来表示未来对过去的依赖呢? 这也是状态空间模型所能够做到的.

此外, 我们不一定总是能够观测到感兴趣的过程, 而仅仅是该过程的一个泛函[①], 真正的过程藏在后面. 状态空间模型就可以应付这种情况.

状态空间模型是状态的线性函数加上噪声, 而状态仅仅能够通过观测的数据被部分观测到. 状态空间模型很容易处理缺失值和度量误差. 它提供了预测和内插的迭代表达式. 状态空间模型还能够对 ARMA 过程的正态似然函数做有关的计算. 这些论述似乎有些抽象, 通过后面的例子会逐渐理解.

4.2 结构时间序列模型

在经典的时间序列模型中, 比如对于可加模型

$$y_t = \mu_t + \gamma_t + \varepsilon_t, \ t=1,2,\cdots,n,$$

观测值 y_t 分解成三个成分: 趋势成分 μ_t、季节成分 γ_t 和不规则扰动部分 ε_t. 而**结构时间序列模型** (structural time series model) 或**不可观测分量模型** (unobserved component model) 为针对一元时间序列的 (线性高斯) **状态空间模型**, 它以时间序列所分解的若干成分为基础. 上式右边的各个分解出来的成分可以用随机过程来描述:

$$\begin{aligned}
y_t &= \mu_t + \gamma_t + \varepsilon_t, \ \varepsilon_t \overset{\text{iid}}{\sim} N(0, \sigma_\varepsilon^2), \\
\mu_{t+1} &= \beta_t + \mu_t + \eta_t, \ \eta_t \overset{\text{iid}}{\sim} N(0, \sigma_\eta^2), \\
\beta_{t+1} &= \beta_t + \xi_t, \ \xi_t \overset{\text{iid}}{\sim} N(0, \sigma_\xi^2), \\
\gamma_{t+1} &= -\sum_{j=1}^{s-1} \gamma_{t+1-j} + \omega_t, \ \omega_t \overset{\text{iid}}{\sim} N(0, \sigma_\omega^2).
\end{aligned} \quad (4.1)$$

所有的扰动 $(\varepsilon_t, \eta_t, \xi_t, \omega_t)$ 对于所有滞后都互相独立, 而且

$$\begin{aligned}
\beta_1 &\sim N(b_1, \sigma^2), \\
\mu_1 &\sim N(m_1, \sigma^2).
\end{aligned}$$

下面先介绍模型 (4.1) 的一些特例.

---
① 泛函的定义域是函数, 值域为实数.

4.2.1 局部水平模型

作为模型 (4.1) 的特例的最简单模型为**局部水平模型** (local level model):

$$y_t = \mu_t + \varepsilon_t, \ \varepsilon_t \overset{\text{iid}}{\sim} N(0, \sigma_\varepsilon^2), \tag{4.2}$$

$$\mu_{t+1} = \mu_t + \eta_t, \ \eta_t \overset{\text{iid}}{\sim} N(0, \sigma_\eta^2), \tag{4.3}$$

这里扰动 ε_t 和 η_s 对于所有 t,s 都是独立的. 除了 y_t, 所有的扰动和水平 μ_t 都是不可观测的. 此外还应设置 μ_1 的初始分布. 方程 (4.2) 称为**测量方程** (measurement equation) 或**观测方程** (observation equation), **水平** (level)μ_t 也称为**状态** (state); 而方程 (4.3) 称为**状态方程** (state equation)、**状态转移方程** (state transition equation) 或者**动态方程** (dynamic equation). 局部水平模型有两个参数 $\sigma_\varepsilon^2, \sigma_\eta^2$.

该模型有两个平凡的特例:
- 当 $\sigma_\eta^2 = 0$ 时, $y_t \overset{\text{iid}}{\sim} N(\mu_1, \sigma_\varepsilon^2)$, 这是有常数水平的白噪声.
- 当 $\sigma_\varepsilon^2 = 0$ 时, $y_{t+1} = y_t + \eta_t$, 这是纯粹随机游走.

4.2.2 局部线性趋势模型

比局部水平模型稍微复杂些的是**局部线性趋势模型** (local linear trend model). 它和局部水平模型有同样的测量方程, 但其动态方程中有称为**斜率** (slope) 的随时间变化的 β_t:

$$y_t = \mu_t + \varepsilon_t, \ \varepsilon_t \overset{\text{iid}}{\sim} N(0, \sigma_\varepsilon^2),$$

$$\mu_{t+1} = \beta_t + \mu_t + \eta_t, \ \eta_t \overset{\text{iid}}{\sim} N(0, \sigma_\eta^2),$$

$$\beta_{t+1} = \beta_t + \xi_t, \ \xi_t \overset{\text{iid}}{\sim} N(0, \sigma_\xi^2),$$

这里所有扰动对于所有滞后都是独立的. 此外还应设置 μ_1, β_1 的初始分布.
- 当 $\sigma_\xi^2 = 0$ 时, 趋势 μ_t 为有常数漂移 β_1 的随机游走, 如 $\beta_1 = 0$, 则趋势 μ_t 为局部水平模型. ($\beta_t = \beta_1, \mu_{t+1} = \beta_1 + \mu_t + \eta_t$)
- 如果 $\sigma_\xi^2 = 0, \sigma_\eta^2 = 0$, 则趋势 μ_t 化成一条均值为 μ_1, 斜率为 β_1 的直线. ($\mu_{t+1} = \beta_1 + \mu_t, \nabla y_t = \beta_1 + \nabla \varepsilon_t$)
- 如果 $\sigma_\xi^2 > 0$, 而 $\sigma_\eta^2 = 0$, 则 $\nabla \mu_t$ 是随机游走. ($\nabla \mu_{t+1} = \nabla \mu_t + \xi_{t-1}$)

4.2.3 季节效应

模型 (4.1) 的另一个特例为具有季节效应的测量方程

$$y_t = \mu_t + \gamma_t + \varepsilon_t.$$

一般用的季节周期 s 有月度的 ($s=12$)、季度的 ($s=4$) 及每周的 ($s=7$). 对于季节效应, 一般用和为零的哑元变量:

$$\gamma_{t+1} = -\sum_{j=1}^{s-1} \gamma_{t+1-j}.$$

但为了让这个模式可以随时间而变, 允许加上一个扰动项:

$$\gamma_{t+1} = -\sum_{j=1}^{s-1} \gamma_{t+1-j} + \omega_t, \quad \omega_t \stackrel{\text{iid}}{\sim} N(0, \sigma_\omega^2).$$

显然, 季节效应的期望为零.

另一种季节模式利用了三角函数:

$$\gamma_t = \sum_{j=1}^{[s/2]} \gamma_{jt},$$

这里

$$\gamma_{j,t+1} = \gamma_{jt} \cos \lambda_j + \gamma_{jt}^* \sin \lambda_j + \omega_{jt},$$
$$\gamma_{j,t+1}^* = -\gamma_{jt} \sin \lambda_j + \gamma_{jt}^* \cos \lambda_j + \omega_{jt}^*,$$

而 $\lambda_j = 2\pi j/s$, $\omega_{jt} \stackrel{\text{iid}}{\sim} N(0, \sigma_\omega^2)$, $\omega_{jt}^* \stackrel{\text{iid}}{\sim} N(0, \sigma_\omega^2)$.

4.3 一般状态空间模型

较为一般的线性正态状态空间模型为

$$\boldsymbol{\alpha}_{t+1} = \boldsymbol{F}_t \boldsymbol{\alpha}_t + \boldsymbol{B}_t \boldsymbol{u}_t + \boldsymbol{\zeta}_t, \quad \boldsymbol{\zeta}_t \stackrel{\text{iid}}{\sim} N(0, \boldsymbol{Q}_t), \tag{4.4}$$

4.3 一般状态空间模型

$$y_t = H_t\alpha_t + \varepsilon_t, \ \varepsilon_t \overset{\text{iid}}{\sim} N(0, R_t), \tag{4.5}$$

$$\alpha_1 \sim N(a_1, P_1), \ E(\zeta_t\varepsilon_s) = 0, \ \forall t, s, \tag{4.6}$$

这里方程 (4.4) 为状态方程, (4.5) 为测量方程, ζ_t, ε_s 对所有 t, s 独立, 而且独立于 α_1, 观测值 y_t 可能是多维的, 状态向量 α_t 是不可观测的, u_t 是确定性外部输入, 系统矩阵 F_t, R_t, H_t, B_t, Q_t 确定了模型的结构, 它们可能包括了未知参数. α_t 是一个向量自回归 VAR(1) 过程 (后面将要介绍).

状态空间模型的各个成分都可加可减, 进行各种变化, 还可以加入非随机的输入项. 比如, 用 $[c_t, F_t]$, $[d_t, H_t]$ 和 $[1^\top, \alpha_t^\top]^\top$ 来替换 F_t, H_t 及 α_t (还分别改变 R_t, Q_t 等的相应部分), 上述方程可以写成

$$\alpha_{t+1} = c_t + F_t\alpha_t + B_tu_t + Q_t\zeta_t, \ \zeta_t \overset{\text{iid}}{\sim} N(0, I), \tag{4.7}$$

$$y_t = d_t + H_t\alpha_t + R_t\varepsilon_t, \ \varepsilon_t \overset{\text{iid}}{\sim} N(0, I), \tag{4.8}$$

由于其灵活性, 状态空间模型用一种统一的方法包括了范围很广的多类模型及方法, 诸如动态回归、ARIMA、不可观测分量模型、隐函数模型等. 在不同的文献中, 状态空间模型所用的符号也不同, 而且比较随意, 这没有关系, 只要看得明白就行. 为了方便, 本书尽量把不可观测的状态或过程用希腊字母表示.

由于该状态空间模型是线性的, 因此关于多元正态分布的性质都成立, 可以使用状态似然函数. 这里的估计问题有两方面: (1) 度量不可观测的状态, 包括预测、滤波及光滑; (2) 用最大似然法估计未知参数.

简单总结一下.

- 状态空间模型实际上是一种 Markov 表示或者是多元时间序列的一种正则表示, 它通过**状态向量** (state vector) 这样的**辅助变量** (auxiliary variable) 来表示多元时间序列.
- 状态向量 $\{\alpha_t\}$ 汇总了时间序列现在及过去值的所有信息.
- 被观测的时间序列 $\{y_t\}$ 是用状态变量的线性组合表示的.
- 状态空间形式包含一个非常丰富的模型类. 任何诸如 ARMA 过程那样的高斯多变量固定时间序列都可以写成状态空间形式, 前提是预测空间的维数有限.
- 诸如预测 $\{\alpha_t\}$ 等的实施, 包括两部分: (1) 参数或参数矩阵的估计, 主要用最大似然法; (2) Kalman 滤波.

4.3.1 使用 R 程序包解状态空间模型的要点

- 关于状态空间模型和 Kalman 滤波, R 提供了很多程序包, 比如 dse[①]、dlm[②]、FKF[③]、KFAS[④]等.
- 各个程序包有不同的符号系统, 必须首先知道它们所用的符号系统才能明白代码中输入和输出的变元、选项, 计算中迭代过程初始值的意义.
- 有些程序包有自己的数据格式, 必须首先确定数据格式合乎程序包的要求.
- 逻辑上, 一般至少需要下面几步 (有些步骤可能合并在一起):
  (1) 确定模型的形式
  (2) 拟合数据以估计参数
  (3) 得到状态的估计, 并且 (或者) 进行平滑
  (4) 预测未来的状态

我们将在后面的例子中介绍如何用 R 程序包来做状态空间模型的数据分析.

4.3.2 随时间变化系数的回归

对于状态空间模型

$$\boldsymbol{\alpha}_{t+1} = \boldsymbol{F}_t\boldsymbol{\alpha}_t + \boldsymbol{Q}_t\boldsymbol{\zeta}_t,$$
$$\boldsymbol{y}_t = \boldsymbol{H}_t\boldsymbol{\alpha}_t + \boldsymbol{\varepsilon}_t,$$

如果 $\boldsymbol{F}_t = 1$, $\boldsymbol{Q}_t = \boldsymbol{I}$, 并且把 $\boldsymbol{H}_t$ 看成自变量, 把 $\boldsymbol{y}_t$ 看成因变量, 该模型称为动态回归模型, 其系数 $\boldsymbol{\alpha}_t$ 为随机游走.

[①] Gilbert, P. D. (2000). A note on the computation of time series model roots. Applied Economics Letters, 7, 423-424.
[②] Giovanni Petris (2010). An R Package for Dynamic Linear Models. Journal of Statistical Software, 36(12), 1-16. http://www.jstatsoft.org/v36/i12/.
Petris, Petrone, and Campagnoli. Dynamic Linear Models with R. Springer, 2009.
[③] David Luethi, Philipp Erb and Simon Otziger (2014). FKF: Fast Kalman Filter. R package version 0.1.3. https://CRAN.R-project.org/package=FKF.
[④] Helske J. (2016). KFAS: Kalman Filter and Smoother for Exponential Family State Space Models. R package version 1.2.5. https://cran.r-project.org/package=KFAS.
Helske J (2016). KFAS: Exponential Family State Space Models in R. Accepted to Journal of Statistical Software. Pre-print available at ArXiv. https://arxiv.org/abs/1612.01907.

4.3.3 结构时间序列的一般状态空间模型表示

为了得到局部线性模型

$$y_t = \mu_t + \varepsilon_t,$$
$$\mu_{t+1} = \mu_t + \eta_t,$$

在一般状态空间模型 (4.4) 和 (4.5) 中, 令

$$\boldsymbol{\alpha}_t = \mu_t,\ \boldsymbol{H}_t = 1,\ \boldsymbol{R}_t = \sigma_\varepsilon^2,\ \boldsymbol{F}_t = 1,\ \boldsymbol{Q}_t = \sigma_\eta^2$$

即可.

为了得到局部线性趋势模型

$$y_t = \mu_t + \varepsilon_t,$$
$$\mu_{t+1} = \mu_t + \beta_t + \eta_t,$$
$$\beta_{t+1} = \beta_t + \xi_t,$$

在一般状态空间模型 (4.4) 和 (4.5) 中, 令

$$\boldsymbol{\alpha}_t = (\mu_t, \beta_t)^\top,\ \boldsymbol{H}_t = (1, 0),\ \boldsymbol{R}_t = \sigma_\varepsilon^2,$$
$$\boldsymbol{F}_t = \begin{pmatrix} 1 & 1 \\ 0 & 1 \end{pmatrix},\ \boldsymbol{Q}_t = \begin{pmatrix} \sigma_\eta^2 & 0 \\ 0 & \sigma_\xi^2 \end{pmatrix}$$

即可.

为了得到有季节成分的局部线性趋势模型

$$y_t = \mu_t + \gamma_t + \varepsilon_t,$$
$$\mu_{t+1} = \mu_t + \beta_t + \eta_t,$$
$$\beta_{t+1} = \beta_t + \xi_t,$$
$$\gamma_{t+1} = -\sum_{j=1}^{s-1} \gamma_{t+1-j} + \omega_t,$$

在一般状态空间模型 (4.4) 和 (4.5) 中, 令

$$\boldsymbol{\alpha}_t = (\mu_t, \beta_t, \gamma_t, \gamma_{t-1}, \gamma_{t-2})^\top, \ \boldsymbol{H}_t = (1, 0, 1, 0, 0), \ \boldsymbol{R}_t = \sigma_\varepsilon^2,$$

$$\boldsymbol{F}_t = \begin{pmatrix} 1 & 1 & 0 & 0 & 0 \\ 0 & 1 & 0 & 0 & 0 \\ 0 & 0 & -1 & -1 & -1 \\ 0 & 0 & 1 & 0 & 0 \\ 0 & 0 & 0 & 1 & 0 \end{pmatrix}, \ \boldsymbol{Q}_t = \begin{pmatrix} \sigma_\eta^2 & 0 & 0 \\ 0 & \sigma_\xi^2 & 0 \\ 0 & 0 & \sigma_\omega^2 \end{pmatrix}$$

即可.

对例3.2的尼罗河流量数据拟合

首先用 R 中固有的专门用于结构时间序列的函数 StructTS(在自带程序包 stats[①] 中) 来做拟合. 那里的局部水平模型符号为

$$y_t = \mu_t + \varepsilon_t, \ \varepsilon_t \sim N(0, H);$$
$$\mu_{t+1} = \mu_t + \eta_t, \ \eta_t \sim N(0, Q).$$

注意程序包 stats 不能处理更一般的状态空间问题. 这里的滤波及点图 (图4.1) 使用的代码为:

```
(fitNile <- StructTS(Nile, "level"))#建立局部水平模型
plot(Nile, type = "o")#原数据点图
lines(fitted(fitNile), lty = 2, lwd = 2,col=2)#画出估计的状态值
lines(tsSmooth(fitNile), lty =4, lwd = 2,col=4)#画出滤波平滑值
legend('top',c('Nile','State','Smoothed'),lty=c(1,2,4),
lwd=2,col=c(1,2,3),pch=c(1,NA,NA))
```

其次我们使用程序包 dlm. 该程序包的状态空间模型的公式 (及符号系统) 为

$$y_t = \boldsymbol{F}_t \boldsymbol{\theta}_t + v_t, \ v_t \sim N(0, \boldsymbol{V}_t),$$
$$\boldsymbol{\theta}_t = \boldsymbol{G}_t \boldsymbol{\theta}_{t-1} + w_t, \ w_t \sim N(0, \boldsymbol{W}_t).$$

[①] R Core Team (2016). R: A language and environment for statistical computing. R Foundation for Statistical Computing, Vienna, Austria. https://www.R-project.org/.

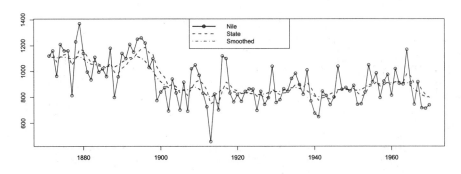

图 4.1 例3.2尼罗河流量数据状态估计及平滑 (程序包 stats)

对于例3.2的单变量时间序列, 该公式则为

$$y_t = \theta_t + v_t, \ v_t \sim N(0, V_t),$$
$$\theta_t = \theta_{t-1} + w_t, \ w_t \sim N(0, W_t).$$

我们用下面代码进行拟合平滑及画出图4.2:

```
library(dlm)
nileBuild <- function(par) {
  dlmModPoly(1, dV = exp(par[1]), dW = exp(par[2]))}#建模函数
nileMLE <- dlmMLE(Nile, rep(0,2), nileBuild)#用模型拟合数据
nileMod <- nileBuild(nileMLE$par) #估计完参数的模型
V(nileMod);W(nileMod)#=exp(nileMLE$par)输出数量矩阵形式的估计
nileFilt <- dlmFilter(Nile, nileMod) #滤波
nileSmooth <- dlmSmooth(nileFilt) #平滑
plot(cbind(Nile, nileFilt$m[-1], nileSmooth$s[-1]), plot.type='s',
 col=c(1,2,4),ylab="Level",main="Nile river",lwd=c(1,3,3),lty=1:3)
legend('top',c('Nile','Filtered Nile','Smoothed state'),
 lwd=c(1,3,3),col=c(1,2,4),lty=1:3)
```

4.3.4 ARMA 模型的状态空间模型形式

由于状态空间模型的灵活性, ARMA(p,q) 模型 $\phi(B)y_t = \theta(B)\varepsilon_t$ 或者

$$y_t = \phi_1 y_{t-1} + \phi_2 y_{t-2} + \cdots + \phi_p y_{t-p} + \varepsilon_t + \theta_1 \varepsilon_{t-1} + \cdots + \theta_q \varepsilon_{t-q}$$

的状态空间模型可以有多种多样的表示, 下面介绍一些例子.

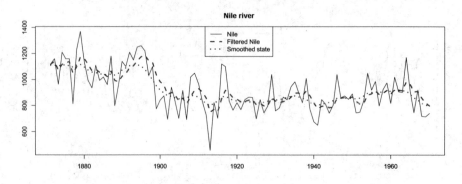

图 4.2 例3.2尼罗河流量数据状态估计及平滑 (程序包 dlm)

AR(p) 模型的状态空间模型形式

定义分量矩阵

$$\boldsymbol{F}_t = \boldsymbol{F} = \begin{pmatrix} \phi_1 & \phi_2 & \cdots & \phi_{p-1} & \phi_p \\ 1 & 0 & \cdots & 0 & 0 \\ 0 & 1 & \cdots & 0 & 0 \\ \vdots & \vdots & \ddots & \vdots & \vdots \\ 0 & 0 & \cdots & 1 & 0 \end{pmatrix}$$

以及 $\boldsymbol{\alpha}_t = (\alpha_t, \alpha_{t-1}, \cdots, \alpha_{t-p+1})^\top$, $\boldsymbol{\varepsilon}_t = (\varepsilon_t, 0, \cdots, 0)^\top$. 状态方程为以下 VAR(p) 的形式:

$$\boldsymbol{\alpha}_{t+1} = \boldsymbol{F}\boldsymbol{\alpha}_t + \boldsymbol{\varepsilon}_t,$$

再令 $\boldsymbol{H} = (1, 0, \cdots, 0)$, 测量方程为 $\boldsymbol{Y}_t = \boldsymbol{H}\boldsymbol{\alpha}_t$, 这表示了一元 AR(p) 过程

$$y_{t+1} = \phi_1 y_t + \phi_2 y_{t-1} + \cdots + \phi_p y_{t-p+1} + \varepsilon_t.$$

ARMA 的状态空间模型形式 (Hamilton 形式)

ARMA 的状态空间模型形式为 (对 $j > q$, $\theta_j = 0$)

$$\boldsymbol{\alpha}_t = \boldsymbol{F}\boldsymbol{\alpha}_{t-1} + \boldsymbol{\zeta}_t, \; \boldsymbol{\zeta}_t = (\varepsilon_t, 0, \cdots, 0)^\top,$$
$$\boldsymbol{y}_t = (1, \theta_1, \cdots, \theta_{d-1})\boldsymbol{\alpha}_t,$$

这里 $d = \max(p, q+1)$, 而矩阵 (对 $j > p, \phi_j = 0$)

$$\boldsymbol{F} = \begin{pmatrix} \phi_1 & \phi_2 & \cdots & \phi_{d-1} & \phi_d \\ 1 & 0 & \cdots & 0 & 0 \\ 0 & 1 & \cdots & 0 & 0 \\ \vdots & \vdots & \ddots & \vdots & \vdots \\ 0 & 0 & \cdots & 1 & 0 \end{pmatrix}.$$

由状态方程有 $\phi(B)\alpha_t = \varepsilon_t$, 由测量方程有 $y_t = \theta(B)\alpha_t$, 因此,

$$y_t = \frac{\theta(B)}{\phi(B)}\varepsilon_t,$$

这意味着 $\{y_t\}$ 为 ARMA(p, q) 序列.

ARMA 的状态空间模型形式 (Harvey 形式)

这里还定义 $d = \max(p, q+1)$, 利用 $\boldsymbol{F}$ 的转置 $\boldsymbol{F}^\top$:

$$\boldsymbol{F}^\top = \begin{pmatrix} \phi_1 & 1 & 0 & \cdots & 0 \\ \phi_2 & 0 & 1 & \cdots & 0 \\ \vdots & \vdots & \vdots & \ddots & \vdots \\ \phi_{d-1} & 0 & 0 & \cdots & 1 \\ \phi_d & 0 & 0 & \cdots & 0 \end{pmatrix},$$

则状态方程为

$$\boldsymbol{\alpha}_t = \boldsymbol{F}^\top \boldsymbol{\alpha}_{t-1} + \varepsilon_t \begin{pmatrix} 1 \\ \theta_1 \\ \theta_2 \\ \vdots \\ \theta_{d-1} \end{pmatrix},$$

测量方程为
$$y_t = (1, 0, \cdots, 0)^\top \boldsymbol{\alpha}_t.$$

如何判断其代表了 ARMA(p, q) 呢? 状态方程的最后一个为
$$\alpha_{t,d} = \phi_d \alpha_{t-1,1} + \theta_{d-1} \varepsilon_t.$$

把它在 $t-1$ 的表示 $\alpha_{t-1,d}$ 代入倒数第二个, 即
$$\begin{aligned}\alpha_{t,d-1} &= \phi_{d-1} \alpha_{t-1,1} + \alpha_{t-1,d} + \theta_{d-2} \varepsilon_t \\ &= \phi_{d-1} \alpha_{t-1,1} + (\phi_d \alpha_{t-2,1} + \theta_{d-1} \varepsilon_{t-1}) + \theta_{d-2} \varepsilon_t,\end{aligned}$$

如此继续下去, 可得 ARMA(p, q) 的标准形式.

ARMA 的状态空间模型形式 (Akaike 形式)

这里还定义 $d = \max(p, q+1)$, 令 $\{y_t\}$ 为 ARMA(p, q) 过程
$$y_t = \sum_{j=1}^{d} \phi_j y_{t-j} + \sum_{j=0}^{d-1} \theta_j \varepsilon_{t-j}, \tag{4.9}$$

这里 $\theta_0 = 1$, 对于 $j > q, \theta_j = 0$, 对于 $j > p, \phi_j = 0$, w_j 是均值为零的白噪声.

定义 $\alpha_t = (y_t, y_{t+1|t}, \cdots, y_{t+d-1|t})^\top$, 这里
$$y_{s|t} = E[y_s | y_t, y_{t-1}, \cdots].$$

则测量方程为
$$y_t = (1, 0, \cdots, 0) \alpha_t,$$

状态方程为
$$\boldsymbol{\alpha}_{t+1} = \boldsymbol{F} \alpha_t + \varepsilon_t \begin{pmatrix} 1 \\ \psi_1 \\ \vdots \\ \psi_{d-1} \end{pmatrix},$$

其中
$$\boldsymbol{F} = \begin{pmatrix} 0 & 1 & 0 & \cdots & 0 \\ 0 & 0 & 1 & \cdots & 0 \\ \vdots & \vdots & \vdots & \ddots & \vdots \\ 0 & 0 & 0 & \cdots & 1 \\ \phi_d & \phi_{d-1} & \phi_{d-2} & \cdots & \phi_1 \end{pmatrix},$$

这里的 $\{\psi_t\}$ 为下面无穷阶移动平均的系数:

$$y_{t+h} = \sum_{j=0}^{\infty} \psi_j \varepsilon_{t+h-j}.$$

ARMA 的状态空间模型形式 (典则表示)

这个典则表示 (canonical representation) 和 Akaike 形式很像, 仅有的不同是典则表示的状态由预测组成: $\boldsymbol{\alpha}_t = (\hat{y}_t(1), \hat{y}_t(2), \cdots, \hat{y}_t(d))^\top$. 状态方程为

$$\boldsymbol{\alpha}_{t+1} = \boldsymbol{F}\boldsymbol{\alpha}_t + \varepsilon_t \begin{pmatrix} \psi_1 \\ \vdots \\ \psi_{d-1} \end{pmatrix},$$

这里 $\{\psi_t\}$ 和 $\boldsymbol{F}$ 与前面一样. 测量方程增加了当前的误差:

$$y_t = (1, 0, \cdots, 0)\boldsymbol{\alpha}_t + \varepsilon_t.$$

过程的值为 $y_t = \hat{y}_{t-1}(1) + \varepsilon_t$.

4.4 Kalman 滤波

考虑状态空间模型 (4.4) 及 (4.5):

$$\boldsymbol{\alpha}_{t+1} = \boldsymbol{F}_t \boldsymbol{\alpha}_t + \boldsymbol{B}_t \boldsymbol{u}_t + \boldsymbol{\zeta}_t, \ \boldsymbol{\zeta}_t \stackrel{\text{iid}}{\sim} N(0, \boldsymbol{Q}_t),$$
$$\boldsymbol{y}_t = \boldsymbol{H}_t \boldsymbol{\alpha}_t + \boldsymbol{\varepsilon}_t, \ \boldsymbol{\varepsilon}_t \stackrel{\text{iid}}{\sim} N(0, \boldsymbol{R}_t),$$

$$\boldsymbol{\alpha}_1 \sim N(\boldsymbol{a}_1, \boldsymbol{P}_1), \quad E(\boldsymbol{\zeta}_t \boldsymbol{\varepsilon}_s) = 0, \ \forall t, s.$$

首先假定那些参数 (矩阵) 如 $\boldsymbol{F}_t, \boldsymbol{Q}_t, \boldsymbol{H}_t, \boldsymbol{R}_t, \boldsymbol{B}_t$ 已知. 我们的目的是找出递归方法来计算使得误差平方和最小的最好线性估计. 用 $\hat{\boldsymbol{\alpha}}_t = E[\boldsymbol{\alpha}_t|I_t]$ 表示状态 $\boldsymbol{\alpha}_t$ 的最好 (后验) 无偏估计, 这里 $I_t = \{y_t, y_{t-1}, \cdots, y_0, \boldsymbol{\alpha}_t, \boldsymbol{\alpha}_{t-1}, \boldsymbol{\alpha}_0\}$ 是在第 t 步时的信息集合; 用 $\hat{\boldsymbol{\alpha}}_t^- = E[\boldsymbol{\alpha}_t|I_{t-1}]$ 表示状态 $\boldsymbol{\alpha}_t$ 的先验估计.

对于某 $\boldsymbol{K}_{\alpha,t}$ 和 $\boldsymbol{K}_t$, 令 $\hat{\boldsymbol{\alpha}}_t = \boldsymbol{K}_{\alpha,t}\hat{\boldsymbol{\alpha}}_t^- + \boldsymbol{K}_t y_t$, 误差

$$\begin{aligned}\hat{\boldsymbol{\alpha}}_t - \boldsymbol{\alpha}_t &= \boldsymbol{K}_{\alpha,t}\hat{\boldsymbol{\alpha}}_t^- + \boldsymbol{K}_t(\boldsymbol{H}_t\boldsymbol{\alpha}_t + \boldsymbol{\varepsilon}_t) - \boldsymbol{\alpha}_t \\ &= \boldsymbol{K}_{\alpha,t}\hat{\boldsymbol{\alpha}}_t^- + (\boldsymbol{K}_t\boldsymbol{H}_t - \boldsymbol{I})\boldsymbol{\alpha}_t + \boldsymbol{K}_t\boldsymbol{\varepsilon}_t.\end{aligned}$$

由无偏性, 有

$$\boldsymbol{0} = E(\hat{\boldsymbol{\alpha}}_t - \boldsymbol{\alpha}_t) = \boldsymbol{K}_{\alpha,t}E(\hat{\boldsymbol{\alpha}}_t^-) - (\boldsymbol{I} - \boldsymbol{K}_t\boldsymbol{H}_t)E(\boldsymbol{\alpha}_t) \Rightarrow \boldsymbol{K}_{\alpha,t} = \boldsymbol{I} - \boldsymbol{K}_t\boldsymbol{H}_t.$$

而且由于 $y_t = \boldsymbol{H}_t\boldsymbol{\alpha}_t + \boldsymbol{\varepsilon}_t$, 有

$$\begin{aligned}\hat{\boldsymbol{\alpha}}_t &= \hat{\boldsymbol{\alpha}}_t^- + \boldsymbol{K}_t[y_t - \boldsymbol{H}_t\hat{\boldsymbol{\alpha}}_t^-] \\ &= (\boldsymbol{I} - \boldsymbol{K}_t\boldsymbol{H}_t)\hat{\boldsymbol{\alpha}}_t^- + \boldsymbol{K}_t y_t \\ &= (\boldsymbol{I} - \boldsymbol{K}_t\boldsymbol{H}_t)\hat{\boldsymbol{\alpha}}_t^- + \boldsymbol{K}_t(\boldsymbol{H}_t\boldsymbol{\alpha}_t + \boldsymbol{\varepsilon}_t) \\ &= \hat{\boldsymbol{\alpha}}_t^- + \boldsymbol{K}_t\boldsymbol{H}_t(\boldsymbol{\alpha}_t - \hat{\boldsymbol{\alpha}}_t^-) + \boldsymbol{K}_t\boldsymbol{\varepsilon}_t.\end{aligned} \quad (4.10)$$

先验误差 $e_t^- \equiv \boldsymbol{\alpha}_t - \hat{\boldsymbol{\alpha}}_t^-$ 和后验误差 $e_t \equiv \boldsymbol{\alpha}_t - \hat{\boldsymbol{\alpha}}_t$,

$$\begin{aligned}e_t &= \boldsymbol{\alpha}_t - \hat{\boldsymbol{\alpha}}_t = (\boldsymbol{I} - \boldsymbol{K}_t\boldsymbol{H}_t)(\boldsymbol{\alpha}_t - \hat{\boldsymbol{\alpha}}_t^-) - \boldsymbol{K}_t\boldsymbol{\varepsilon}_t \\ &= (\boldsymbol{I} - \boldsymbol{K}_t\boldsymbol{H}_t)e_t^- - \boldsymbol{K}_t\boldsymbol{\varepsilon}_t.\end{aligned}$$

误差协方差矩阵 $\boldsymbol{P}_t \equiv E(e_t e_t^\top), \boldsymbol{P}_t^- \equiv E(e_t^- e_t^{-\top})$,

$$\begin{aligned}\boldsymbol{P}_t &= E(e_t e_t^\top) = E[(\boldsymbol{\alpha}_t - \hat{\boldsymbol{\alpha}}_t)(\boldsymbol{\alpha}_t - \hat{\boldsymbol{\alpha}}_t)^\top] \\ &= (\boldsymbol{I} - \boldsymbol{K}_t\boldsymbol{H}_t)E(e_t^- e_t^{-\top})(\boldsymbol{I} - \boldsymbol{K}_t\boldsymbol{H}_t)^\top + \boldsymbol{K}_t E(\boldsymbol{\varepsilon}_t\boldsymbol{\varepsilon}_t^\top)\boldsymbol{K}_t^\top \\ &= (\boldsymbol{I} - \boldsymbol{K}_t\boldsymbol{H}_t)\boldsymbol{P}_t^-(\boldsymbol{I} - \boldsymbol{K}_t\boldsymbol{H}_t)^\top + \boldsymbol{K}_t\boldsymbol{R}_t\boldsymbol{K}_t^\top\end{aligned}$$

$$= P_t^- - K_t H_t P_t^- - P_t^- H_t^\top K_t^\top + K_t(H_t P_t^- H_t^\top + R_t)K_t^\top, \tag{4.11}$$

这里 $(S_t \equiv) H_t P_t^- H_t^\top + R_t = \text{Var}(y_t - H_t \hat{\alpha}_t^-)$.

下面最小化误差平方和 $E\{e_k^\top e_k\}$ (选择 K_t):

$$\text{tr}[E(e_k e_k^\top)] = \text{tr}[E\{e_{ki} e_{kj}\}] = E\{e_k^\top e_k\} = \sum_{i=0}^{n} E\{(e_{ki})^2\} = \text{tr}(P_t).$$

$$\frac{\partial}{\partial K_t} \sum_{i=0}^{n} E\{(e_{ki})^2\} = \frac{\partial P_t}{\partial K_t} = -2 P_t^- H_t^\top + 2 K_t(H_t P_t^- H_t^\top + R_t) = 0.$$

获得 **Kalman 收益** (Kalman gain)

$$K_t = P_t^- H_t^\top (H_t P_t^- H_t^\top + R_t)^{-1}.$$

在 Kalman 收益公式两边右乘 $(H_t P_t^- H_t^\top + R_t) K_t^T$ 得到

$$K_t(H_t P_t^- H_t^\top + R_t) K_t^\top = P_t^- H_t^\top K_t^\top.$$

根据 (4.11),

$$P_t = P_t^- - K_t H_t P_t^- = (I - K_t H_t) P_t^-.$$

再估计先验状态和误差协方差矩阵:

$$\hat{\alpha}_{t+1}^- = F_t \hat{\alpha}_t + B_t u_t,$$
$$e_{t+1}^- = \alpha_{t+1} - \hat{\alpha}_{t+1}^-$$
$$= (F_t \alpha_t + \zeta_t) - F_t \hat{\alpha}_t$$
$$= F_t e_t + \zeta_t,$$
$$P_{t+1}^- = E(e_{t+1}^- e_{t+1}^{-\top})$$
$$= F_t E(e_t e_t^\top) F_t^\top + E(\zeta_t \zeta_t^\top)$$
$$= F_t P_t F_t^\top + Q_k.$$

现在可以如下总结 Kalman 滤波的循环递归过程.
(1) 输入初始状态估计及其误差 $(\hat{\alpha}_t^-, P_t^-)$(从 $t = 0$ 开始)

(2) 在第 t 步:
$$K_t = P_t^- H_t^\top (H_t P_t^- H_t^\top + R_t)^{-1}$$

(3) 以观测的 y_t 更新 $\hat{\alpha}_t$:
$$\hat{\alpha}_t = \hat{\alpha}_t^- + K_t[y_t - H_t\hat{\alpha}_t^-]$$

(4) 获得 P_k:
$$P_t = (I - K_t H_t)P_t^-$$

(5) 向前投影:

$$\hat{\alpha}_{t+1}^- = F_t\hat{\alpha}_t + B_t u_t$$
$$P_{t+1}^- = F_t P_t F_t^\top + Q_k$$

(6) $t \to t+1$ 回到(2)直到获得所有的 $\{\hat{\alpha}_0, \hat{\alpha}_1, \hat{\alpha}_3, \cdots\}$ 为止.

现在讨论如 F_t, Q_t, H_t, R_t, B_t 等参数 (矩阵) 未知的情况. 把这些未知参数的集合用向量 θ 表示. 例如要估计 ARMA$(p, p-l)$ 过程, 则可以定义

$$\theta = (\phi_1, \phi_2, \cdots, \phi_p, \theta_1, \theta_2, \cdots, \mu, \sigma)^\top.$$

对数似然函数为

$$\begin{aligned}\mathcal{L}(\theta) &= \log p(y_0, \cdots, y_N|\theta) \\ &= \frac{(N+1)p}{2}\log(2\pi) - \frac{1}{2}\sum_{t=0}^N (\log|S_t| + e^\top S_t^{-1} e_t),\end{aligned} \quad (4.12)$$

这里 $e_t = y_t - H_t\alpha_t, S_t = H_t P_t^- H_t^\top + R_t$. 最大似然估计能够很容易得到: 只要写一个计算 (4.12) 作为参数 θ 的函数即可, 然后利用软件中的优化函数来得到估计 (比如在 R 中可用optim 或 nlminb). 也可以用 EM 算法 (比诸如准牛顿法稍微慢些).

计算中, 通常比较任意地猜测 θ 的值, 用 $\theta^{(0)}$ 表示, 然后计算序列 $\{\hat{\alpha}_t(\theta)\}$ 和 $\{P_t(\theta)\}$. 如果数据的确从有这些 θ 值的数据产生, 则有

$$y_t|\alpha_t; \theta^{(0)} \sim N(\mu_t(\theta^{(0)}), \Sigma_t(\theta^{(0)})).$$

我们能够用各种 $\theta^{(0)}, \theta^{(1)}, \cdots$ 来评估似然函数的值, 或者取似然函数关于 θ 的对数来

得到最大似然估计.

当然, 在状态空间模型的程序包中, 这些估计都是自动进行的.

例 4.1 芬兰酒精死亡和人口数据. 该数据为程序包KFAS所带的包含四个年龄组 ([30, 39], [40, 49], [50, 59], [60, 69]) 的芬兰酒精相关死亡人数和人口数量 (除以 10 万) 的多变量时间序列, 一共有 8 个时间序列.[①] 图4.3展示了这 8 个序列.

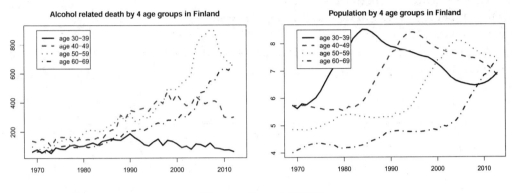

图 4.3 例4.1序列数据

产生图4.1的代码如下:

```
library(KFAS)
data(alcohol)
lgd=paste("age",c("30-39","40-49","50-59","60-69"))
par(mfrow=c(1,2))
plot.ts(alcohol[,1:4],plot.type="single",lty=1:4,col=1:4,lwd=3)
title("Alcohol related death by 4 age groups in Finland")
legend(1970,900, lgd,lty=1:4,col=1:4,lwd=3)
plot.ts(alcohol[,5:8],plot.type="single",lty=1:4,col=1:4,lwd=3)
title("Population by 4 age groups in Finland")
legend(1970,8.5, lgd,lty=1:4,col=1:4,lwd=3)
```

取 50 至 59 年龄段的死亡比例作为观测序列 $\{y_t\}$, 考虑下面的带有线性趋势的 ARIMA 模型:

$$y_t = \beta t + \alpha_t + \varepsilon_t, \ \alpha_t \sim \text{ARIMA}(0,1,0)(0,0,1).$$

我们用程序包 KFAS 的函数分析数据. 下面的代码建立这个模型 (通过函数SSModel()) 并且拟合以得到参数估计 (通过函数 fitSSM()), 再通过 Kalman 滤波得到状态 $\{\alpha_t\}$ (通过函数 KFS()), 并且产生包括 $\{y_t\}$ 和 $\{\alpha_t\}$ 估计值的图4.4.

[①] 该数据出自芬兰数据网站 http://pxnet2.stat.fi/PXWeb/pxweb/en/StatFin/.

```
data("alcohol")
deaths=alcohol[,3]
population=alcohol[,7]
drift <- 1:length(deaths)
model_arima <- SSModel(deaths/population ~ drift +
   SSMarima(ma = 0, d = 1, Q = 1))
fit_arima <- fitSSM(model_arima, inits = c(0, 0), method = "BFGS")
out_arima <- KFS(fit_arima$model)
ts.plot(cbind(signal(out_arima)$signal,fit_arima$model$y),lty=1:2,
   col=1:2,lwd=2)
legend('topleft',c(expression(alpha[t]),expression(y[t])),lty=1:2,
   col=1:2,lwd=2)
```

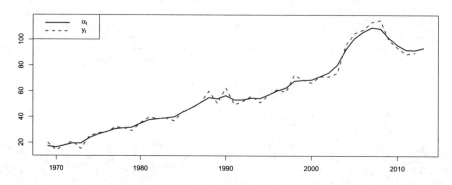

图 4.4 例4.1序列 $\{y_t\}$ 通过有线性趋势的 ARIMA 模型得到的 $\{\alpha_t\}$ 估计值

下面再考虑用下面状态空间模型 (用程序包 KFAS 的函数和公式符号) 来拟合例4.1数据.

$$y_t = Z_t\alpha_t + \varepsilon_t, \ \varepsilon_t \sim N(0, H_t),$$
$$\alpha_{t+1} = T_t\alpha_t + R_t\eta_t, \ \eta_t \sim N(0, Q_t),$$
$$\alpha_1 \sim N(a_1, P_1), \ y_t: p \times 1, \ \alpha_{t+1}: m \times 1, \ \eta_t: k \times 1.$$

下面代码首先设定各个参数矩阵, 其中分别相应于 Z_t, T_t, R_t 的Zt, Tt, Rt 为确定模型形式的参数, 而 a1, P1, P1inf 为初始值, 而相应于方差的 H_t 及 Q_t 的 Ht 及 Qt 为待估计的参数. 我们利用函数 SSModel() 来建立模型, 利用函数 fitSSM() 来拟合模型得到参数估计, 最后利用函数 KFS() 来进行 Kalman 滤波. 该代码产生包括 $\{y_t\}$ 和 $\{\alpha_t\}$ 估计值的图4.5(该图的两个序列几乎重合).

```
Zt <- matrix(c(1, 0), 1, 2);Ht <- matrix(NA)
Tt <- matrix(c(1,0,1,1),2,2);Rt <-matrix(c(1,0),2,1)
Qt <- matrix(NA);a1 <- matrix(c(1, 0), 2, 1)
P1 <- matrix(0, 2, 2);P1inf <- diag(2)
P1inf <- diag(2)
model_gaussian <- SSModel(deaths/population~-1 +
    SSMcustom(Z=Zt, T=Tt, R=Rt, Q=Qt, a1=a1, P1=P1,
    P1inf = P1inf),H = Ht)
fit_gaussian <- fitSSM(model_gaussian, inits = c(0, 0),
    method = "BFGS")
out_gaussian <- KFS(fit_gaussian$model)
ts.plot(cbind(signal(out_gaussian)$signal,fit_gaussian$model$y),
    lty=1:2,col=1:2,lwd=2)
legend('topleft',c(expression(alpha[t]),expression(y[t])),
    lty=1:2,col=1:2,lwd=2)
```

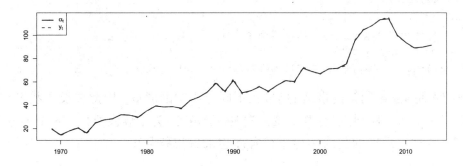

图 4.5 例4.1序列 $\{y_t\}$ 通过状态空间模型得到的 $\{\alpha_t\}$ 估计值

参数 H_t 及 Q_t 的估计可以从代码

```
fit_gaussian$model$H;fit_gaussian$model$Q
```

得到, 它们分别等于 2.999 9 及 40.198.

例 4.2 全球气候数据 (GlobalTemp.csv). 这个数据包含了从 1880 年到 1987 年全球平均陆地和海洋气温指数的两个序列 (Shumway and Stoffer, 2006), 序列名字为 HL 和 Folland. 这个数据以 GlobalTemp 的名字包含在 R 程序包 KFAS[①]中. 图4.6为两个原始序列的点图.

[①] Helske, J. (2013). KFAS: Kalman Filter and Smoother for Exponential Family State Space Models. R package version 1.0.2. http://CRAN.R-project.org/package=KFAS.

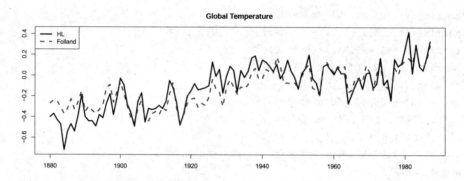

图 4.6 例4.2数据的 1880 年到 1987 年全球平均陆地和海洋气温指数的两个序列

原始序列的点图 (图4.6) 是通过下面语句得到的:

```
library(KFAS)
data("GlobalTemp")
w=GlobalTemp
plot(w,plot.type="single",lty=1:2,lwd=3,col=1:2)
title("Global Temperature")
legend("topleft",c("HL","Folland"),lty=1:2,lwd=3,col=1:2)
```

这两个序列都描述了同样的事情 (热量在不同介质中的度量), 因此要设立状态空间模型时, 只有一个状态序列, 但有两个观测序列. 于是有 (为了读懂所使用的软件包 KFAS 的函数输出, 这里采用的公式相应于该程序包的输出符号):

$$y_t = Z_t\alpha_t + \varepsilon_t, \text{测量方程}$$
$$\alpha_{t+1} = T\alpha_t + R_t\eta_t, \text{状态方程}$$

这里 $\varepsilon_t \sim N(0, H_t), \eta_t \sim N(0, Q_t), \alpha_1 \sim N(a_1, P_1)$, 而且它们互相独立. 由于有两个序列, 因此 y_t 是 108×2 维, Z_t 是 $2 \times 1 \times 1$ 维, H_t 是 $2 \times 2 \times 1$ 维, 其余都是一维的.

下面我们用程序包KFAS本身的代码来设定模型, 估计参数, 并且做 Kalman 滤波. 设定模型所用的语句为

```
model<-SSModel(w~SSMtrend(1,Q=NA,type='common'),H=matrix(NA,2,2))
```

上面设立了局部线性趋势模型, 并设 Q_t 为一维的, H 为 2×2 方阵, 但没有给出具体数目, 以缺失值代替. 但该模型默认了 $Z_t = (1,1)^\top, T = 1, R_t = 1, a_1 = 0, P_1 = 0$. 下面语句估计 H_t 的初始值, 并且进行数据的拟合, 所用的方法是最大似然法 (计算方法为

拟牛顿法):

```
inits<-chol(cov(w))[c(1,4,3)]
inits[1:2]<-log(inits[1:2])
fit<-fitSSM(inits=c(0.5*log(.1),inits),model=model,method='BFGS')
```

这就估计了 $\boldsymbol{Q}_t$ 和 $\boldsymbol{H}_t$. 由语句 fit\$model\$Q 可知 $\hat{\boldsymbol{Q}}_t=0.002\,633$, 由语句 fit\$model\$H 可知

$$\hat{\boldsymbol{H}}_t=\begin{pmatrix}0.019\,504 & 0.006\,513\\ 0.006\,513 & 0.005\,387\end{pmatrix}.$$

有了这些, 就可以做 Kalman 滤波:

```
out<-KFS(fit$model)
```

得到的 out\$alphahat 就是估计出来的 $\hat{\alpha}_t$, 下面语句可以产生这两个观测到的序列 $\{y_{1t}, y_{2t}\}$ 及 $\{\hat{\alpha}_t\}$ 的点图 (图4.7):

```
ts.plot(cbind(model$y,out$alphahat),lty=3:1,col=c(1:2,4),lwd=3)
legend('bottomright',legend=c(colnames(w), 'Smoothed signal'),
   lty=3:1,col=c(1:2,4),lwd=3)
```

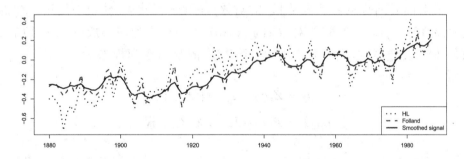

图 4.7 例4.2的两个序列及 Kalman 滤波预测的平滑信号 (实线为 $\{\hat{\alpha}_t\}$)

例 4.3　交通死亡数据 (Seatbelts.csv). 这个数据包含了从 1969 年 1 月到 1984 年 12 月在英国发生的月度交通伤亡数目 (Harvey, 1989), 这个数据以 Seatbelts 的名字包含在 R 程序包 datasets[①] 中. 该数据有 8 个变量: 死亡的驾驶员数目 (DriversKilled), 驾驶员死亡或重伤数目 (drivers), 前排乘客死亡或重伤数目 (front), 后排乘客死亡或重

[①] R Core Team (2013). R: A language and environment for statistical computing. R Foundation for Statistical Computing, Vienna, Austria. http://www.R-project.org/.

伤数目 (rear), 开车距离 (kms), 汽油价格 (PetrolPrice), 运货轻型面包车驾驶员死亡数目 (VanKilled), 安全带法是否生效 (law). 其中 law 为 0/1 哑元变量.

利用下面代码可以产生有关伤亡人数的 5 个序列的点图 (图4.8):

```
w=Seatbelts
plot(w[,c(1:4,7)],plot.type="single",lty=1:5,ylab="",col=1:5,lwd=2)
title("Seatbelts")
legend("topright",colnames(w)[c(1:4,7)],lty=1:5,col=1:5,lwd=2)
```

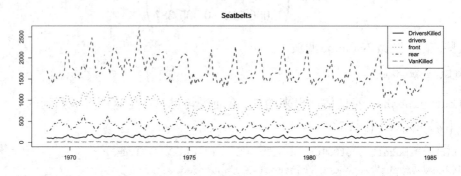

图 4.8　例4.3有关伤亡人数的 5 个时间序列

下面要对前后两排乘客死亡数目 (的对数) 序列进行建模, 建模中使用了油价的对数 (log(PetrolPrice))、公里数的对数 (log(kms)) 及 law(作为回归成分), 并且加入了三角函数的季节成分等, 这次的状态有 29 个, 相应的状态空间模型为

$$y_t = Z_t\alpha_t + \varepsilon_t, \text{测量方程}$$
$$\alpha_{t+1} = T\alpha_t + R_t\eta_t, \text{状态方程}$$

这里 $\varepsilon_t \sim N(0, H_t), \eta_t \sim N(0, Q_t), \alpha_1 \sim N(a_1, P_1)$, 而且它们互相独立. 因此 y_t 是 192×2 维, Z_t 是 $2 \times 29 \times 192$ 维, H_t 是 $2 \times 2 \times 1$ 维, T 是 $29 \times 29 \times 1$ 维, R_t 是 $29 \times 1 \times 1$ 维, Q_t 是 $1 \times 1 \times 1$ 维.

下面是做 Kalman 滤波的代码, 而且产生了两个序列及通过 Kalman 滤波得到的状态图 (图4.9), 全部来自程序包 KFAS:

```
library(KFAS)
model=SSModel(log(cbind(front,rear))~-1+log(PetrolPrice)
  +log(kms)+SSMregression(~-1+law,data=w,index=1)
  +SSMcustom(Z=diag(2),T=diag(2),R=matrix(1,2,1),
```

```
      Q=matrix(1),P1inf=diag(2))
      +SSMseasonal(period=12,sea.type='trigonometric'),
      data=w,H=matrix(NA,2,2))

likfn<-function(pars,model,estimate=TRUE){
      model$H[,,1]<-exp(0.5*pars[1:2])
      model$H[1,2,1]<-model$H[2,1,1]<-tanh(pars[3])*
      prod(sqrt(exp(0.5*pars[1:2])))
      model$R[28:29]<-exp(pars[4:5])
      if(estimate) return(-logLik(model))
      model}
fit<-optim(f=likfn,p=c(-7,-7,1,-1,-3),method='BFGS',model=model)
      model<-likfn(fit$p,model,estimate=FALSE)
      out<-KFS(model)
csy=cbind(signal(out,states=c('custom','regression'))$signal,model$y)
ts.plot(csy,lty=1:4,lwd=1.5,col=c(1,1,2,4))
legend("topright",c(expression(alpha[1]),expression(alpha[2]),
 expression(y[1]),expression(y[2])),lty=1:4,
 lwd=c(2,3,3,2),col=c(1,1,2,4))
```

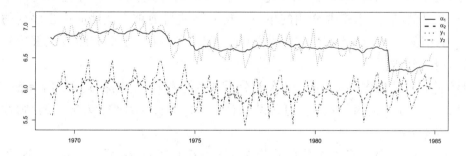

图 4.9 例4.3两个序列及通过 Kalman 滤波得到的状态图

第 5 章 单位根检验

5.1 单整和单位根

前面章节中介绍的时序方法主要是针对平稳序列展开的. 而现实世界中遇到的很多时间序列为非平稳的序列. 在实际应用中, 人们往往对非平稳序列更感兴趣. 之所以对平稳序列进行研究, 是因为我们总是希望可以通过差分等方式把非平稳序列转换成平稳序列, 而后者有可能通过数学方式予以解释或近似. 这样在得到对平稳序列的结论之后, 就可以导出其源头的关于非平稳序列的结论了. 需要注意的是, 一个平稳的时间序列是没有预测价值的, 因为平稳序列的均值与方差都不变, 任何预测都不会产生什么有意义的结果. 本章要介绍的单位根检验方法目前被广泛地应用于序列的平稳性检验, 因此是很多模型和方法 (协整模型) 的前提和基础. 下面介绍单位根检验问题中的基本概念和观点.

如果一个非平稳序列 $\{Y_t\}$ 在 d 次差分后成为平稳序列, 则称其为 d **阶单整的** (integrated of order d), 记为 $I(d)$. 换句话说, 如果 $\nabla^d Y_t = (1-B)^d Y_t$ 为平稳的, 则称序列 Y_t 有 d 个单位根.

如果时间序列 $\{Y_t\}$ 有一个移动平均 $\mathrm{MA}(\infty)$ 表示 $Y_t = \mu + \sum_{j=0}^{\infty} \psi_j w_{t-j}$, 这里 $\{w_j\}$ 为白噪声序列, 而且满足条件

$$\sum_{k=0}^{\infty} |\psi_k|^2 < \infty,$$

则称 $\{Y_t\}$ 为 **0 阶单整** $(I(0))$. 这是成为平稳序列的一个必要条件. 所有平稳序列都是 $I(0)$ 的, 但反过来不一定对.

一个 $I(d)$ 过程能够通过 $I(d-1)$ 过程之和来构造. 如果 Y_t 为 $I(d-1)$ 的, 构造序列 $Z_t = \sum_{k=0}^{t} Y_k$, 那么, Z_t 为 $I(d)$ 的, 这是因为其一阶差分为 $I(d-1)$ 的: $\nabla Z_t = Y_t$, 这里 $Y_t \sim I(d-1)$.

5.1 单整和单位根

许多时间序列, 特别是经济学及金融学的时间序列 (比如资产定价、汇率、GDP、CPI 等), 展示了趋势或者在均值上的不平稳性. 一个重要的任务是确定数据中关于趋势最合适的形式. 以 ARMA 模型为例, 数据有时需要进行诸如一阶差分或时间趋势回归 (time-trend regression) 以移除变换.

一阶差分通常适用于 $I(1)$ 时间序列, 而时间趋势回归适用于趋势平稳过程. 单位根检验能够用来确定用哪种方式来去掉趋势.

此外, 经济和金融理论通常表明在非平稳时间序列变量之间存在长期均衡 (long-run equilibrium) 关系[①]. 如果这些变量是 $I(1)$ 的, 那么能够用协整 (cointegration) 方法来对这些长期关系建模[②]. 单位根检验往往用于协整之前.

考虑一个时间序列 $\{Y_t\}$ 的趋势 – 周期分解:

$$Y_t = \beta_t + Z_t,$$
$$\beta_t = \kappa + \delta t,$$
$$Z_t = \phi Z_{t-1} + \varepsilon_t,\ \varepsilon_t \sim wn(0, \sigma^2),$$

这里 β_t 为确定性线性趋势, 而 Z_t 为一个 AR(1) 过程. 如果 $|\phi| < 1$, 那么 Y_t 关于上述确定趋势 β_t 为 $I(0)$. 如果 $\phi = 1$, 那么 $Z_t = Z_{t-1} + \varepsilon_t = Z_0 + \sum_{j=1}^{t} \varepsilon_j$, 具有一个随机趋势, 则 Y_t 为带有漂移的 $I(1)$.

下面用一个模拟例子代表上述两种情况 (代码中分别为 y1 和 y2), 图5.1展示了这两个模拟的序列.

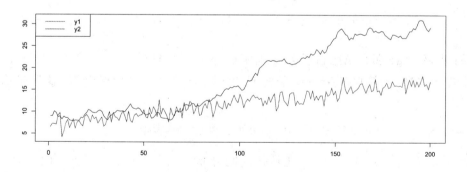

图 5.1 模拟的两种趋势的序列

[①] 本书后面章节将会介绍长期均衡的概念.
[②] 本书后面章节将会介绍协整概念.

模拟这两个序列 (图5.1) 的代码为:

```
n=200;t=1:n;set.seed(10)
z1=arima.sim(n = 200, list(ar = c(0.5)), sd = sqrt(0.1))
z2=vector();z2[1]=2
for (i in 2:n) z2[i]=z2[i-1]+rnorm(1,0,0.5)
y1=7+0.05*t+rnorm(n,0,1)+z1
y2=7+0.05*t+rnorm(n,0,.1)+z2
ts.plot(y1,ylim=range(c(y1,y2)),col=2)
lines(t,y2,col=4)
legend('topleft',c('y1','y2'),col=c(2,4),lty=1)
```

模型

$$Y_t = \beta_t + Z_t,$$
$$\beta_t = \kappa + \delta t,$$
$$Z_t = \phi Z_{t-1} + \varepsilon_t, \quad \varepsilon_t \sim wn(0, \sigma^2)$$

能够写成下面形式 (因为 $Y_t = \kappa + \delta t + Z_t$):

$$Y_t - \kappa - \delta t = \phi(Y_{t-1} - \kappa - \delta(t-1)) + \varepsilon_t, \quad \varepsilon_t \sim wn(0, \sigma^2),$$

或者写成

$$Y_t = [(1-\phi)\kappa + \phi\delta] + [(1-\phi)\delta]t + \phi Y_{t-1} + \varepsilon_t;$$
$$Y_t = a + bt + \phi Y_{t-1} + \varepsilon_t, \ a = (1-\phi)\kappa + \phi\delta, \ b = (1-\phi)\delta.$$

显然, 如果 $|\phi| < 1$, 那么 AR 过程是在确定趋势周围平稳的.

前面介绍过, 最简单的但也是最典型的 1 阶单整序列是随机游走 (这里带有截距或转移)

$$X_t = \mu + X_{t-1} + w_t, \quad w_t \sim \text{iid}(0, \sigma^2),$$

这里 $w_t \sim \text{iid}(0, \sigma^2)$ 意味着 w_t 序列是独立同分布的 (不一定是正态的), 而且有均值 0 及方差 σ^2.

利用迭代, 上式可以写成

$$X_t = \sum_{i=0}^{\infty}(\mu + w_{t-i}).$$

这显然是一个不平稳过程, 因为无论 μ 是多少, X_t 的方差都是 w_t 方差的无穷和. 事实上,

$$X_t = X_0 + \mu t + \sum_{i=1}^{t} w_i \Rightarrow E(X_t) = X_0 + \mu t, \ \text{Var}(X_t) = t\sigma^2.$$

但是做了一阶差分之后, $\nabla X_t = \mu + w_t$ 显然成为平稳过程, 也就是说, 随机游走为 1 阶单整的 ($I(1)$).

在一阶单整 $I(1)$ 的情况, 增量 $\{w_t\}$ 不一定必须独立, 它们必须是平稳的, 比如, w_t 为 ARMA(p,q) 过程.

经济学中的一个指数增长趋势例子为:

$$\text{GDP}_t = Be^{at}U_t \Rightarrow \ln(\text{GDP}_t) = \ln B + at + \ln(U_t).$$

它是一个 $I(1)$ 趋势平稳过程

$$X_t = \mu + \beta t + w_t, \ \ w_t \sim \text{iid}(0, \sigma^2).$$

一阶差分之后, 得到平稳 MA(1) 过程 $\nabla X_t = \beta + w_t - w_{t-1}$.

随机游走和趋势平稳过程能够写成 $\nabla X_t = (1-B)X_t = \alpha + u_t$, 这里 α 为常数, 而 u_t 是一个平稳过程, 其特征方程 $(1-B) = 0$ 有一个单位根.

下面过程具有二次趋势:

$$X_t = \alpha + \beta t + \gamma t^2 + w_t, \ \ w_t \sim wn(0, \sigma^2).$$

可以用 $\nabla^2 X_t = (1-B)^2 X_t$ 来验证 X_t 为 $I(2)$ 的.

前面提到过, ARIMA(p,d,q) 过程在经过 d 阶差分后可以变成平稳过程, 因此它是 $I(d)$, 即 d 阶单整的. ARIMA(p,d,q) 可以写成

$$\phi(B)(1-B)^d X_t = \theta(B)w_t.$$

也就是说, 特征方程 $\phi(B)(1-B)^d$ 有 d 个根在单位圆上. 注意, B 是后移算子, 但这里我们把它看成一个复数, 然后去求解. 这时我们说 X_t 是非平稳的时间序列, 但是可以通过差分的形式使之平稳.

5.2 单位根检验

对序列进行单位根检验, 即检验序列的特征方程是否存在单位根. 如果存在单位根, 则说序列非平稳. 根据时间序列的特征不同, 我们首先介绍 AR(1) 模型的检验, 然后对一阶情况进行推广. 本节中介绍四种常用的单位根检验方法及软件实现. 首先来看一个例子.

例 5.1 **Nelson & Plosser 经济数据 (nporg.csv)**. 这是 Nelson and Plosser (1982) 所用的 14 个美国经济时间序列, 都是年度数据, 范围为 1860 年到 1970 年. 除了时间变量 year 之外, 这 14 个时间序列为 gnp.r(实际 GNP)、gnp.n(名义 GNP)、gnp.pc(实际人均 GNP)、ip(工业生产指数)、emp(总就业人数)、ur(总失业率)、gnp.p(GNP 平均物价指数)、cpi(消费者物价指数)、wg.n(名义工资)、wg.r(实际工资)、M(货币存量)、vel(货币流通速度)、bnd(债券收益率)、sp(股票价格). 表 5.1 仅展示部分时间序列变量信息.

表 5.1 Nelson & Plosser 经济数据描述

变量名	变量涵义	单位	起止年份
gnp.r	实际 GNP	十亿美元	1909—1970
gnp.n	名义 GNP	百万美元	1909—1970
M	货币存量	十亿美元	1889—1970
...	...	...	...
vel	货币流通速度	%	1869—1970
sp	股票价格	%	1871—1970

该数据为 R 程序包 urca[①] 所带, 下载该程序包后即可使用. 我们这里考察序列 vel, 即 1869—1970 货币流通速度. 图5.2显示的为序列 vel.

通过下面语句可产生图5.2.

```
data(nporg, package="urca")
vel <- na.omit(nporg[, "vel"])
vel <- ts(vel, start=1869, freq=1)
plot(vel, main="Velocity of money, 1869-1970")
```

[①] Pfaff, B. (2008). Analysis of Integrated and Cointegrated Time Series with R. Second Edition. New York: Springer.

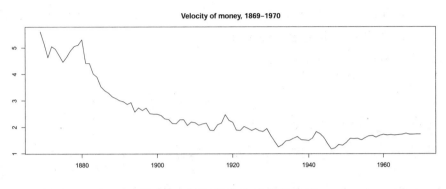

图 5.2 例5.1货币流通速度序列

从图5.2可以看出, 1880 年之前, 该序列经历了较大的震荡, 而后较长一段时期内, 快速下降, 1900 年前后, 货币流通速度趋缓. 下面对此序列进行单位根检验, 判断序列是否平稳.

5.2.1 DF 检验、ADF 检验以及 PP 检验

本小节介绍 **DF 检验** (Dickey-Fuller Test)、**ADF 检验** (Augmented Dickey-Fuller Test) 和 **PP 检验** (Phillips-Perron Test). 传统时间序列教材对于这三种检验的介绍较多, 这里简单介绍它们的原理. 这些检验的缺陷在于它们的零假设为 "有单位根", 因此, 在数据量不够或者缺乏足够证据时, 往往无法拒绝零假设, 这时, 一些人就觉得应该得到 "有单位根"(不平稳) 的结论. 实际上, 只能得到 "没有足够证据说明没有单位根"(没有足够证据说平稳) 的结论, 而不能得到 "有证据说不平稳" 的结论. 下一小节的 KPSS 检验就是以平稳为零假设, 这样, 检验显著则意味着可能不平稳, 因此 KPSS 检验近年来用得比本小节的检验更普遍.

DF 检验

考虑 AR(1) 过程
$$X_t = \phi X_{t-1} + w_t, \ w_t \sim \ \text{iid}(0, \sigma^2),$$

这里, 如果 $\phi = 1$, 则其 X_t 为不平稳的随机游走. 关于非平稳性的假设为 $H_0 : \phi = 1 \Leftrightarrow H_a : |\phi| < 1$. 这个假设检验是一个单位根检验. 显然,

$$X_t - X_{t-1} = (\phi - 1)X_{t-1} + w_t \ \text{或} \ \nabla X_t = \gamma X_{t-1} + w_t.$$

这里 $\gamma = \phi - 1$, 因此 $H_0 : \gamma = 0 \Leftrightarrow H_a : \gamma < 0$. 我们不考虑 $|\phi| > 1$ 的情况, 因为这是一个不可能在经济数据中发生的爆炸性情况.

这可能由三种回归之一来描述:

$$\nabla X_t = \gamma X_{t-1} + w_t, \tag{5.1}$$

$$\nabla X_t = \alpha + \gamma X_{t-1} + w_t, \tag{5.2}$$

$$\nabla X_t = \alpha + \beta t + \gamma X_{t-1} + w_t. \tag{5.3}$$

检验实际上是最小二乘回归中的参数 γ 的检验, 检验统计量就是通常的 t 统计量, 但由于序列相关性, 它不再有 t 分布. 必须把检验统计量和适当的临界值来比较, 即检验 $H_0 : \gamma = 0 \Leftrightarrow H_a : \gamma < 0$. 如果拒绝 H_0, 则

- 对于 (5.1), X_t 是零均值的平稳序列: $X_t = \phi X_{t-1} + w_t$.
- 对于 (5.2), X_t 是非零均值的平稳序列: $X_t - \mu = \phi(X_{t-1} - \mu) + w_t$ 或者 $X_t = \alpha + \phi X_{t-1} + w_t$, 这里 $\alpha = \mu(1 - \phi)$.
- 对于 (5.3), X_t 是围绕确定性趋势的平稳序列: $X_t - a - bt = \phi(X_{t-1} - a - b(t-1)) + w_t$ 或者 $X_t = \alpha + \beta t + \phi X_{t-1} + w_t$, 这里 $\alpha = a(1 - \phi) + b\phi$ 以及 $\beta = b(1 - \phi)$.

我们的检验等价于

$$H_0 : \phi = 1 \text{ (有单位根)} \Leftrightarrow H_a : \phi \neq 1 \text{ (零阶单整}: I(0))$$

如果真值 $\phi = 0$, 检验统计量

$$t_{\hat{\phi}} = \frac{\hat{\phi}}{\text{SE}(\hat{\phi})} \sim t(T-1)$$

在 $T \to \infty$ 时有极限分布 $N(0,1)$, X_t 为平稳的.

而当 $|\phi| < 1$ 时,

$$t_{\hat{\phi}} = \frac{(\hat{\phi} - \phi)}{\text{SE}(\hat{\phi})}$$

的极限分布为标准正态分布, X_t 为平稳的.

如果 $\phi = 1$, 当 $T \to \infty$ 时, 能够得到 $t_{\hat{\phi}-1}$ 和 $t_{\hat{\phi}}$ 的极限分布.

$$t_{\hat{\phi}-1} = \frac{T^{-1} \sum_{i=1}^{T} w_t x_{t-1}}{T^{-2} \sum_{i=1}^{T} x_{t-1}^2} \to \frac{(1/2)[W(1)^2 - 1]}{\int_0^1 W(i)^2 \mathrm{d}i},$$

$$t_{\hat\phi} = \frac{\hat\phi - 1}{\text{SE}(\hat\phi)} \to \frac{(1/2)[W(1)^2 - 1]}{\sqrt{\int_0^1 W(i)^2 \mathrm{d}i}},$$

这里 $W(i)$ 是 Wiener 过程. $t_{\hat\phi-1}$ 和 $t_{\hat\phi}$ 都可以作为检验统计量.

原始的 DF 检验. 检验统计量对于 (5.1)、(5.2) 和 (5.3) 三种情况分别用 $\hat\tau_{nc}$ (没有常数)、$\hat\tau_c$ (没有趋势) 和 $\hat\tau_{ct}$ (有趋势) 来表示, Fuller(1976) 及 Dickey and Fuller (1981) 给出了下面的单位根检验的渐近临界值.

检验统计量	1%	5%	10%
$N(0,1)$	-2.33	-1.645	-1.128
$\hat\tau_{nc}$	-2.56	-1.94	-1.62
$\hat\tau_c$	-3.43	-2.86	-2.57
$\hat\tau_{ct}$	-3.96	-3.41	-3.13

ADF 检验

在 (5.1)、(5.2)、(5.3) 中, 如果误差项 w_t 系列相关 (X_t 为 AR(p)), 就需要 ADF 检验. 本质上就是把 DF 回归扩展到滞后的差分项.

对于 (5.3), AR(p) 有下面类型:

$$\nabla x_t = \mu + \beta t + \gamma x_{t-1} + \sum_{j=1}^{p-1} \psi_j \nabla x_{t-j} + w_t,$$

这里

$$\gamma = \sum_{j=1}^{p} \phi_j - 1,$$
$$\psi_j = -\sum_{i=j+1}^{p} \phi_i \ (j = 1, \cdots, p).$$

我们能够用 ∇x_t 对 $\nabla x_{t-1}, \nabla x_{t-2}, \cdots, \nabla x_{t-p+1}$ 的回归估计 $\hat\gamma$ 来检验 $H_0: \gamma = 0$, 并形成 Wald 统计量, 这就是 ADF 检验, 检验统计量为

$$\frac{\hat\gamma - 0}{\text{SE}(\hat\gamma)}.$$

一般地，AR(p) 过程能够重新写成下面形式:

$$\nabla x_t = \gamma x_{t-1} + \sum_{j=1}^{p-1} \psi_j \nabla x_{t-j} + w_t,$$

这里

$$\gamma = \sum_{j=1}^{p} \phi_j - 1,$$

$$\psi_j = -\sum_{i=j+1}^{p} \phi_i \ (j=1,\cdots,p).$$

例如，AR(2) 过程能够为

$$x_t = \phi_1 x_{t-1} + \phi_2 x_{t-2} + w_t$$
$$\Rightarrow \nabla x_t = (\phi_1 + \phi_2 - 1)x_{t-1} - \phi_2 \nabla x_{t-1} + w_t$$
$$\Rightarrow \nabla x_t = \gamma x_{t-1} + \psi_1 \nabla x_{t-1} + w_t, \text{ 这里 } \gamma = \phi_1 + \phi_2 - 1, \psi_1 = -\phi_2.$$

在 H_0 下，$\phi_1 + \phi_2 = 1, \phi_1 + \phi_2 < 1$ 为 AR(2) 平稳的一个必要条件. 检验为 $H_0 : \gamma = 0 \Leftrightarrow H_1 : \gamma < 0$.

单位根检验会有势 (拒绝错误零假设的概率) 和显著性水平 (拒绝正确零假设的概率) 问题:

- 在下面三种情况下势 (拒绝错误零假设的概率) 很弱: (1) 小样本时; (2) ϕ 接近 1 时; (3) 模型不准确时. 因此不能拒绝 H_0 并不能很强地支持零假设.
- 显著性水平可能会受到没有采用的滞后项的长度或使用错误的检验方程的影响.

通常可以采用的应对方法包括:
- ADF 检验滞后项长度可以用几种方法选择: (1) 利用诸如 AIC 或 SC (Schwarz Criteria); (2) 选择大的滞后阶数，然后利用标准正态分布来检验最后一个自回归系数，如果不能拒绝零假设，则逐步 (每次一个) 减少滞后阶数重复检验; (3) 利用不同的 p, 看 ADF 检验是否稳健; (4) 选择使得误差项为近似白噪声的最小的 p.
- 对于确定性成分的选择: 点出序列图，看其是否像简单的白噪声，可利用常数项回归. 如果看上去像有漂移的白噪声，则用常数和趋势项回归.

下面使用例5.1数据来做 ADF 检验, 输入数据并对货币流通速度序列 (vel) 及其差分做 ADF 检验的代码为

```
library(urca)
data(nporg, package="urca")
vel <- na.omit(nporg[, "vel"])
vel <- ts(vel, start=1869, freq=1)
library(tseries)
adf.test(vel,alt="stationary")
adf.test(diff(vel),alt="stationary")
```

输出为

```
> adf.test(vel,alt="stationary")

Augmented Dickey-Fuller Test

data: vel
Dickey-Fuller = -1.73, Lag order = 4, p-value = 0.69
alternative hypothesis: stationary

> adf.test(diff(vel),alt="stationary")

Augmented Dickey-Fuller Test

data: diff(vel)
Dickey-Fuller = -5.44, Lag order = 4, p-value = 0.01
alternative hypothesis: stationary

Warning message:
In adf.test(diff(vel), alt = "stationary") :
p-value smaller than printed p-value
```

第一个检验的 p 值 $= 0.69$, 不能拒绝存在单位根的 H_0, 而第二个 p 值 < 0.01, 能够拒绝 H_0, 这表明 ∇X_t 是平稳的, 或者 X_t 为 $I(1)$.

PP 检验

PP 检验 (Phillips and Perron, 1988) 是另一种单位根检验, 它和 DF 检验的主要不同在于如何处理序列相关和误差项的异方差性. DF 检验对随机扰动的假定是独立同分布, 但实际问题中常常违背对扰动项的这一假定. 尤其当估计模型的 DW 值偏离 2 较大时, 说明扰动项之间存在序列相关. 这时可进行 PP 检验.

仍以 AR(1) 模型为例, 检验步骤为: 首先用最小二乘法得到回归系数和残差估计, 计算残差序列的样本自协方差; 然后计算系数估计量的标准差和残差的估计方差; 接下来将计算结果代入 PP 统计量的表达式, 该表达式是对 DF 统计量的修正; 查临界值并进行比较, 最后做出推断. Phillips and Perron(1988) 已经证明, 修正的 PP 检验统计量的极限分布与 DF 检验中对应情形的极限分布相同, 从而可使用 DF 检验的临界值表进行判断.

PP 检验的一个很大的优点是它是非参数的, 不需要像 ADF 那样选择序列相关阶数. 它采用与 DF 测试相同的估计方案, 但是对自相关和异方差进行修正.

PP 检验的主要缺点在于它是基于渐近理论的, 而且它也有 ADF 检验的缺点, 比如对于 AR 模型的偏离比较敏感. 小样本时往往造成有单位根的结论.

最好同时进行几个不同的检验 (包括后面马上要引入的 KPSS 检验) 并且看是否结果一致, 否则需要核对模型是否合适.

再用例5.1做 PP 检验. 在软件包 tseries 中的函数 pp.test() 可以做 PP 检验, 其 p 值也是用 Banerjee et al. (1993) 方法获得的. 下面代码对 vel 及其差分分别做检验:

```
data(nporg, package="urca")
vel <- na.omit(nporg[, "vel"])
library(tseries)
pp.test(vel,alt="stationary")
pp.test(diff(vel),alt="stationary")
```

得到的结果是第一个检验的 p 值等于 0.7695, 因此不能拒绝有单位根的零假设, 而第二个检验的 p 值小于 0.01, 因此可以拒绝零假设, 认为差分之后为平稳的序列. 这和 ADF 检验结果类似, 即货币流通速度序列属于 $I(1)$. Monte Carlo 模拟表明, PP 检验在 MA 成分中有大的负值时可能会出现过分拒绝零假设[①]的问题.

5.2.2 KPSS 检验

Kwiatkowski et al.(1992) (KPSS 为 4 个作者名字的缩写) 发展了和 DF 检验不同的单位根检验, 其零假设或者是平稳的, 或者是趋势平稳的. 考虑

$$X_t = \alpha + \beta t + \gamma \sum_{j=1}^{t} z_j + w_t$$
$$= \alpha + \beta t + \gamma z_t + w_t, t = 1, \cdots, T$$

[①] 这里所谓的 "过分拒绝" 为不该拒绝时拒绝的意思.

这里 $\{w_t\}$ 为平稳过程, 而 $\{z_j\}$ 为 iid 平稳序列, 仅仅为了方便, 假定 $\{z_j\}$ 有均值 0 和方差 1[①].

如果 $\gamma = 0$, 那么序列在 $\beta = 0$ 时是平稳的, 在 $\beta \neq 0$ 时是趋势平稳的. 由 z_t 的形式可知, 它是非平稳的, 方差随 t 变化, 差分后可平稳, 因而, 如果 $\gamma \neq 0$, 序列 $\{X_t\}$ 是不平稳的.

不同于 DF 检验, KPSS 检验的零假设为 $H_0: \gamma = 0$, 但有两种. 一种是平稳: $\gamma = 0, \beta = 0$; 另一种是趋势平稳: $\gamma = 0, \beta \neq 0$. KPSS 检验的备选假设为 $\gamma \neq 0$. 在零假设下, α, β 由 OLS 估计, 令 $e_t = x_t - a - bt$ 为残差, 部分和序列为

$$E_t = \sum_{i=1}^{t} e_t, \ t = 1, \cdots, T,$$

注意 $E_T = 0$. KPSS 统计量为

$$\text{KPSS} = \frac{\sum_{i=1}^{T} E_i^2}{T^2 \hat{\sigma}^2},$$

这里

$$\hat{\sigma}^2 = \frac{\sum_{i=1}^{T} e_i^2}{T} + 2 \sum_{j=1}^{L} \left(1 - \frac{j}{L+1} r_j\right) \ \text{及} \ r_j = \frac{\sum_{s=j+1}^{T} e_s e_{s-j}}{T},$$

这里 L 表示滞后阶数, 由分析者选择确定. 如果 w_t 为正态分布, KPSS 为 LM(score) 统计量[②].

在软件包 tseries 中的函数 kpss.test() 可以做 KPSS 检验. 下面代码对 vel 及其差分分别做零假设为平稳 ("Level") 和趋势平稳 ("Trend") 的检验:

```
data(nporg, package="urca")
vel <- na.omit(nporg[, "vel"])
library(tseries)
kpss.test(vel,null="Level")
kpss.test(vel,null="Trend")
kpss.test(diff(vel),null="Level")
kpss.test(diff(vel),null="Trend")
```

输出为 (稍微做了编辑和说明):

```
#第一个检验: data:  vel
```

---

① 因为非零均值可融入 α, 而非单位方差可被 γ 吸收.
② 拉格朗日乘数 (Lagrange Multiplier, LM) 检验统计量.

```
KPSS Level = 2.6659, Truncation lag parameter = 2, p-value = 0.01
#有实际的p值比上面输出的p-value要小的警告信息

#第二个检验: data:  vel
KPSS Trend = 0.7051, Truncation lag parameter = 2, p-value = 0.01
#有实际的p值比上面输出的p-value要小的警告信息

#第三个检验: data:  diff(vel)
KPSS Level = 0.5773, Truncation lag parameter = 2, p-value =0.0247

#第四个检验: data:  diff(vel)
KPSS Trend = 0.0367, Truncation lag parameter = 2, p-value = 0.1
#有实际的p值比上面输出的p-value要大的警告信息
```

这个输出表明: 第一个检验的 p 值小于 0.01, 说明该序列不是平稳的. 而第二个检验的 p 值也小于 0.01, 说明该序列不是趋势平稳的. 对差分检验的第一个 p 值小于 0.0247, 说明原序列差分不是平稳的. 对差分检验的第二个 p 值大于 0.1, 不能拒绝原序列差分是趋势平稳的. 这个结果说明原序列至少是 $I(1)$, 而差分可能是 $I(1)$ 的, 因此原序列是 $I(2)$ 单整的.

根据前面 ADF 检验及 PP 检验的结果, 货币流通速度序列 vel 是 $I(1)$ 单整的, 和本小节结果有矛盾. 一般认为, KPSS 检验要优于 DF 检验, 所以我们认为应该得出货币流通速度序列 vel 属于 $I(2)$ 的结论. 实际上, 如果用前面提到过的程序包 forecast 中的 auto.arima() 函数拟合这个序列, 其假定的模型为 ARIMA(0, 2, 1), 这也说明序列可能是 2 阶单整 ($I(2)$) 的.

第 6 章 长期记忆过程: ARFIMA 模型

长期记忆过程描述的是时间序列的自相关函数收敛很慢的一类过程, 指序列过去的某一时刻的冲击会持续影响到未来很长一段时间. 1950 年前后, 很多学者开始注意到数据呈现出的长期记忆的特征, 如自然科学领域中一些水文地理学序列和气候学序列均表现出长记忆特征. 1980 年前后, 计量经济学家开始将这一过程应用于经济领域时序分析. 近几十年来, 人们发现很多金融序列具有长期记忆性, 这也引发了人们对长期记忆过程的研究热潮. 从 ARFIMA(自回归分数整合移动平均) 到 FIGARCH(分数整合自回归条件异方差) 模型, 人们对长期记忆过程的探索也越来越深入. 本章以 ARFIMA 过程为例, 展示一类非常重要的长期记忆过程的处理方法.

6.1 介于 $I(0)$ 及 $I(1)$ 之间的长期记忆序列

回顾关于尼罗河流量的例3.2. 可以使用两种模型来拟合该数据, 一种是 ARMA(1, 12), 而另一种是 ARIMA(1, 1, 1). 第一种模型太复杂, 在 MA 部分涉及 12 个系数, 而且拟合也不那么理想; 而第二种在差分后为 ARMA(1,1), 似乎简单些, 但它是 $I(1)$ 过程, 也不尽人意, 一个系数的估计绝对值几乎等于1(那里的 $\hat{\theta}_1 = 0.9054$). 这是什么原因呢? 到底该序列是 $I(0)$ 还是 $I(1)$ 呢? 现在可以使用 ADF 单位根检验及 KPSS 检验来试图寻求答案. 为此使用下面代码:

```
data(Nile,package="datasets")
library(tseries)
adf.test(Nile,alt="stationary")
kpss.test(Nile,null="Level")#<0.01, 不是level
kpss.test(Nile,null="Trend")#<0.01, 不是trend
```

得到的 ADF 检验结果为 p 值等于 0.0642. 如果按照 0.05 的显著性水平, 应该不拒绝零假设, 但 ADF 检验的低效率是著名的, 因此, 这似乎在平稳和不平稳之间, 或者说在

$I(0)$ 及 $I(1)$ 之间. 而对于零假设为 $I(0)$ 的 KPSS 检验, p 值小于 0.01, 因此又不是平稳的; 对于零假设为趋势平稳的 KPSS 检验, p 值也小于 0.01, 所以也不是趋势平稳. 再用下面代码画出从滞后 1 期开始直到 100 期的 acf 图 (图6.1).

```
v=acf(Nile,100);plot(v[2:500])
```

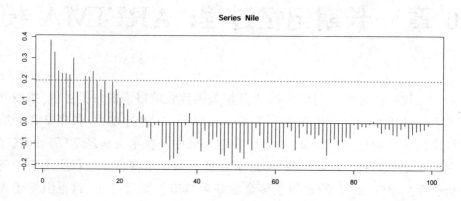

图 6.1 例3.2尼罗河流量的 1~100 期滞后的 acf 图

图6.1显示出该序列的自相关系数收敛得很慢. 一般地, 如果存在常数 $0 < d < 0.5$, 使得当 $h \to \infty$ 时,

$$\rho(h) \sim ch^{2d-1},$$

其中 c 为常数, 即 $\rho(h)$ 与 h^{2d-1} 成比例, 此时

$$\sum_{-\infty}^{\infty} |\rho(h)| = \infty,$$

我们说该序列为长期记忆过程.[①] 这个过程与我们常见的 ARMA(p, q) 过程不同, 一般的 p 和 q 是有限的 ARMA(p, q) 过程的自相关函数图呈现几何递减趋势, 这样的序列称为只有短期记忆.

对于例3.2尼罗河流量数据来说, 它的自相关函数表现出长期记忆性质, 平稳性检验介于 $I(0)$ 及 $I(1)$ 之间. 该如何分析呢? 如果使用一般的 ARIMA(p, d, q) 模型, 那么 d 取整数 1 太大, 取 0 又似乎小了. 能不能取分数呢? 答案是肯定的, 这就是下面要介绍的 ARFIMA 模型.

---
① 此处给出的是基于自相关函数的长期记忆过程的定义, 也有教材上给出的是基于频谱的定义, 两者等价.

6.2 ARFIMA 过程

带有均值 μ 的**自回归分数整合移动平均** (autoregressive fractionally integrated moving average) 模型 (即 ARFIMA 模型或分数 ARIMA 模型) ARFIMA(p,d,q) 定义为

$$\phi(B)(1-B)^d(X_t-\mu)=\theta(B)w_t,$$

这里 w_t 为白噪声, 而

$$\phi(B)=1-\phi_1 B-\cdots-\phi_p B^p,$$
$$\theta(B)=1+\theta_1 B+\cdots+\theta_q B^q,$$

$(1-B)^d=\nabla^d$ 为分数差分算子, 定义为

$$(1-B)^d=\sum_{j=0}^{\infty}\frac{\Gamma(j-d)B^j}{\Gamma(-d)\Gamma(j+1)},$$

这里 Γ 为 Gamma 函数 (广义阶乘). [①] 模型中的 d 可以是任何实数值. 当 d 为整数时, 该模型为 ARIMA 模型. 一般地, 我们把 d 叫作记忆参数.

该过程也可以写成

$$(X_t-\mu)=(1-B)^{-d}\frac{\theta(B)}{\phi(B)}w_t\equiv\psi(B)w_t=\sum_{j=0}^{\infty}\psi_j w_{t-j},$$

或者

$$w_t=(1-B)^d\frac{\phi(B)}{\theta(B)}(X_t-\mu)\equiv\pi(B)(X_t-\mu)=\sum_{j=0}^{\infty}\pi_j X_{t-j}.$$

为进一步弄清楚 ARFIMA 模型的性质, 考虑最简单的情况 $(|d|<1)$ (AR(∞) 过程)

$$w_t=(1-B)^d X_t=\sum_{j=0}^{\infty}\pi_j B^j X_t=\sum_{j=0}^{\infty}\pi_j X_{t-j},$$

[①] Gamma 函数定义为 $\Gamma(x)=\int_0^{\infty}e^{-t}t^{x-1}dt$, 它满足 $\Gamma(\alpha+1)=\alpha\Gamma(\alpha)$. 对整数 n, $\Gamma(n)=(n-1)!$, 因此称为广义阶乘.

这里 $\{\pi_j\}$ 为二项式展开系数

$$\pi_j = \frac{\Gamma(j-d)B^j}{\Gamma(-d)\Gamma(j+1)}.$$

这个关系也可以写成 (MA(∞) 过程)

$$X_t = (1-B)^{-d}w_t = \sum_{j=0}^{\infty}\pi_j B^j w_t = \sum_{j=0}^{\infty}\psi_j w_{t-j},$$

这里系数 $\{\pi_j\}$ 为

$$\psi_j = \frac{\Gamma(j+d)B^j}{\Gamma(d)\Gamma(j+1)}.$$

不难发现, 当 d 取不同值时, 序列表现出不同的特征. Brockwell and Davis(1991) 证明了当 $|d| < 0.5$ 时, 上面的 AR(∞) 和 MA(∞) 过程都是平稳的, 系数满足 $\sum \pi_j^2 < \infty$ 及 $\sum \psi_j^2 < \infty$. 并且, 对于 $d \in [0, 0.5)$, 在 $h \to \infty$ 时, acf $\rho(h)$ 呈双曲型递减趋势. 这和较快的有"短期记忆"的几何型递减的 ARMA 过程形成鲜明对照. 当 $d \in (0, 0.5)$ 时, $\sum_{-\infty}^{\infty}|\rho(h)| = \infty$, 这表明了长期记忆性质. 更确切地说, 人们总结出下面的规律.

- 一般来说, 当 $\phi(B)$ 及 $\theta(B)$ 的根都在单位圆外而且 $|d| < 0.5$ 时, 过程 $\{X_t\}$ 为平稳且可逆. 而当 $d \geqslant 0.5$ 时, 过程不平稳, 因为它有无穷方差.
- 对于 $d \in (0, 0.5)$, 当 $n \to \infty$ 时, $\sum_{j=-n}^{n}|\rho(j)|$ 发散, ARFIMA 过程呈**长期记忆** (long memory) 或**长期正相倚** (long-range positive dependence).
- 对于 $d \in (-0.5, 0)$, ARFIMA 过程呈抗持久的 (anti-persistence) **中等记忆** (intermediate memory) 或**长期负相倚** (long-range negative dependence).
- 对于 $d = 0$, 过程呈**短期记忆** (short memory), 相应于 ARMA 模型.
- 对于 $d \in [0.5, 1)$, 过程称为**均值还原过程** (mean reverting process), 序列并不平稳, 方差无穷大, 且包含单位根过程. 这类过程虽不平稳, 但对未来的更新没有长期影响.

如果一个序列呈现长期记忆, 那么它既不是平稳的 $I(0)$ 过程, 也不是单位根 $I(1)$ 过程. 它是一个 $I(d)$ 过程, 这里 d 是一个实数.

关于长期记忆过程的检验, 一些学者采用**重新标度极差** (Rescaled-Range) 统计量进行分析 (即 R/s 分析方法). 该分析方法主要利用时序的全距与标准差之间的关系建立统计量, 通过假设检验的思想得到结果. 但 R/s 分析方法存在一定局限, 它对时间序列当中的短程记忆非常敏感. 而后人们修正了 R/s 方法, 并利用其与 Hurst 指数的

关系得到对于 d 的估计. 因为后续出现了很多 d 的估计方法, 故这里不展开论述.

6.3 参数 d 的估计

处理 ARFIMA 过程的一个关键是估计 d. d 的求解方法很多, 人们基于时域和频率域给出了很多半参数的求解方法. 如时域分析的最大似然法 (Haslett and Raftery, 1989), 频率域分析的 Geweke 及 Porter-Hudak 估计 (Geweke and Porter-Hudak, 1983), Sperio 估计 (Reisen, 1994) 等. 下面介绍几种估计方法, 有兴趣的读者可以参见 Baillie (1996). 这部分内容涉及谱分析的知识, 请参看后面有关章节.

6.3.1 参数 d 的估计: 平稳序列情况

下面考虑 ARFIMA 模型 $\phi(B)(1-B)^d(X_t - \mu) = \theta(B)w_t$, $d \in (-0.5, 0.5)$, $w_t \sim wn(0, \sigma_w^2)$ 是平稳和可逆的, 而它们的谱密度函数 $f_X(\nu)$ 为

$$f_X(\nu) = f_U(\nu)(2\sin(\nu/2))^{-2d}, \ \nu \in [-\pi, \pi] \tag{6.1}$$

这里 $f_U(\nu)$ 为 ARMA(p, q) 过程 $U_t = (1-B)^d X$ 的谱密度函数.

Geweke and Porter-Hudak (1983): GPH 估计量

考虑谐波频率 $\nu_j = 2\pi j/n$, $j = 0, 1, \cdots, [n/2]$, 这里的 n 是样本量. 取谱密度函数 $f_X(\cdot)$ 的对数并在方程 (6.1) 两边加上 $\ln f_U(0)$ 和 $\ln I(\nu_j)$, 这里 $I(\cdot)$ 是在 Fourier 频率 ν_j 的周期图, 我们有

$$\ln I(\nu_j) = \ln f_U(0) - d \ln \left[2\sin\left(\frac{\nu_i}{2}\right)\right]^2 + \ln\left\{\frac{f_U(\nu_i)}{f_U(0)}\right\} + \ln\left\{\frac{I(\nu_i)}{f_X(\nu_i)}\right\} \tag{6.2}$$

这里 $f_U(0)$ 为常数. 假定在低频时可以忽略 $\ln \frac{f_U(\nu_i)}{f_U(0)}$, 还假定 $\ln \frac{I(\nu_i)}{f_X(\nu_i)}$ 为渐近独立同分布的误差项.

参数 d 的估计为

$$\text{GPH} = -\frac{\sum_{j=1}^{g(n)}(x_j - \bar{x})(y_j - \bar{y})}{\sum_{j=1}^{g(n)}(x_j - \bar{x})^2}, \tag{6.3}$$

这里
$$g(n) = n^\alpha, 0 < \alpha < 1,$$
$$y_j = \ln I(\nu_j),$$
$$x_j = \ln(2\sin(\nu_j/2))^2,$$
$$\bar{x} = \frac{1}{g(n)} \sum_{j=1}^{g(n)} x_j.$$

Sperio 估计 (Reisen, 1994): SPR 估计量

用具有 Parzen 滞后窗口

$$w_{\tau,m} = \begin{cases} 1 - 6\tilde{\tau}^2 + 6|\tilde{\tau}|^3, & |\tau| \leqslant m/2 \\ 2(1-\tilde{\tau})^3, & m/2 < |\tau| \leqslant m \\ 0, & |\tau| > m \end{cases}$$

的平滑了的周期图函数 $f_s(\cdot)$ 来代替式 (6.2) 中的谱密度函数, 可得到回归估计量 SPR. SPR 实际上有如 (6.3) 那样的表达式, 只是现在 $y_j = \ln f_s(\nu_j)$, $j = 1, \cdots, g(n)$. 而 $g(n)$ 的值和 GPH 方法的相同.

Robinson (1995): GPHt 估计量

GPHt 为 $\ln[I(\nu_j)]$ 对 $\ln(2\sin(wj/2))^2$ $(j = \ell, \ell+1, \cdots, g(n))$ 回归的估计, 这里 ℓ 是低截断点. 按照渐近理论, ℓ 和 $g(n)$ 都随着 n 趋于无穷, 但较慢, 而且有 $\ell/g(n) \to 0$.

Fox and Taqqu (1986): FT 估计量

统计量 FT 和下面函数有关:

$$Q(\eta) = \int_{-\pi}^{\pi} \frac{I(\nu)}{f_X(\nu;\eta)} d\nu,$$

这里 $f_X(\cdot;\eta)$ 为 $\{X_t\}$ 的谱密度函数, η 表示未知参数向量. FT 估计量为使得函数 $Q(\cdot)$ 最小的 η 值. 如果 $p = q = 0$, 则 η 为 d 值.

为计算方便, 函数

$$\mathcal{L}_n(\eta) = \frac{1}{2n} \sum_{j=1}^{n-1} \left\{ \ln f_X(\nu_j; \eta) + \frac{I(\nu_j)}{f_X(\nu_j; \eta)} \right\}$$

为 $Q(\cdot)$ 的一个近似, 而 $\nu_j (j = 1, \cdots, n-1)$ 为 Fourier 频率.

Velasco (1999): MGPH 估计量

MGPH 估计量是在 (6.2) 中用 j 代替 $2\sin\left(\frac{\nu_j}{2}\right)$, 并把 $I(\nu_j)$ 修改成

$$I(\nu_j) = \frac{1}{2\pi \sum_{t=0}^{n-1} g(t)^2} \left| \sum_{t=0}^{n-1} g(t) y_t e^{-i\nu_j t} \right|$$

以及

$$g(t) = \frac{1}{2}\left[1 - \cos\left(\frac{2\pi(t+0.5)}{n}\right)\right].$$

6.3.2 参数 d^* 的估计: 非平稳 ARFIMA(p, d^*, q) 情况

令 $\{\tilde{X}_t\}$ 为一个 ARFIMA$(0, d^*, 0)$ 过程, 这里 $d^* = d + r$, 而且 $d \in (0.0, 0.5)$ 及 $r > 0$. 因此有

$$Y_t = (1-B)^r \tilde{X}_t,$$

这样 $\{Y_t\}$ 为 ARFIMA$(0, d, 0)$ 过程. 时间序列 $\{Y_t\}_{t=1}^n$ 是由 Hosking (1984) 建议的方法模拟的, 使得 $\varepsilon \sim N(0, \sigma_\varepsilon^2)$. 过程 $\{\tilde{X}_t\}$ 是通过代数形式 $\tilde{X}_t = (1-B)^{-r} Y_t (t \in \mathcal{N} - \{0\})$ 得到的, 这里 $\tilde{X}_1 = Y_1$.

模拟 ARFIMA(p, d^*, q) 的过程包括 $\{\tilde{X}_t\}$ 过程中的自回归和移动平均成分.

由于不平稳, 过程 $\{\tilde{X}_t\}$ 没有谱密度函数. 然而, 可以看出, 函数 $f_{\tilde{X}}(\cdot)$ 类似于 (6.1) 的表达式, 它在确定周期图函数的一些统计特性时起到通常由谱密度函数所起的作用.

6.4 ARFIMA 模型拟合例3.2尼罗河流量数据

对于例3.2尼罗河流量序列, ADF 检验、KPSS 检验以及 acf 点图都表明该序列可能介于 $I(0)$ 及 $I(1)$ 之间. 因此可以试用 ARFIMA$(1, d, 1)$ 模型来拟合. 首先要估计其

参数值 d. 这里我们使用程序包 fracdiff[①]中的若干函数. 代码如下:

```
library(fracdiff)
(x.fd = fracdiff(Nile, nar=1, nma=1, M=30))
x.fd$stderror.dpq
```

得到对 d 的估计为 0.446 594 3, 同时也得到 AR 及 MA 的系数 $\phi_1 = 0.655\,882\,4, \theta_1 = 0.809\,179\,0$, 而这三个估计量的标准误差为 0.008 927 871, 0.152 341 696, 0.116 094 240. 因此, 这个数据可能更适合于 ARFIMA(1, 0.447) 模型.

为了比较残差, 我们得到对 ARFIMA(1,0.447,1) 的残差做广义方差检验和 Ljung-Box 检验的 p 值图及 acf 图 (图6.2上), 以及对 ARIMA(1,1,1) 的残差做相应检验的 p 值图及 acf 图 (图6.2下, 这个图在图3.9 中出现过). R 代码为:

```
res.fd = diffseries(Nile, d=x.fd$d)
r.arima=arima(Nile,c(1,1,1))$res

library(portes)
par(mfrow=c(2,3))
plot(gvtest(res.fd,1:60,order=2.45)[,4],ylim=c(0,1),pch=16,
main="Generalized variance tests for ARFIMA(1,0.447,1)",ylab="p-value")
abline(h=0.05,lty=2)
plot(LjungBox(res.fd,1:60,order=2.45)[,4],ylim=c(0,1),pch=16,
main="Ljung-Box tests for ARFIMA(1,0.447,1)",ylab="p-value")
abline(h=0.05,lty=2);acf(res.fd,60, ylim=c(-.2,.2),main="")
title("Residuals from ARFIMA(1,0.447,1) fitting Nile Series")
plot(gvtest(r.arima,1:60,order=3)[,4],ylim=c(0,1),pch=16,
main="Generalized variance tests for ARIMA(1,1,1)",ylab="p-value")
abline(h=0.05,lty=2)
plot(LjungBox(r.arima,1:60,order=3)[,4],ylim=c(0,1),pch=16,
main="Ljung-Box tests for ARIMA(1,1,1)",ylab="p-value")
abline(h=0.05,lty=2);acf(r.arima, 60,ylim=c(-.2,.2),main="")
title("Residuals from ARIMA(1,1,1) fitting Nile Series")
```

从图6.2看不出来用 ARIMA 和 ARFIMA 拟合所得到的残差有多么大的区别. 这可能说明, 模型与其所猜想的数据真实背景之间的距离远大于模型和模型之间的微小差距. 我们的单位根检验假定了产生数据的机制, ARIMA 及 ARFIMA 模型也假定了产生数据的机制, 而永远没有人能够知道真实的产生数据的机制和这些人为假定的数学模型之间有多么大的距离.

[①] S original by Chris Fraley, U.Washington, Seattle. R port by Fritz Leisch at TU Wien; since 2003-2012: Martin Maechler; fdGPH, fdSperio, etc by Valderio Reisen and Artur Lemonte (2012). fracdiff: Fractionally differenced ARIMA aka ARFIMA(p,d,q) models. R package version 1.4-2. http://CRAN.R-project.org/package=fracdiff

6.4 ARFIMA 模型拟合例3.2尼罗河流量数据

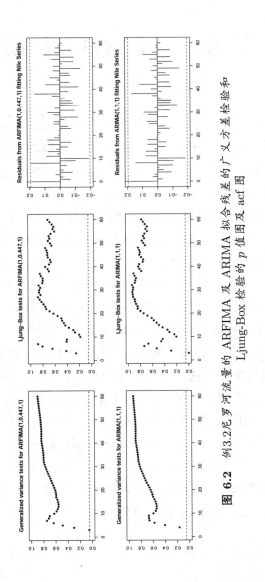

图 6.2 例3.2尼罗河流量的 ARFIMA 及 ARIMA 拟合残差的广义方差检验和 Ljung-Box 检验的 p 值图及 acf 图

第 7 章 GARCH 模型

本章要介绍的 GARCH(广义自回归条件异方差, generalized autoregressive conditional heteroskedasticity) 模型是用于刻画波动率的一类模型. 现实世界中, 常常碰到一些经济或金融市场的时间序列表现出某些特征成群出现的状况. 通俗地说, 序列的较大的波动后面伴随着较大的波动, 而较小的波动后面伴随着一些较小幅度的波动. 序列的这些特征 "集群" 出现, 同时序列的方差随时间变化发生了改变. 这时候要考虑使用波动率模型. 字面上, GARCH 缩写中的异方差 (heteroskedasticity) 意思是方差随时间而变 (time-varying variance) 或波动 (volatility)①. 条件 (conditional) 意味着依赖于最近的历史观测值, 而自回归 (autoregressive) 描述了把过去的观测值结合进现在观测值的反馈机制. GARCH 模型使用过去的方差和过去的观测值来预测未来的方差.

Campbell, Lo, and MacKinlay (1997, p.481) 认为 "使用基于波动并不随时间改变的假定下的波动测度在逻辑上是不一致的, 在统计学上也是低效的".

GARCH 类模型因为集中描述了方差变化的特点而被广泛应用于金融时序的刻画. 特别要提到的是, ARCH 模型是 2003 年获得了诺贝尔奖的计量经济学成果之一, 这也在很大程度上推动了 GARCH 类模型近年来在理论研究和应用层面的发展.

GARCH 模型由 ARCH(autoregressive conditionally heteroscedastic) 模型推广而来, 所针对的是计量经济学和金融学的问题, 关注的是时间序列的方差.

在计量经济学和金融学中, 人们关注的或者是自从前一个时间以来回报 (收益) 或者损失的比例 $y_t = (x_t - x_{t-1})/x_{t-1}$, 或者是

$$\ln(x_t/x_{t-1}) = \ln(x_t) - \ln(x_{t-1}) = \nabla(\ln(x_t)).$$

事实上, ARCH 模型能够用于任何具有方差增减周期的序列. 这可能是一个 ARIMA 模型拟合数据之后的残差所具有的性质.

---

① 时间序列的方差如果是常数, 称为不变方差 (homoskedastic).

7.1 时间序列的波动

这里要考虑的第一种情况是给定时间序列 $\{X_t\}$, 在通过诸如 ARIMA 模型等拟合方法之后, 去掉序列可能存在的趋势成分、季节成分以及一些短期线性效果, 最终剩余一个序列, 用 $\{e_t\}$ 表示, 即随机扰动的成分. 这时的 $\{e_t\}$ 按照经典的时间序列假定, 人们希望它是没有序列相关而且是等方差的, 如果是白噪声序列当然更好. 然而, 真实的结果往往不是这样的. 注意这里的 $\{e_t\}$ 是不可观测的, 一般用残差来表示, 下面用例1.1的数据说明这一点.

考察例1.1美国工业生产增长指数的数据. 图7.1的左图为该序列 (用 $\{X_t\}$ 表示) 取对数后的点图, 而图7.1的右图为回报率 ($\nabla[\ln(X_t)]$) 的点图.

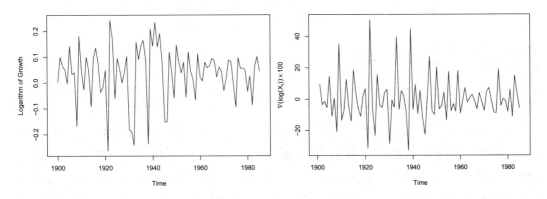

图 7.1 例1.1序列取对数的点图和回报率 $\nabla[\ln(X_t)]$ 的点图

该图是由下面代码生成的:

```
w=read.csv("sf.csv")
g=ts(na.omit(w[,5]),start=c(1900,1),freq=1)
r.g=diff(log(g))*100
par(mfrow=c(1,2))
plot(log(g), ylab="Logarithm of Growth")
plot(r.g, ylab=expression(nabla(log(X[t]))%*%100))
```

此时, 如果把显示在图7.1(右) 的回报率 $\{\nabla[\ln(X_t)]\}$ 当成待分析的时间序列, 再用 ARIMA(3,0,0) 模型拟合这个序列, 则其残差序列 (可以用 $\{e_t\}$ 表示) 展示在图7.2中. 该残差序列并没有表现出序列相关性, 这可以用广义方差检验和 Ljung-Box 检验等混成检验来考察. 虽然如此, 但 $\{e_t\}$ 的方差的**波动** (volatility) 很大, 呈现我们前面提到的波动集聚效应. 这说明, 通常时间序列的关于误差项方差不变的假设不成立. 这里, 残

差项 $\{e_t\}$ 本身的波动往往比原始时间序列更令人感兴趣,因为其反映了复杂的经济现象的一些特点.

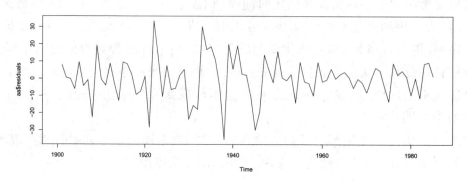

图 7.2　例1.1美国工业生产增长指数序列 $\{\nabla[\ln(X_t)]\}$ 拟合 ARIMA$(1,0,1)(1,0,0)_{12}$ 的残差

图7.2是由下面代码实现的:

```
aa=arima(r.g, order = c(3,0,0))
plot(aa$residuals)
```

进一步分析,给出该残差序列的分布图,并将其与标准正态分布曲线对比,给出图7.3. 图中实线表示序列 $\{\nabla[\ln(X_t)]\}$ 拟合 ARIMA$(3,0,0)$ 的残差的分布密度,虚线表示随机生成的与该序列等长的正态分布的密度曲线. 不难发现,与正态分布密度相比,残差序列呈现出"尖峰厚尾"的特征. 更多的分析也验证了这个特征与波动集聚效应一样,可以作为我们采用 GARCH 模型的指示原则.

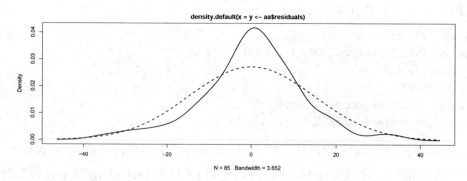

图 7.3　例1.1美国工业生产增长指数序列 $\{\nabla[\ln(X_t)]\}$ 拟合 ARIMA$(3,0,0)$ 的残差的分布

事实上很多序列拟合模型后的残差序列都有这样的特点. 而后我们尝试建立 GARCH

7.1 时间序列的波动

模型对残差序列进行拟合. 这样的分析过程也决定了 GARCH 模型经常配合其他的模型, 例如, 利用 AR 模型、MA 模型和 ARIMA 模型对原始序列建模之后, 再使用 GARCH 类模型对残差进一步建模, 得到残差方法的均值和条件方差的估计.

图7.3是由下面代码实现的:

```
plot(density(y<-residuals(a)),lty =1, lwd = 2,)
z<-rnorm(length(r.v1),0,1)
curve(dnorm(z,mean(r.v1),sd(r.v1)),
  xname='z',col=1,lty=2,lwd=2,add=TRUE)
```

在前面例子中, 回报率作为原始序列来拟合, 其残差的波动是我们感兴趣的. 这里要考虑的第二种情况是, 感兴趣的不是残差的波动, 而是回报率序列 $\{r_t\}$ 本身的波动. 和残差不同, 这是可以观测的. 下面就是说明这个问题的例子.

例 7.1 美元对欧元汇率 (DEXUSEU.csv). 该数据为美元对欧元汇率 (U.S./Euro Foreign Exchange Rate), 是从 2013 年 3 月 12 日到 2015 年 10 月 7 日的逐日数据, 单位为美元/欧元.[①] 这类问题中, 除了关注汇率变化, 我们往往更关注回报率问题. 回报率定义为 $r_t = \nabla(\ln X_t)$. 类似的很多股指期货问题中也用同样的取对数然后差分的方式计算回报率或者收益率. 下面首先用两幅图展示数据的基本趋势, 对数据的基本形式做简单了解.

图7.4中的左图为该序列 (用 $\{X_t\}$ 表示) 取对数后的点图, 而图7.4中的右图为回报率 ($\nabla[\ln(X_t)]$) 的点图.

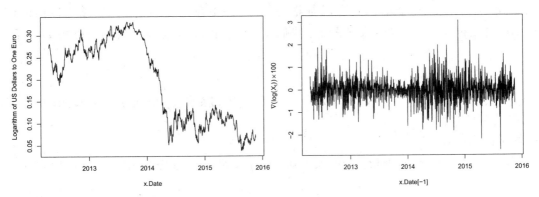

图 7.4 例7.1序列取对数的点图和回报率 $\nabla[\ln(X_t)]$ 的点图

该图是由下面代码生成的:

[①] 数据来源: https://fred.stlouisfed.org/series/DEXUSEU.

```
w=read.csv("DEXUSEU.csv",na.strings = ".")
x.Date=as.Date("2012-4-23")+(1:1305)-1
x=zoo(w[,2], x.Date)
library(imputeTS)
x=na.interpolation(x, option ="spline")
r.x=diff(log(x))*100
par(mfrow=c(1,2))
par(mar=c(4,4,2,1))
plot(x.Date,log(x), type="l",
  ylab="Logarithm of US Dollars to One Euro")
plot(x.Date[-1], r.x, type="l",
  ylab=expression(nabla(log(X[t]))%*%100))
```

从这个例子中, 可以发现取对数的美元/欧元序列呈现增长的趋势, 且序列伴随着较大的波动, 差分后的回报率序列在均值 0 附近剧烈波动. 但序列的波动幅度并不相同.

7.2 模型的描述

7.2.1 ARCH 模型

为了更好地引入 ARCH 模型, 首先来看一个非常简单的平稳的 AR 过程的例子.

$$r_t = a_0 + a_1 r_{t-1} + w_t, \tag{7.1}$$

这里 $w_t = \sigma_t \varepsilon_t$ ($\varepsilon_t = wn(0,1)$) 可以是正态的, 但并不总是必要的. 为了基于以前的信息 $I_t(= \{r_t, r_{t-1}, r_{t-2}, \cdots\})$ 来预测 r_t, 我们从 (7.1) 中 r_t 的条件均值和条件方差入手:

$$E(r_t|I_{t-1}) = a_0 + a_1 r_{t-1},$$

$$\sigma_t^2 \equiv \text{Var}(r_t|I_{t-1}) = \text{Var}(w_t|I_{t-1}) \ (\neq E(w_t)^2, \text{除非 } w_t \text{ 是独立同分布的}),$$

而且 $E(w_t|I_{t-1}) = 0$.

w_t 的方差 σ_t^2 有两种形式: 可加 (additive) 及可乘 (multiplicative). 可加形式为

$$\sigma_t^2 = \omega + \sum_{i=1}^{s} \alpha_i \sigma_{t-i}^2 + v_t, \tag{7.2}$$

这里 $v_t \sim wn(0, \sigma_v^2)$, s 是阶数. (7.2) 为 ARCH(s) 过程的可加形式.

7.2 模型的描述

下面为 Engle (1982) 给出的可乘形式 ARCH(s) 模型:

$$\sigma_t = v_t \sqrt{\omega + \sum_{i=1}^{s} \alpha_i \sigma_{t-i}^2}, \tag{7.3}$$

这里, $v_t \sim wn(0,1)$, 而 v_t 独立于 w_{t-1}. (7.3) 能写成

$$\sigma_t^2 = v_t^2 \left(\omega + \sum_{i=1}^{s} \alpha_i \sigma_{t-i}^2 \right),$$

那么 σ_t 的条件均值和条件方差为

$$E(\sigma_t | I_{t-1}) = E(v_t) E \left(\omega + \sum_{i=1}^{s} \alpha_i \sigma_{t-i}^2 \right)^{1/2} = 0,$$

$$E(\sigma_t^2 | I_{t-1}) = E \left(\omega + \sum_{i=1}^{s} \alpha_i \sigma_{t-i}^2 \right) = \omega + \sum_{i=1}^{s} \alpha_i \sigma_{t-i}^2.$$

这说明 σ_t 的条件方差依赖于以前的 s 阶滞后项 $\{\sigma_{t-i}^2\}$. 以 ARCH(1) 为例, 如果 σ_{t-1}^2 很大, σ_t 的条件方差也会很大.

σ_t 的值不会改进对 r_t 的预测. 而且 r_t 的无条件方差通常是常数, 所以, 虽然 r_t 的条件方差随时间变化, $\{r_t\}$ 还是类似于不相关的白噪声, 但不是严格的白噪声.

7.2.2 GARCH 模型

ARCH 模型被 Bollerslev (1986) 推广到广义 ARCH 模型或 GARCH(generalized ARCH) 模型 (记为 GARCH(m,s)), 使得 σ_t^2 依赖于 r_t (根据 (7.1): $r_t - E(r_t|I_{t-1}) = w_t$):

$$\sigma_t^2 = \omega + \sum_{i=1}^{m} \alpha_i w_{t-i}^2 + \sum_{j=1}^{s} \beta_j \sigma_{t-j}^2, \tag{7.4}$$

这里 $\omega, \alpha_i, \beta_j$ 是非负的. 而且, σ_t^2 不仅包含了 σ_{t-j}^2 的自回归项, 还包含了 w_{t-i}^2 的移动平均项. 当所有 $\beta_j = 0$ 时, 根据前面的 AR 和 ARMA 的关系, 我们知道可以使用相对低阶的 GARCH(m,s) 模型去替代 ARCH 模型中 s 出现较高阶数的情况.

识别一个适当的 GARCH 模型绝非易事, 但是依然有迹可循. 从前面的分析可知, 若对原始序列先拟合 ARMA 模型, 而后对残差建立 GARCH 模型. 相当于对残差的方

差再拟合一次 ARMA 过程. 可以证明的是, GARCH(1,1) 和 ARMA(1,1) 有同样形式的 acf. 因而可以通过关于残差平方值的 acf 图和 pacf 图对 GARCH 模型的阶数做出初步判断.

一般情况下, GARCH(1,1) 可以很好地拟合异方差的问题. GARCH 模型的阶数并不需要很高, 这也是许多人都把 GARCH(1,1) 当成 "标准" 模型的原因.

使用 ARCH 或 GARCH 模型并不影响原始观测变量的点预测, 因此也很难对于不同的波动模型的预测能力进行比较. 因此, 对于模型改变结构的理解以及对风险的评价都比进行预测更重要.

GARCH 模型的局限性如下:
- GARCH 模型通常运用于回报率序列, 但是金融决策很少仅仅基于期望回报率及波动.
- 虽说 GARCH 是为随时间变化的条件方差而设计的, 但常常无法捕捉高度不规则的现象.
- GARCH 模型往往无法完全捕获资产回报序列中观察到的厚尾. 异方差性可能解释某些厚尾现象, 但一般不可能完全解释. 而建模中分布类型的决定 (可以在软件的选项中选择) 则需经过多次尝试.

7.3 数据的拟合

7.3.1 例1.1美国工业生产增长指数数据的拟合

前面用 ARMA(3,0) 模型拟合了例1.1美国工业生产增长指数数据, 并且给出了残差图 (图7.2). 图7.2显示了残差波动很大, 而且波动出现集聚效应, 因此觉得可以尝试 ARCH 模型. 除了直观的图形分析是否存在集聚效应或者尖峰厚尾的特征以外, 可以对残差做 **McLeod-Li 检验** (McLeod-Li test, 参见 McLeod and Li, 1983). 一些教材上把 McLeod-Li 检验叫作 **LM Arch 检验**. 这个方法被普遍用于 Arch 或 Garch 效应的识别. McLeod-Li 检验的零假设为: 该序列不适合 ARCH 模型.

具体的检验步骤如下.

步骤 1: 估计待分析序列的最佳模型, 得到模型的残差, 计算残差的平方值, 用 $\hat{w}_t^2$ 表示.

步骤 2: 将常数项和 q 阶滞后的残差平方和项作为回归变量,

$$\hat{w}_t^2 = \alpha_0 + \alpha_i \hat{w}_{t-1}^2 + \cdots + \alpha_q \hat{w}_{t-q}^2,$$

拟合该回归方程.

如果没有 ARCH 效应, 则回归方程的系数估计值应该为零. McLeod-Li 检验的统计量为 TR^2, T 为残差样本的个数. 在零假设的情况下, TR^2 服从自由度为 q 的卡方分布. 利用这个检验, 输入数据, 在 R 中可以得到残差以及做 McLeod-Li 检验, 计算结果给出了该检验的 p 值图. 结果显示该数据残差的 McLeod-Li 检验很显著 (图7.5), 大部分都小于 0.05, 也就是说, 可对残差尝试建立 ARCH 模型.

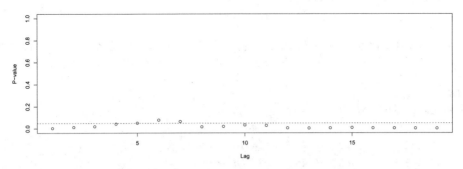

图 7.5 例1.1美国工业生产增长指数序列 $\{\nabla[\ln(X_t)]\}$ 拟合 ARIMA(3,0,0) 的残差的 McLeod-Li 检验 p 值

McLeod-Li 检验及自动产生图7.5的具体实现代码如下:

```
w=read.csv("sf.csv")
g=ts(na.omit(w[,5]),start=c(1900,1),freq=1)
r.g=diff(log(g))*100
aa=arima(r.g, order = c(3,0,0))
library(TSA)
(b=McLeod.Li.test(y=residuals(aa)))$p.values
```

输出的 p 值为:

```
> (b=McLeod.Li.test(y=residuals(aa)))$p.values
 [1] 0.0032624 0.0130550 0.0200433 0.0433280 0.0510902
 [6] 0.0783639 0.0655411 0.0168376 0.0204532 0.0330324
[11] 0.0291531 0.0063195 0.0044055 0.0058733 0.0091190
[16] 0.0059733 0.0050611 0.0037009 0.0030569
```

McLeod-Li 检验本质上就是对于平方数据的 Ljung-Box 检验. 这样, 我们可以试着对回报率 $\{\nabla[\ln(X_t)]\}$(用 $\{r_t\}$ 表示) 拟合 ARMA(3,0)-GARCH(1,1) 模型:

$$r_t - E(r_t|I_{t-1}) = \phi_1 r_{t-1} + \phi_2 r_{t-2} + \phi_3 r_{t-3} + w_t,$$

$$\sigma_t^2 = \omega + \alpha_1 w_{t-1}^2 + \beta_1 \sigma_{t-1}^2,$$

这里 $\{w_t\}$ 为白噪声, 满足 $N(0,\sigma_t^2)$, 而 $\omega > 0, \alpha_1 \geqslant 0, \beta_1 \geqslant 0$. 显然, 这里是用 r_t 的 ARMA(3,0) 模型的残差来拟合 GARCH(1,1) 模型的. 为此, 使用程序包 fGarch[①] 中的函数 garchFit(), 代码如下:

```
library(fGarch)
a4=garchFit(~arma(3,0)+garch(1,1), r.g)
summary(a4)
```

输出给出了 ARMA 模型及 GARCH 模型各个参数的估计, 还包括了一些检验结果. 部分输出如下:

```
Error Analysis:
        Estimate Std. Error t value Pr(>|t|)
mu      -0.48525  1.03820   -0.467  0.6402
ar1     -0.77264  0.11373   -6.793  1.10e-11 ***
ar2     -0.57643  0.12982   -4.440  8.98e-06 ***
ar3     -0.26738  0.11139   -2.400  0.0164 *
omega    7.19995  6.45133    1.116  0.2644
alpha1   0.17457  0.07942    2.198  0.0279 *
beta1    0.77875  0.08265    9.422  < 2e-16 ***

Standardised Residuals Tests:
                       Statistic p-Value
Jarque-Bera Test  R   Chi^2  10.515   0.0052092
Shapiro-Wilk Test R   W      0.95497  0.0047925
Ljung-Box Test    R   Q(10)  19.076   0.03931
Ljung-Box Test    R   Q(15)  25.602   0.042423
Ljung-Box Test    R   Q(20)  28.108   0.10687
Ljung-Box Test    R^2 Q(10)  6.5715   0.76518
Ljung-Box Test    R^2 Q(15)  19.279   0.20135
Ljung-Box Test    R^2 Q(20)  26.364   0.15412
LM Arch Test      R   TR^2   8.1338   0.77459
```

模型 ARMA(3,0) 的输出相应于第一列待估参数是名称 mu, ar1, ar2, ar3 的行结果. 后面的一列 Estimate 下面的数字, 即估计结果 $\hat{\mu} = -0.485\,25$, $\hat{\phi}_1 = -0.772\,64$, $\hat{\phi}_2 = -0.576\,43$, $\hat{\phi}_3 = -0.267\,38$, 而模型 GARCH(1,1) 中的参数估计相应于输出中的 omega,

---

[①] Diethelm Wuertz, Yohan Chalabi with contribution from Michal Miklovic, Chris Boudt, Pierre Chausse and others (2013). fGarch: Rmetrics - Autoregressive Conditional Heteroskedastic Modelling. R package version 3010.82. http://CRAN.R-project.org/package=fGarch.

alpha1, beta1, 即 $\hat{\omega} = 7.199\ 95$, $\hat{\alpha}_1 = 0.174\ 57$, $\hat{\beta}_1 = 0.778\ 75$. 拟合的很多结果都在 a4 之中, 可以用下面 slotNames(a4) 命令看有什么结果:[①]

```
> slotNames(a4)
[1] "call"      "formula"    "method"      "data"
[5] "fit"       "residuals"  "fitted"      "h.t"
[9] "sigma.t"   "title"      "description"
```

比如 a4@sigma.t 代表 σ_t 的向前一步预测 $\hat{\sigma}_t$, a4@h.t 代表 $\hat{\sigma}_t^2$, a4@fitted 代表拟合值, a4@residuals 则代表残差等.

输出中的检验包括对于残差的基于偏度 (skewness) 和峰度 (kurtosis) 的 Jarque-Bera 正态性检验以及 Shapiro-Wilk 正态性检验, 这表明残差并非正态, 此外还有对残差的 Ljung-Box 检验及对残差平方的 Ljung-Box 检验, 即 McLeod-Li 检验.

7.3.2 例7.1数据的拟合

对于例7.1的美元对欧元汇率数据, 我们直接读取数据并对回报率 $\nabla[\ln(X_t)]$ 做 McLeod-Li 检验 (自动得到 p 值图7.6):

```
w=read.csv('DEXUSEU.csv',na.strings = '.')
x.Date=as.Date('2012-3-12')+(1:1305)-1
x=zoo(w[,2], x.Date)
library(imputeTS)
x=na.interpolation(x, option ="spline")
r.x=diff(log(x))*100
(b=McLeod.Li.test(y=r.x[,1]))$p.value
```

输出的 p 值为:

```
> (b=McLeod.Li.test(y=r.x[,1]))$p.values
 [1] 3.0864e-03 1.1060e-02 3.5739e-03 3.4239e-04 2.0309e-07
 [6] 4.4857e-07 1.2380e-06 4.8901e-07 1.0347e-07 2.4058e-11
[11] 3.7843e-11 5.4149e-11 6.8789e-11 5.6133e-13 3.6082e-14
[16] 4.9405e-14 1.0769e-13 2.6579e-13 6.6613e-15 1.1102e-16
[21] 1.1102e-16 1.1102e-16 1.1102e-16 0.0000e+00 0.0000e+00
[26] 0.0000e+00 0.0000e+00 0.0000e+00 0.0000e+00 0.0000e+00
[31] 0.0000e+00
```

[①] R 程序是用 S 语言编写的, S 语言也在不断进步, 在较初等的一些程序包中, 输出结果通常都存在 list 中, 可以用诸如 names(a) 等代码来发现其内容, 而较新的程序包可能会用 S4 来编写, 这时 Class 的定义和先前有所不同. 关于 S4 中的 Class, 读者可参看 http://stat.ethz.ch/R-manual/R-devel/library/methods/html/Classes.html 等网页或材料.

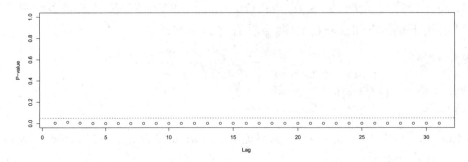

图 7.6 例7.1数据序列回报率 $\nabla[\ln(X_t)]$ 的 McLeod-Li 检验 p 值

下面用 GARCH(1,1) 模型对回报率 $r_t = \nabla[\ln(X_t)]$ 做拟合, 模型为

$$r_t - E(r_t|I_{t-1}) = w_t \ (= \sigma_t \varepsilon_t),$$

这里 $\{\sigma_t\}$ 满足 $\sigma_t^2 = \omega + \alpha_1 w_{t-1}^2 + \beta_1 \sigma_{t-1}^2$, $\omega > 0, \alpha_1 \geqslant 0, \beta_1 \geqslant 0$. 拟合该模型的代码如下:

```
library(fGarch)
summary(a.nx<- garchFit(~garch(1,1), r.x))
```

下面是部分输出:

```
Error Analysis:
        Estimate  Std. Error  t value  Pr(>|t|)
mu     -0.0165631  0.0131807   -1.257    0.2089
omega   0.0017091  0.0006831    2.502    0.0123 *
alpha1  0.0339550  0.0069331    4.898  9.7e-07 ***
beta1   0.9603734  0.0076383  125.732  < 2e-16 ***

Standardised Residuals Tests:
                            Statistic p-Value
Jarque-Bera Test    R   Chi^2  356.27    0
Shapiro-Wilk Test   R   W      0.9778    2.7831e-13
Ljung-Box Test      R   Q(10)  5.4315    0.86055
Ljung-Box Test      R   Q(15)  22.761    0.089342
Ljung-Box Test      R   Q(20)  25.941    0.16776
Ljung-Box Test      R^2 Q(10)  17.629    0.061558
Ljung-Box Test      R^2 Q(15)  22.244    0.10155
Ljung-Box Test      R^2 Q(20)  32.988    0.03384
LM Arch Test        R   TR^2   16.597    0.1654
```

模型中的参数估计相应于上面第一部分输出中名称 mu, omega, alpha1, beta1 后面的一列 (标以 Estimate), 即 $\hat{\mu} = -0.016\,563\,1, \hat{\omega} = 0.001\,709\,1, \hat{\alpha}_1 = 0.033\,955\,0, \hat{\beta}_1 = 0.960\,373\,4$. 所有拟合结果保存在 a.nx 中, 可以用 slotNames(a.ny) 命令查看结果:

```
> slotNames(a.nx)
[1] "call"       "formula"    "method"     "data"
[5] "fit"        "residuals"  "fitted"     "h.t"
[9] "sigma.t"    "title"      "description"
```

比如, 其中 a.nx@sigma.t 代表了波动 σ_t 的一步向前预测 $\hat{\sigma}_t$. 可以把原始数据和 $\pm 2\hat{\sigma}_t$ 一同画出. 图7.7为 $\nabla[\ln(X_t)]$ 和区间 $\nabla[\ln(X_t)] \pm 2\hat{\sigma}_t$.

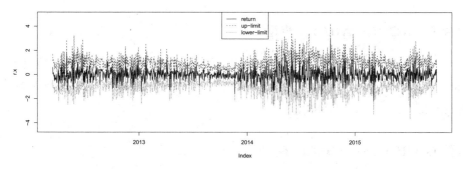

图 **7.7** 例7.1数据的回报率 $\nabla[\ln(X_t)]$ 及区间 $\nabla[\ln(X_t)] \pm 2\hat{\sigma}_t$

产生图7.7的代码为:

```
xr=c(min(r.x)-2*max(a.nx@sigma.t),max(r.x)+2*max(a.nx@sigma.t))
plot(r.x, ylim=xr)
lines(r.x+2*a.nx@sigma.t,lty=2,col=2)
lines(r.x-2*a.nx@sigma.t,lty=3,col=4)
legend("top",c("return","up-limit","lower-limit"),
  lty=1:3,col=c(1,2,4))
```

7.4 GARCH 模型的延伸

GARCH 模型有许多延伸和扩展, 本节对此予以简单介绍. 需要注意, 这些形式各异的模型是针对不同的数据、不同的问题而提出的, 而且都有关于数据分布的不同假定, 没有理由说一个模型就一定比另一个要好, 应该具体问题具体分析. 对于一般的均值为 μ 的 r_t, 这里记 $a_t = r_t - E(r_t|I_{t-1}) = w_t = \sigma_t \varepsilon_t$.

7.4.1 一组 GARCH 模型

标准 GARCH(SGARCH) 模型

Bollerslev (1986) 的模型 (7.4) 可以写成

$$\sigma_t^2 = \left(\omega + \sum_{k=1}^{\ell} \zeta_k v_{kt}\right) + \sum_{i=1}^{m} \alpha_i a_{t-i}^2 + \sum_{j=1}^{s} \beta_j \sigma_{t-j}^2,$$

这里, v_k 为可能出现的 ℓ 个外部回归自变量. 这个模型称为标准 GARCH(standard GARCH, SGARCH) 模型.

整合 GARCH(IGARCH) 模型

标准 GARCH 模型中, 增加约束条件 $1 = \sum_{i=1}^{m} \alpha_i + \sum_{j=1}^{s} \beta_j$, 就称为整合 GARCH (integrated GARCH, IGARCH) 模型. 在估计这些模型参数时, 有一个参数是算出来的. 参见 Engle and Bollerslev (1986).

指数 GARCH(EGARCH) 模型

Nelson (1991) 提出了指数 GARCH(exponential GARCH, EGARCH) 模型, 定义为

$$\ln \sigma_t^2 = \left(\omega + \sum_{k=1}^{\ell} \zeta_k v_{kt}\right) + \sum_{i=1}^{m} (\alpha_i z_{t-i} + \gamma_i[|z_{t-i}| - E|z_{t-i}|]) + \sum_{j=1}^{s} \beta_j \ln \sigma_{t-j}^2,$$

这里 $z_t = a_t/\sigma_t = (r_t - \mu)/\sigma_t$, 为 r_t 的标准化. 参数 α_i 刻画符号效应, 而 γ_i 刻画尺度效应.

GJR-GARCH 模型

Glosten et al. (1993) 提出了下面的模型 (模型中的 "GJR" 是由三个作者名字的第一个字母组成的):

$$\sigma_t^2 = \left(\omega + \sum_{k=1}^{\ell} \zeta_k v_{kt}\right) + \sum_{i=1}^{m} (\alpha_i a_{t-i}^2 + \gamma_i I_{t-i} a_{t-i}^2) + \sum_{j=1}^{s} \beta_j \sigma_{t-j}^2,$$

这里的系数 γ_i 起了杠杆的作用, 而示性函数 I 在 $a_i \leqslant 0$ 时为 1, 否则为 0.

渐近幂 ARCH(APARCH) 模型

Ding et al. (1993) 提出了渐近幂 ARCH(asymmetric power ARCH, APARCH) 模型:

$$\sigma_t^\delta = \left(\omega + \sum_{k=1}^{\ell} \zeta_k v_{kt}\right) + \sum_{i=1}^{m} \alpha_i(|a_{t-i}| + \gamma_i a_{t-i})^\delta + \sum_{j=1}^{s} \beta_j \sigma_{t-j}^\delta,$$

这里 δ 取正实数. 其中, 作用于 σ_t 时, σ_t^δ 代表了 σ_t 的 Cox-Box 变换 $(\sigma_t^\delta - 1)/\delta$. 改变参数可以得到各种子模型.

门限 GARCH(TGARCH) 模型

门限 GARCH(threshold GARCH, TGARCH) 模型是 Glosten et al. (1993) 及 Zakoian (1994) 提出的, TGARCH 模型的形式为

$$\sigma_t^2 = \left(\omega + \sum_{k=1}^{\ell} \zeta_k v_{kt}\right) + \sum_{i=1}^{m} (\alpha_i + \gamma_i N_{t-i}) a_{t-i}^2 + \sum_{j=1}^{s} \beta_j \sigma_{t-j}^2,$$

这里

$$N_{t-i} = \begin{cases} 1, & a_{t-i} < 0 \\ 0, & a_{t-i} \geqslant 0 \end{cases}$$

绝对值 GARCH(AVGARCH) 模型

绝对值 GARCH(absolute value GARCH, AVGARCH) 模型由 Taylor (1986) 及 Schwert (1990) 提出, 形式为

$$\sigma_t = \left(\omega + \sum_{k=1}^{\ell} \zeta_k v_{kt}\right) + \sum_{i=1}^{m} \alpha_i \sigma_{t-1}(|z_{t-i} - \eta_{2i}| - \eta_{1i}(z_{t-i} - \eta_{2j})) + \sum_{j=1}^{s} \beta_j \sigma_{t-j},$$

这里 $|\eta_{1i}| \leqslant 1$.

非线性 – 非对称 GARCH(NAGARCH) 模型

非线性 – 非对称 GARCH(nonlinear-asymmetric GARCH, NAGARCH) 模型由 Engle and Ng (1993) 提出, 形式为

$$\sigma_t^2 = \left(\omega + \sum_{k=1}^{\ell} \zeta_k v_{kt}\right) + \sum_{i=1}^{m} \alpha_i \sigma_{t-1}^2 |z_{t-i} - \eta_{2i}|^2 + \sum_{j=1}^{s} \beta_j \sigma_{t-j}^2.$$

非线性 ARCH(NGARCH) 模型

非线性 ARCH(nonlinear ARCH, NGARCH) 模型由 Higgins et al. (1992) 提出, 形式为

$$\sigma_t^\lambda = \left(\omega + \sum_{k=1}^{\ell} \zeta_k v_{kt}\right) + \sum_{i=1}^{m} \alpha_i \sigma_{t-1}^\lambda |z_{t-i}|^\lambda + \sum_{j=1}^{s} \beta_j \sigma_{t-j}^\lambda.$$

7.4.2 FGARCH 模型族

Hentschel (1995) 提出了单个模型, 变换其参数可得到各种子模型, 包括本节前面提到的一些模型. 其模型的一般公式为

$$\sigma_t^\lambda = \left(\omega + \sum_{k=1}^{\ell} \zeta_k v_{kt}\right) + \sum_{i=1}^{m} \alpha_i \sigma_{t-1}^\lambda (|z_{t-i} - \eta_{2i}| - \eta_{1i}(z_{t-i} - \eta_{2j}))^\delta + \sum_{j=1}^{s} \beta_j \sigma_{t-j}^\lambda,$$

这里 σ_t^λ 是 σ_t 的 Box-Cox 变换.

Hentschel (1995) 描述了 FGARCH 族中相应于不同参数的各个模型. 为了符号简单, 他仅考虑等价于 GARCH(1,1) 的模型:

$$\sigma_t^\lambda = \omega' + \alpha \sigma_{t-1}^\lambda f^\delta(a_t) + \beta \sigma_{t-1}^\lambda,$$

这里的 ω' 相应于上面一般公式的第一项, 而

$$f(a_t) = |a_t - \eta_2| - \eta_1(a_t - \eta_2).$$

对应于不同的 δ, η_1, η_2, $f^\delta(a_t)$ 的形状展示在图7.8中.

表7.1显示了对于不同的 $\lambda, \delta, \eta_1, \eta_2$ 相应的 GARCH 子模型.

7.4 GARCH 模型的延伸

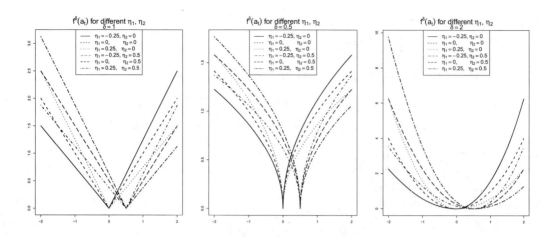

图 7.8 对应于不同的 δ, η_1, η_2, $f^\delta(a_t)$ 的形状

表 7.1 对于不同的 $\lambda, \delta, \eta_1, \eta_2$ 相应的 GARCH 子模型

λ	δ	η_1	η_2	模型
0	1	自由参数	0	EGARCH
1	1	$|\eta_1| \leqslant 1$	0	TGARCH
1	1	$|\eta_1| \leqslant 1$	自由参数	AVGARCH
2	2	0	0	SGARCH
2	2	0	自由参数	NAGARCH
2	2	自由参数	0	GJR-GARCH
自由参数	λ	0	0	NGARCH($\lambda \neq 0$)
自由参数	λ	$|\eta_1| \leqslant 1$	0	APARCH

7.4.3 ARFIMA-GARCH 模型族拟合例7.1数据

为了演示如何同时用第 5 章和第 6 章的模型来拟合数据, 我们还是使用本章用过的例7.1数据的对数的一阶差分.

我们这里使用的软件包是 rugarch[①]. 该软件包功能非常强大, 可以使用 ARFIMA、ARMA 及各种 GARCH 的联合模型对不同分布的数据进行拟合.

拟合过程分两步: 第一步是用函数 ugarchspec() 确定模型; 第二步是把确定的模型形式和数据作为选项输入函数 ugarchfit() 来得到结果. 下面是 (不包括读入数据) 确定模型以及进行拟合的代码:

```
spec = ugarchspec(variance.model=list(model="eGARCH",
```

[①] Ghalanos, A. (2013). rugarch: Univariate GARCH models. R package version 1.2-7.

```
    garchOrder=c(1,1)),
  mean.model=list(armaOrder=c(1,1), arfima=TRUE,include.mean=TRUE),
  distribution.model="snorm")#确定模型
(fit = ugarchfit(data = r.x, spec = spec))#拟合并且输出结果
```

从上面代码可以看出,这里选用了 ARFIMA$(1,d,1)$ 模型作为均值模型,而方差模型选用了 EGARCH$(1,1)$ 模型,分布选用了偏正态分布[①]. 上面代码的输出为:

```
Conditional Variance Dynamics
-----------------------------------
GARCH Model      : eGARCH(1,1)
Mean Model       : ARFIMA(1,d,1)
Distribution     : snorm

Optimal Parameters
------------------------------------
        Estimate  Std. Error    t value  Pr(>|t|)
mu     -0.024254    0.008909  -2.7224e+00  0.006481
ar1     0.920353    0.015964   5.7651e+01  0.000000
ma1    -0.940160    0.000460  -2.0423e+03  0.000000
arfima  0.006766    0.035969   1.8811e-01  0.850793
omega  -0.000065    0.000946  -6.9223e-02  0.944812
alpha1 -0.035959    0.002353  -1.5281e+01  0.000000
beta1   0.998835    0.000009   1.1653e+05  0.000000
gamma1  0.026107    0.002399   1.0884e+01  0.000000
skew    0.964153    0.030983   3.1119e+01  0.000000

Robust Standard Errors:
        Estimate  Std. Error    t value  Pr(>|t|)
mu     -0.024254    0.012021  -2.0176e+00  0.043633
ar1     0.920353    0.016130   5.7060e+01  0.000000
ma1    -0.940160    0.000643  -1.4626e+03  0.000000
arfima  0.006766    0.036396   1.8590e-01  0.852525
omega  -0.000065    0.001300  -5.0397e-02  0.959806
alpha1 -0.035959    0.003285  -1.0948e+01  0.000000
beta1   0.998835    0.000011   9.5108e+04  0.000000
gamma1  0.026107    0.003110   8.3958e+00  0.000000
skew    0.964153    0.042581   2.2643e+01  0.000000

LogLikelihood : -957.51
```

[①] 偏正态分布 (skew-normal distribution) 的密度函数为 $f(x) = 2\phi(x)\Phi(\alpha x)$,这里 $\phi(x)$ 和 $\Phi(x)$ 分别是标准正态分布的密度和累积分布函数,其中的 α 称为形状参数 (shape parameter),用于确定分布的形状.

```
Information Criteria
------------------------------------

Akaike       1.4824
Bayes        1.5181
Shibata      1.4823
Hannan-Quinn 1.4958

Weighted Ljung-Box Test on Standardized Residuals
------------------------------------
                        statistic p-value
Lag[1]                      0.263  0.6081
Lag[2*(p+q)+(p+q)-1][5]     2.072  0.9431
Lag[4*(p+q)+(p+q)-1][9]     3.573  0.7863
d.o.f=2
H0 : No serial correlation

Weighted Ljung-Box Test on Standardized Squared Residuals
------------------------------------
                        statistic p-value
Lag[1]                     0.04984 0.82334
Lag[2*(p+q)+(p+q)-1][5]    6.04993 0.08754
Lag[4*(p+q)+(p+q)-1][9]   11.24136 0.02688
d.o.f=2

Weighted ARCH LM Tests
------------------------------------
            Statistic Shape Scale P-Value
ARCH Lag[3]    0.2599 0.500 2.000 0.61017
ARCH Lag[5]    5.2885 1.440 1.667 0.08810
ARCH Lag[7]    8.1546 2.315 1.543 0.04848

Nyblom stability test
------------------------------------
Joint Statistic: 1.5307
Individual Statistics:
mu     0.28317
ar1    0.57513
ma1    0.52503
arfima 0.46194
omega  0.22148
```

```
alpha1  0.26190
beta1   0.16539
gamma1  0.17022
skew    0.09266

Asymptotic Critical Values (10% 5% 1%)
Joint Statistic:          2.1 2.32 2.82
Individual Statistic:     0.35 0.47 0.75

Sign Bias Test
------------------------------------
t-value                 prob sig
Sign Bias           1.7768 0.07584 *
Negative Sign Bias  0.3001 0.76419
Positive Sign Bias  0.4929 0.62216
Joint Effect        4.3788 0.22336


Adjusted Pearson Goodness-of-Fit Test:
------------------------------------
  group statistic p-value(g-1)
1   20    44.96    0.0006949
2   30    57.41    0.0012821
3   40    70.11    0.0016334
4   50    85.65    0.0009321


Elapsed time : 5.9018

Warning message:
In arima(data, order = c(modelinc[2], 0, modelinc[3]),
include.mean = modelinc[1], :
possible convergence problem: optim gave code = 1
```

这些结果中的单独某些部分也可以选用下面代码得到:

```
coef(fit);infocriteria(fit);likelihood(fit);nyblom(fit)
signbias(fit);gof(fit,c(20,30,40,50))
```

用命令names(fit@fit)也可以查看还可以获取什么结果,该命令输出为

```
[1] "hessian"   "cvar"      "var"         "sigma"
[5] "condH"     "z"         "LLH"         "log.likelihoods"
[9] "residuals" "coef"      "robust.cvar" "scores"
```

```
[13] "se.coef"        "tval"             "matcoef"        "robust.se.coef"
[17] "robust.tval"    "robust.matcoef"   "fitted.values"  "convergence"
[21] "kappa"          "persistence"      "timer"          "ipars"
[25] "solver"
```

比如, 用命令 fit@fit$residuals 就可以得到残差序列, 和命令 residuals(fit) 一样, 而命令 fit@fit$matcoef 则输出参数的估计和 t 检验等. 此外, 还可以用 plot(fit) 从 12 种图形中选择画出所需要的. 也可以用下面代码同时画出 12 个图 (图7.9):

```
plot(fit, which="all")
```

图7.9中的每一个图可能太小, 无法看清, 但这仅仅为了演示, 读者如果具体对哪个图感兴趣, 可以从 plot(fit) 命令中得到单独的图形.

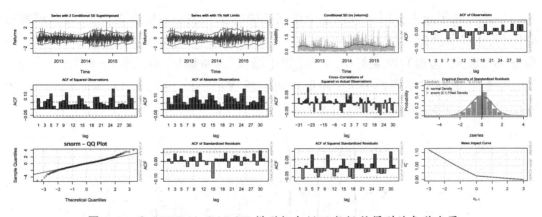

图 7.9 用 ARFIMA-GARCH 模型拟合例7.1数据所得到的各种点图

由于这里涉及的模型种类众多, 实际工作者选择模型时最简单的方法就是用各种模型选项来试不同的组合, 然后选取你认为相对比较好的. 由于篇幅所限, 本书不可能对每种子模型做详尽的讨论, 也不可能解释所有的软件选项和输出, 对这方面感兴趣的读者可以寻找有关资料来做进一步探讨. 但是要注意, 第 6 章和第 7 章的模型对于数据的分布以及模型的形式有着很强的数学假定, 绝大部分假定都无法验证, 因此和描述数据的未知宇宙规律有多大差距就不可知晓了. 我们能够做的就是在这些主观模型之间做些比较. 和其他经典统计模型或经济模型一样, 信仰在选择模型时占了相当大的比重.

第 8 章 多元时间序列的基本概念及数据分析

多元时间序列主要用来解释多个序列之间的相互关系及综合走势,在各领域都有应用,而在经济金融领域中用得特别多. 一些典型的经济学的应用为: 消费和收入, 股票价格和股息, 远期和即期汇率, 利率, 货币增长, 通货膨胀, 收入等的关系.

一个 n 元时间序列为 $n \times 1$ 向量时间序列 $\boldsymbol{X}_t = (x_{1t}, \cdots, x_{nt})^\top$, $t = 1, \cdots, T$, 也可以记为 $n \times T$ 矩阵 $\boldsymbol{X}$, 其每一行为一个时间序列:

$$\boldsymbol{X} = \begin{pmatrix} \boldsymbol{X}_1^\top \\ \boldsymbol{X}_2^\top \\ \vdots \\ \boldsymbol{X}_n^\top \end{pmatrix} = \begin{pmatrix} x_{11} & x_{12} & \cdots & x_{1T} \\ x_{21} & x_{22} & \cdots & x_{2T} \\ \vdots & \vdots & \ddots & \vdots \\ x_{n1} & x_{n2} & \cdots & x_{nT} \end{pmatrix}$$

例 8.1 燃气炉数据 (gas-furnace.csv). 该数据来自 Box, Jenkins, and Reinsel(1994), 为两变量时间序列, 一个输入序列 x_t 是甲烷气体进料速率, 在燃气炉内, 从输入的空气和甲烷获得二氧化碳 (CO_2), 输出序列 y_t 为 CO_2 浓度. 图8.1为这两个序列的点图.

产生图8.1的代码为:

```
w=read.csv("gas-furnace.csv")
plot.ts(w,plot.type = "multiple",main="Gas-furnance Data")
```

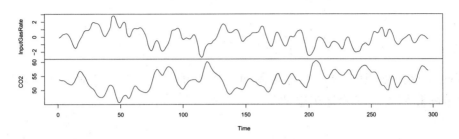

图 8.1 例8.1燃气炉数据

8.1 平稳性

如果多元时间序列 $\{\boldsymbol{X}_t\}$ 的每一个分量时间序列是(弱)平稳的, 则称 $\{\boldsymbol{X}_t\}$ 是(弱)平稳的.

n 元时间序列 $\{\boldsymbol{X}_t\}$ 的方差/协方差矩阵定义为

$$\begin{aligned}\text{Var}(\boldsymbol{X}_t) =& \boldsymbol{\Gamma}_0 = E[(\boldsymbol{X}_t - \boldsymbol{\mu})(\boldsymbol{X}_t - \boldsymbol{\mu})^\top]\\ =& \begin{pmatrix} \text{Var}(X_{1t}) & \text{Cov}(X_{1t}, X_{2t}) & \cdots & \text{Cov}(X_{1t}, X_{nt})\\ \text{Cov}(X_{2t}, X_{1t}) & \text{Var}(X_{2t}) & \cdots & \text{Cov}(X_{2t}, X_{nt})\\ \vdots & \vdots & \ddots & \vdots\\ \text{Cov}(X_{nt}, X_{1t}) & \text{Cov}(X_{nt}, X_{2t}) & \cdots & \text{Cov}(X_{nt}, X_{nt}) \end{pmatrix},\end{aligned}$$

这里 $\boldsymbol{\mu} = (\mu_1, \cdots, \mu_n)^\top = E(\boldsymbol{X}_t)$ 为 $\boldsymbol{X}_t$ 的期望向量, $\mu_i = E(X_{it}), i = 1, \cdots, n$. 矩阵 $\boldsymbol{\Gamma}_0$ 的每个元素 $\gamma_{ij}^0 = \text{Cov}(X_{it}, X_{it})$, $\boldsymbol{X}_t$ 的相关矩阵为 $n \times n$ 矩阵

$$\text{Corr}(\boldsymbol{X}_t) = \boldsymbol{R}_0 = \boldsymbol{D}^{-1}\boldsymbol{\Gamma}_0\boldsymbol{D}^{-1},$$

这里 $\boldsymbol{D}$ 为由 X_{it} 的标准差即 $\text{sd}(X_it) = \sqrt{\gamma_{ii}^0}$ 组成的对角矩阵.

对于样本 $\{\boldsymbol{X}_t\}$, 上面的参数 $\boldsymbol{\mu}, \boldsymbol{\Gamma}_0, \boldsymbol{R}_0$ 分别用其样本矩作为估计值代替:

$$\bar{\boldsymbol{X}} = \frac{1}{T}\sum_{t=1}^{T} X_t,$$

$$\hat{\boldsymbol{\Gamma}}_0 = \frac{1}{T}\sum_{t=1}^{T}(X_t - \bar{\boldsymbol{X}})(X_t - \bar{\boldsymbol{X}})^\top,$$

$$\hat{\boldsymbol{R}}_0 = \hat{\boldsymbol{D}}^{-1}\hat{\boldsymbol{\Gamma}}_0\hat{\boldsymbol{D}}^{-1}.$$

这里的矩阵 $\hat{\boldsymbol{D}}$ 是把矩阵 $\boldsymbol{D}$ 中的标准差换成样本标准差. 注意, 只有当 $T > n$ 时, 上面协方差矩阵和相关矩阵才是正定的.

8.2 交叉协方差矩阵和相关矩阵

相应于一元时间序列的自协方差 γ_k 及自相关 ρ_k, 多元时间序列有类似的定义: 对于 $X_{jt}, j = 1, \cdots, n$,

$$\gamma_{jj}^k = \text{Cov}(X_{jt}, X_{jt-k}),$$

$$\rho_{jj}^k = \text{Corr}(X_{jt}, X_{jt-k}) = \frac{\gamma_{jj}^k}{\gamma_{jj}^0},$$

显然, 这里有关于 k 的对称性, 即 $\gamma_{jj}^k = \gamma_{jj}^{-k}$, $\rho_{jj}^k = \rho_{jj}^{-k}$.

而在 X_{it} 和 X_{jt} 之间的**交叉滞后协方差** (cross lag covariance) 和**交叉滞后相关** (cross lag correlation) 定义为

$$\gamma_{ij}^k = \text{Cov}(X_{it}, X_{jt-k}),$$

$$\rho_{ij}^k = \text{Corr}(X_{it}, X_{jt-k}) = \frac{\gamma_{ij}^k}{\sqrt{\gamma_{ii}^0 \gamma_{jj}^0}}.$$

这时, 关于 k 的对称性就不成立了. k 期滞后协方差矩阵和相关矩阵分别为

$$\begin{aligned}\boldsymbol{\Gamma}_k &= E[(\boldsymbol{X}_t - \boldsymbol{\mu})(\boldsymbol{X}_{t-k} - \boldsymbol{\mu})^\top] \\ &= \begin{pmatrix} \text{Cov}(X_{1t}, X_{1,t-k}) & \text{Cov}(X_{1t}, X_{2,t-k}) & \cdots & \text{Cov}(X_{1t}, X_{n,t-k}) \\ \text{Cov}(X_{2t}, X_{1,t-k}) & \text{Cov}(X_{2t}, X_{2,t-k}) & \cdots & \text{Cov}(X_{2t}, X_{n,t-k}) \\ \vdots & \vdots & \ddots & \vdots \\ \text{Cov}(X_{nt}, X_{1,t-k}) & \text{Cov}(X_{nt}, X_{2,t-k}) & \cdots & \text{Cov}(X_{nt}, X_{n,t-k}) \end{pmatrix}\end{aligned}$$

和

$$R_k = D^{-1}\Gamma_k D^{-1}.$$

虽然 Γ_k 和 R_k 不再对称, 但 $\Gamma_{-k} = \Gamma_k^\top$ 以及 $R_{-k} = R_k^\top$. 应用中, Γ_k 和 R_k 都用其样本矩来代替:

$$\hat{\Gamma}_k = \frac{1}{T}\sum_{t=k+1}^{T}(X_t - \bar{X})(X_{t-k} - \bar{X})^\top,$$

$$\hat{R}_k = \hat{D}^{-1}\hat{\Gamma}_k\hat{D}^{-1}.$$

用例8.1数据来计算 4 期滞后相关矩阵 (这里输出的是简化形式) 的代码和输出为:

```
> w=read.csv("gas-furnace.csv")
> library(MTS)
> d=ccm(w, lags = 4, level=FALSE, output=T)
> d$ccm
         [,1]     [,2]     [,3]     [,4]     [,5]
[1,]  1.00000  0.94926  0.83127  0.67956  0.52944
[2,] -0.48445 -0.59638 -0.72258 -0.83997 -0.92147
[3,] -0.48445 -0.39214 -0.32743 -0.28546 -0.25947
[4,]  1.00000  0.96748  0.89301  0.78987  0.67767
> d$pvalue
[1] 0 0 0 0
```

上面输出的还有 Ljung-Box 检验的 p 值 (这里都是 0).

8.3 一般线性模型

和一元线性模型类似, 一个 n 元平稳时间序列 $\{X_t\}$ 可以表示成

$$\begin{aligned}X_t &= \mu + w_t + \Psi_1 w_{t-1} + \Psi_2 w_{t-2} + \cdots \\ &= \mu + \sum_{i=0}^{\infty}\Psi_i w_{t-i} \\ &= \mu + \Psi(B)w_t,\end{aligned}$$

这里 $\boldsymbol{\Psi}_0 = \boldsymbol{I}_n$, $\boldsymbol{w}_t$ 是多元白噪声过程,有零均值和协方差矩阵 $\boldsymbol{\Sigma}$,而算子

$$\boldsymbol{\Psi}(B) = \sum_{i=0}^{\infty} \boldsymbol{\Psi}_i B^i.$$

$\boldsymbol{X}_t$ 的一阶矩和二阶矩分别是

$$E(\boldsymbol{X}_t) = \boldsymbol{\mu},$$
$$\mathrm{Var}(\boldsymbol{X}_t) = \sum_{i=0}^{\infty} \boldsymbol{\Psi}_i \boldsymbol{\Sigma} \boldsymbol{\Psi}_i^{\top}.$$

8.4 VARMA 模型

对于多元时间序列 $\boldsymbol{X}_t = (x_{1t}, \cdots, x_{nt})^{\top}$, $t = 0, \pm 1, \pm 2, \cdots$,向量自回归模型 VAR(1) 为:

$$\boldsymbol{X}_t = \boldsymbol{\alpha} + \boldsymbol{\Phi}_1 \boldsymbol{X}_{t-1} + \boldsymbol{w}_t,$$

式中, $\boldsymbol{\Phi}_1 : n \times k$, $E(\boldsymbol{w}_t \boldsymbol{w}_t') = \boldsymbol{\Sigma}_w$, $\boldsymbol{\alpha} = (\alpha_1, \cdots, \alpha_n)^{\top}$ 为常数向量. 由于平稳序列总可以通过减去均值而转化为零均值序列,因此通常假定 $\boldsymbol{\alpha} = \boldsymbol{0}$. 向量自回归模型 VAR($p$) 为

$$\boldsymbol{X}_t = \boldsymbol{\alpha} + \sum_{j=1}^{p} \boldsymbol{\Phi}_j \boldsymbol{X}_{t-j} + \boldsymbol{w}_t, \ t = p+1, \cdots, n.$$

向量自回归移动平均过程 VARMA(p, q) 为

$$\boldsymbol{X}_t = \boldsymbol{\alpha} + \sum_{j=1}^{p} \boldsymbol{\Phi}_j X_{t-j} + \boldsymbol{w}_t + \sum_{k=1}^{q} \boldsymbol{\Theta}_k \boldsymbol{w}_{t-k},$$

$$\boldsymbol{\Phi}_p \neq \boldsymbol{0}, \ \boldsymbol{\Theta}_q \neq \boldsymbol{0}, \ \boldsymbol{\Sigma}_w > 0.$$

如果使用算子符号

$$\boldsymbol{\Phi}(B) = I - \boldsymbol{\Phi}_1 B - \cdots - \boldsymbol{\Phi}_p B^p;$$
$$\boldsymbol{\Theta}(B) = I + \boldsymbol{\Theta}_1 B + \cdots + \boldsymbol{\Theta}_q B^q,$$

8.4 VARMA 模型

则 VARMA(p,q) 可以表示成

$$\boldsymbol{\Phi}(B)\boldsymbol{X}_t = \boldsymbol{\Theta}(B)\boldsymbol{w}_t.$$

由于种种困难, 在实际应用中, 一般不考虑 VARMA 过程, 而仅仅考虑 VAR 过程, 即

$$\boldsymbol{\Phi}(B)\boldsymbol{X}_t = \alpha + \boldsymbol{w}_t.$$

如果行列式

$$\det(\boldsymbol{I}_k - \boldsymbol{\Phi}_1 z - \boldsymbol{\Phi}_2 z^2 - \cdots - \boldsymbol{\Phi}_k z^k) = 0$$

的根全部在 (复) 单位圆外, 则该 VAR(p) 为平稳的.

下面我们用例8.1数据来拟合 VAR(4) 模型, 使用程序包 MTS[①]中的函数 VAR():

```
w=read.csv("gas-furnace.csv")
m1=VAR(w,p=4)
mq(m1$res, lag = 24, adj = 0)
```

输出包括各个系数矩阵的估计值和标准误差, 还输出了残差的 Ljung-Box 检验的 p 值图 (图8.2).

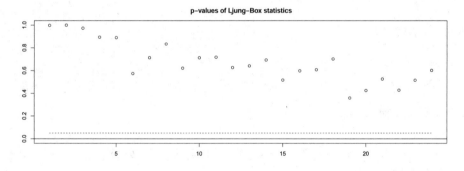

图 8.2 用 VAR(4) 模型拟合例8.1燃气炉数据的残差 Ljung-Box 检验的 p 值

下面是用 VAR(4) 模型拟合燃气炉数据的部分输出, 包括估计系数矩阵和残差的协方差阵 (标准误差矩阵输出省略):

```
Constant term:
Estimates:  0.44314 5.2801
Std.Error:  0.54086 0.6935
AR coefficient matrix
```

[①] Ruey S. Tsay (2015). MTS: All-Purpose Toolkit for Analyzing Multivariate Time Series (MTS) and Estimating Multivariate Volatility Models. R package version 0.33. https://CRAN.R-project.org/package=MTS.

```
AR( 1 )-matrix
       [,1]    [,2]
[1,] 1.9268 -0.0551
[2,] 0.0845  1.5728
AR( 2 )-matrix
       [,1]    [,2]
[1,] -1.195  0.0987
[2,] -0.144 -0.6537
AR( 3 )-matrix
       [,1]    [,2]
[1,]  0.0938 -0.0699
[2,] -0.5533 -0.1803
AR( 4 )-matrix
       [,1]    [,2]
[1,] 0.101  0.0178
[2,] 0.285  0.1623

Residuals cov-mtx:
           [,1]        [,2]
[1,]  0.0349689 -0.0030607
[2,] -0.0030607  0.0574920

det(SSE) = 0.0020011
AIC = -6.106
BIC = -5.9065
HQ  = -6.0261
```

记拟合的 VAR(4) 模型为

$$\boldsymbol{X}_t = \hat{\boldsymbol{\alpha}} + \hat{\boldsymbol{\Phi}}_1 \boldsymbol{X}_{t-1} + \hat{\boldsymbol{\Phi}}_2 \boldsymbol{X}_{t-2} + \hat{\boldsymbol{\Phi}}_3 \boldsymbol{X}_{t-3} + \hat{\boldsymbol{\Phi}}_4 \boldsymbol{X}_{t-4},$$

它相应于

$$\begin{pmatrix} x_{1t} \\ x_{2t} \end{pmatrix} = \begin{pmatrix} 0.443 \\ 5.280 \end{pmatrix} + \begin{pmatrix} 1.927 & -0.055 \\ 0.085 & 1.573 \end{pmatrix} \begin{pmatrix} x_{1,t-1} \\ x_{2,t-1} \end{pmatrix} + \begin{pmatrix} -1.195 & 0.099 \\ -0.144 & -0.654 \end{pmatrix} \begin{pmatrix} x_{1,t-2} \\ x_{2,t-2} \end{pmatrix}$$

$$+ \begin{pmatrix} 0.094 & -0.070 \\ -0.553 & -0.180 \end{pmatrix} \begin{pmatrix} x_{1,t-3} \\ x_{2,t-3} \end{pmatrix} + \begin{pmatrix} 0.101 & 0.018 \\ 0.285 & 0.162 \end{pmatrix} \begin{pmatrix} x_{1,t-4} \\ x_{2,t-4} \end{pmatrix}$$

带有输入项的向量自回归移动平均过程 VARMA(p,q)(也称为 VARMAX(p,q)) 为

$$X_t = \alpha + GD_t + \Gamma u_t + \sum_{j=1}^{p} \Phi_j X_{t-j} + \sum_{\ell=1}^{q} \Theta_\ell w_{t-\ell} + w_t, \quad \Gamma: n \times r,$$

这里 u_t 为 $s \times 1$ 输入向量. VARX(p) 为

$$X_t = \alpha + GD_t + \Upsilon u_t + \sum_{j=1}^{p} \Phi_j X_{t-j} + w_t, \quad t = p+1, p+2, \cdots, T,$$

$$\Upsilon: n \times s, \ G: n \times \ell, \ D_t: \ell \times 1,$$

这里 GD_t 代表了诸如线性时间趋势或者季节哑元等确定性成分的项.

8.5 协整模型和 Granger 因果检验

8.5.1 VECM 和协整

前面介绍过单整的概念, 即如果一元时间序列 X_t 在经过 d 阶差分之后的 $\nabla^d X_t$ 为平稳的, 则称 X_t 为 d 阶单整的, 记为 $I(d)$. 而如果两个或更多的时间序列中的每一个都是单整的, 但是它们中的某些线性组合有较低阶的单整, 则称这些序列是**协整的** (cointegrated). 最简单的例子是, 个别序列是一阶单整的 ($I(1)$), 但存在某个 (协整) 系数向量, 使得这些个别的单整序列的线性组合形成一个平稳序列 ($I(0)$).

在考虑协整时, 应该注意**伪回归** (spurious regression) 现象. 比如, 我们考虑回归 $Y_t = \alpha + \beta X_t + \zeta_t$, 则伪回归的特征是:

- 对于确定性趋势系数 β 具有令人难以置信大的 t 统计量及大的 R^2 的情况.
- 在非平稳 ($I(1)$) 的情况下, 即使没有漂移, 序列也倾向于显示在相对长的时期内一起移动的局部趋势.

下面的模拟例子说明了上面伪回归的概念, 这里的 X_t 和 Y_t 实际上是独立的 (均为 $I(1)$): $Y_t = \alpha + \beta X_t + \zeta_t$. 我们模拟两个独立序列, 进行回归, 并对回归残差做 acf 图 (图8.3).

产生这两个序列, 进行回归, 并对回归残差做 acf 图 (图8.3) 的代码如下:

```
> set.seed(1010)
> n=50;x=cumsum(rnorm(n));y=cumsum(rnorm(n))
> a=lm(y~x);summary(a);acf(a$residuals,30)
```

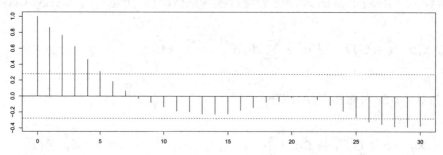

图 8.3 伪回归例子残差的 acf 图

```
Coefficients:
            Estimate Std. Error t value Pr(>|t|)
(Intercept)   3.216      0.660    4.88   1.2e-05 ***
x             0.301      0.108    2.78   0.0077  **
```

从输出可以看出回归系数的 t 检验很显著, 但 acf 图 (图8.3) 表现出序列相关.

为了理解协整概念, 下面考虑一个不平稳的 AR(1) 模型 $\boldsymbol{x}_t = \boldsymbol{\Phi}_1 \boldsymbol{x}_{t-1} + \boldsymbol{w}_t$, 具体为

$$\begin{pmatrix} x_{1t} \\ x_{2t} \end{pmatrix} = \begin{pmatrix} 0.5 & 1 \\ 0.25 & 0.5 \end{pmatrix} \begin{pmatrix} x_{1,t-1} \\ x_{2,t-1} \end{pmatrix} + \begin{pmatrix} w_{1t} \\ w_{2t} \end{pmatrix}.$$

$\boldsymbol{\Phi}_1$ 的特征值为: $\boldsymbol{\lambda} = (1, 0)$. 特征方程 $|\boldsymbol{I} - \boldsymbol{\Phi}_1 z| = \boldsymbol{0}$ 的一个根为 1 $(= 1/\lambda_1)$, 对于 $\lambda_1 \neq 0$). 存在一个矩阵 $\boldsymbol{L}$ 使得 $\boldsymbol{L}\boldsymbol{\Phi}_1\boldsymbol{L}^{-1} = \boldsymbol{\Lambda}$, 这里 $\boldsymbol{\Lambda}$ 的对角线元素为 $\boldsymbol{\Phi}_1$ 的特征值. 于是

$$\begin{aligned} \boldsymbol{x}_t &= \boldsymbol{\Phi}_1 \boldsymbol{x}_{t-1} + \boldsymbol{w}_t \Rightarrow \\ (\boldsymbol{L}\boldsymbol{x}_t) &= \boldsymbol{L}\boldsymbol{\Phi}_1\boldsymbol{L}^{-1}(\boldsymbol{L}\boldsymbol{x}_{t-1}) + \boldsymbol{L}\boldsymbol{w}_t \Rightarrow \\ \boldsymbol{y}_t &= \boldsymbol{\Lambda}\boldsymbol{y}_{t-1} + \boldsymbol{\eta}_t, \end{aligned}$$

这里 $\boldsymbol{y}_t = \boldsymbol{L}\boldsymbol{x}_t, \boldsymbol{\eta}_t = \boldsymbol{L}\boldsymbol{w}_t$. 我们的

$$\boldsymbol{L} = \begin{pmatrix} 0.559\,017 & 1.118\,034 \\ -0.559\,017 & 1.118\,034 \end{pmatrix},$$

$$\mathbf{\Lambda} = \begin{pmatrix} 1 & 0 \\ 0 & 0 \end{pmatrix} \Rightarrow \begin{pmatrix} y_{1t} \\ y_{2t} \end{pmatrix} = \begin{pmatrix} 1 & 0 \\ 0 & 0 \end{pmatrix} \begin{pmatrix} y_{1,t-1} \\ y_{2,t-1} \end{pmatrix} + \begin{pmatrix} \eta_{1t} \\ \eta_{2t} \end{pmatrix}$$

因为 η_t 是平稳 w_t 的线性组合, 因此 y_{2t} 是平稳的, 但 y_{1t} 为 $I(1)$.

我们仍然有

$$y_t = \mathbf{\Lambda} y_{t-1} + \eta_t \Rightarrow$$
$$L^{-1} y_t = L^{-1} \mathbf{\Lambda} y_{t-1} + L^{-1} \eta_t \Rightarrow$$
$$x_t = (L^{-1} \mathbf{\Lambda}) y_{t-1} + w_t$$

$$L^{-1} \mathbf{\Lambda} = \begin{pmatrix} 0.894\ 427\ 2 & 0 \\ 0.447\ 213\ 6 & 0 \end{pmatrix} \Rightarrow$$
$$x_{1t} = 0.894\ 427\ 2 y_{1,t-1} + w_{1t}$$
$$x_{2t} = 0.447\ 213\ 6 y_{1,t-1} + w_{2t}$$
$$y_{1,t} \in I(1) \Rightarrow x_{1t} \in I(1),\ x_{2t} \in I(1)$$

y_{1t} 称为 x_{1t} 与 x_{2t} 的**共同趋势** (common trend), 即 x_{1t} 和 x_{2t} 中的共同非平稳成分. 解上面方程组消掉 $y_{1,t-1}$ (注意 $2 \times 0.447\ 213\ 6 = 0.894\ 427\ 2$), 得到

$$x_{1t} - 2x_{2t} = w_{1t} - 2w_{2t},$$

这是平稳过程, 它是有**协整关系** (cointegrating relation) 的不平稳序列的组合.

注意

$$x_t = \mathbf{\Phi}_1 x_{t-1} + w_t$$
$$\Rightarrow \nabla x_t = (\mathbf{\Phi}_1 - \mathbf{I}) x_{t-1} + w_t$$
$$\Rightarrow \begin{pmatrix} \nabla x_{1t} \\ \nabla x_{2t} \end{pmatrix} = \begin{pmatrix} -0.50 & 1.0 \\ 0.25 & -0.5 \end{pmatrix} \begin{pmatrix} x_{1,t-1} \\ x_{2,t-1} \end{pmatrix} + \begin{pmatrix} w_{1t} \\ w_{2t} \end{pmatrix}$$

令秩为 1 的矩阵 (奇异矩阵) $\boldsymbol{\Pi} = -(\boldsymbol{I} - \boldsymbol{\Phi}_1)$, 那么

$$\nabla \boldsymbol{x}_t = \boldsymbol{\Pi} \boldsymbol{x}_{t-1} + \boldsymbol{w}_t.$$

利用因子化:

$$\boldsymbol{\Pi} = \begin{pmatrix} -0.50 & 1.0 \\ 0.25 & -0.5 \end{pmatrix} = \begin{pmatrix} -.5 \\ 0.25 \end{pmatrix} (1, -2) = \boldsymbol{\alpha}\boldsymbol{\beta}^\top,$$

$$\begin{pmatrix} \nabla x_{1t} \\ \nabla x_{2t} \end{pmatrix} = \begin{pmatrix} -.5 \\ 0.25 \end{pmatrix} (1, -2) \begin{pmatrix} x_{1,t-1} \\ x_{2,t-1} \end{pmatrix} + \begin{pmatrix} w_{1t} \\ w_{2t} \end{pmatrix} \Rightarrow$$

$$\begin{pmatrix} \nabla x_{1t} \\ \nabla x_{2t} \end{pmatrix} = \begin{pmatrix} -.5 \\ 0.25 \end{pmatrix} (x_{1,t-1} - 2x_{2,t-1}) + \begin{pmatrix} w_{1t} \\ w_{2t} \end{pmatrix} \quad (\text{平稳}),$$

因此有

$$\nabla \boldsymbol{x}_t = \boldsymbol{\Pi} \boldsymbol{x}_{t-1} + \boldsymbol{w}_t = \boldsymbol{\alpha}\boldsymbol{\beta}^\top \boldsymbol{x}_{t-1} + \boldsymbol{w}_t.$$

上面这个例子及符号有助于我们理解下面的一般情况时的概念.

回顾 VAR(p) (VARX(p)) 模型

$$\boldsymbol{X}_t = \boldsymbol{\alpha} + \boldsymbol{G}\boldsymbol{D}_t + \boldsymbol{\Upsilon}\boldsymbol{u}_t + \sum_{j=1}^{p} \boldsymbol{\Phi}_j \boldsymbol{X}_{t-j} + \boldsymbol{w}_t,$$

用记号

$$\boldsymbol{\Gamma}_i = -(\boldsymbol{I} - \boldsymbol{\Phi}_1 - \cdots - \boldsymbol{\Phi}_i) \ (i = 1, \cdots, p-1),$$
$$\boldsymbol{\Pi} = -(\boldsymbol{I} - \boldsymbol{\Phi}_1 - \cdots - \boldsymbol{\Phi}_p),$$

那么 VARX(p) 能够表示成

$$\nabla \boldsymbol{X}_t = \boldsymbol{\Gamma}_1 \nabla \boldsymbol{X}_{t-1} + \cdots + \boldsymbol{\Gamma}_{p-1} \nabla \boldsymbol{X}_{t-p+1} + \boldsymbol{\Pi} \boldsymbol{X}_{t-p} + \boldsymbol{\alpha} + \boldsymbol{G}\boldsymbol{D}_t + \boldsymbol{\Upsilon}\boldsymbol{u}_t + \boldsymbol{w}_t,$$

或者
$$\nabla \boldsymbol{X}_t = \sum_{j=1}^{p-1} \boldsymbol{\Gamma}_j \nabla \boldsymbol{X}_{t-j} + \boldsymbol{\Pi} X_{t-p} + \boldsymbol{\alpha} + \boldsymbol{G}\boldsymbol{D}_t + \boldsymbol{\Upsilon}\boldsymbol{u}_t + \boldsymbol{w}_t,$$

这称为**长期向量误差修正模型** (long-run vector error correction model, long-run VECM), 其中矩阵 $\boldsymbol{\Pi}$ 包含了累积的长期影响. 这描述了序列之间的长期关系.

如果令
$$\boldsymbol{\Gamma}_i^* = -(\boldsymbol{\Phi}_{i+1} + \cdots + \boldsymbol{\Phi}_p), \ i=1,\cdots,p-1,$$

VAR(p) 能表示为

$$\nabla \boldsymbol{X}_t = \boldsymbol{\Gamma}_1^* \nabla \boldsymbol{X}_{t-1} + \cdots + \boldsymbol{\Gamma}_{p-1}^* \nabla \boldsymbol{X}_{t-p+1} + \boldsymbol{\Pi} X_{t-1} + \boldsymbol{\alpha} + \boldsymbol{G}\boldsymbol{D}_t + \boldsymbol{\Upsilon}\boldsymbol{u}_t + \boldsymbol{w}_t$$

或者
$$\nabla \boldsymbol{X}_t = \sum_{j=1}^{p-1} \boldsymbol{\Gamma}_j^* \nabla \boldsymbol{X}_{t-j} + \boldsymbol{\Pi} X_{t-1} + \boldsymbol{\alpha} + \boldsymbol{G}\boldsymbol{D}_t + \boldsymbol{\Upsilon}\boldsymbol{u}_t + \boldsymbol{w}_t,$$

这称为**暂时错误纠正模型**或**短期错误纠正模型** (transitory or short-run error correction model).

- 如果 $\boldsymbol{\Pi} = \boldsymbol{0}$, 则即使单独的序列都为 $I(1)$ (差分后为 $I(0)$), 也不存在协整.
- 如果 $\boldsymbol{\Pi}$ 满秩 ($\text{rank}(\boldsymbol{\Pi}) = k$), 那么所有序列都是平稳的, 这是因为存在 $\boldsymbol{\Pi}^{-1}$ 使得
$$\boldsymbol{\Pi}^{-1} \nabla \boldsymbol{X}_t = X_{t-p} + \cdots + \boldsymbol{\Pi}^{-1} \boldsymbol{w}_t$$
或者
$$\boldsymbol{\Pi}^{-1} \nabla \boldsymbol{X}_t = X_{t-1} + \cdots + \boldsymbol{\Pi}^{-1} \boldsymbol{w}_t,$$
因而所有其他项都是平稳的. 注意: 这里的结论仅限于序列或者全部是 $I(0)$ 或者全部是 $I(1)$ 的情况.
- 最令人感兴趣的是 $\boldsymbol{\Pi}$ 既非满秩又不为零的存在协整的情况. 如果 $\text{rank}(\boldsymbol{\Pi}) = r$ $(0 < r < k)$, 那么存在 r 个协整关系. 这时 $k \times k$ 矩阵 $\boldsymbol{\Pi}$ 能写成 $\boldsymbol{\Pi} = \boldsymbol{\alpha}\boldsymbol{\beta}^\top$ 的形式, 这里 $\boldsymbol{\alpha}$ 及 $\boldsymbol{\beta}$ 是秩为 r 的 $m \times r$ 矩阵, 其中 $\boldsymbol{\alpha}$ 的 r 个列向量为**调节系数** (adjustment coefficient), 也称为**调节向量**, 而 $\boldsymbol{\beta}$ 则称为**协整矩阵** (cointegration matrix), 其列向量为**协整向量** (cointegration vector). 此外, $\text{rank}(\boldsymbol{\Pi}) = \min(\text{rank}(\boldsymbol{\alpha}), \text{rank}(\boldsymbol{\beta}))$.

注意, 对于任何非奇异变换 F, $\Pi = \alpha\beta^\top = \alpha F^{-1}(\beta F)^\top$, 因此由于缺乏唯一性很难解释协整, 而且也不易找到一个合适的方法来正则化 β (因为 α 随之而变).

8.5.2 协整检验

Engle-Granger 检验

最著名的协整检验是由 Engle and Granger (1987) 提出的 **Engle-Granger 检验**, 亦称 EG 检验. 这个检验的思想很简单: 假定这些序列都是 $I(1)$ 的, 先用这些时间序列变量互相做通常最小二乘 (OLS) 回归, 再通过诸如 ADF 之类的单位根检验它们的残差是否为 $I(0)$, 如果是, 则这些变量可能存在协整关系.

换言之, 令 $y_t = \alpha + \boldsymbol{x}_t^\top \boldsymbol{\beta} = \boldsymbol{w}_t$, 而且 y_t 及 $\boldsymbol{x}_t$ 都是 $I(1)$. 该检验为

$$H_0 : \boldsymbol{w}_t \in I(1) \text{ (不存在协整关系)} \Leftarrow H_a : \boldsymbol{w}_t \in I(0) \text{ (存在协整关系)}.$$

我们通过例5.1美国经济数据来考察这个检验的实施. 我们从众多的序列之中选择 ip, gnp.p, cpi, wg.n, M, sp 等 6 个序列 (图8.4), 输入数据及选择 6 个变量的代码为:

```
data(nporg, package="urca")
w=na.omit(nporg[,c(5,8,9,10,12,15)])
u=ts(w,start=1909);plot(u)
```

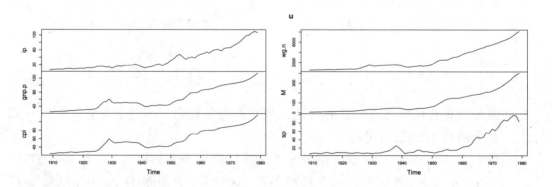

图 8.4 例5.1美国经济时间序列中的 ip, gnp.p, cpi, wg.n, M, sp

然后, 我们做每个序列的 KPSS 检验, 轮流让每个序列作为因变量做回归, 再对残差做 DF 检验:

```
for(i in 1:6) print(kpss.test(u[,i]))#all > I(1)
```

```
z=list()->z1 #Regressions
for(i in 1:6)z[[i]]=lm(u[,i]~.,u[,-i])
for(i in 1:6)print(summary(z[[i]]))

for(i in 1:6)
{z1[[i]]=ur.df(z[[i]]$res);
if (i==1) print(z1[[i]]@cval); print(z1[[i]]@teststat)}
```

输出表明, 对每一个序列, KPSS 检验都显著, 这意味着它们都至少是 $I(1)$ 的; 而所有回归的结果都比较显著; 对回归残差的 DF 检验的 p 值都小于 0.01, 这说明残差都为 $I(0)$. 因此, 可能存在协整关系. 这里不展示输出了.

Pillips-Ouliaris 协整检验

前面的 Egle-Granger 协整检验利用长期方程的残差来做 ADF 检验, 而 Pillips-Ouliaris 协整检验 (Pillips and Ouliaris, 1990) 引进两种残差检验: **方差率检验** (variance ratio test) 和**多元迹检验**. 这两种检验的零假设都是 "序列不存在协整", 因此如果检验显著, 则可能存在协整.

考虑 VAR 模型的拟合回归方程

$$Z_t = \hat{\Phi} Z_{t-1} + \hat{u}_t,\ t = 1, \cdots, T,$$

式中, $Z_t = (Y_t, X_t)^\top$, Y_t 为一个序列, 而 X_t 为时间序列向量, $\hat{\Phi}$ 为估计的系数. 方差率检验统计量为

$$\hat{P}_u = \frac{T \hat{\omega}_{11.2}}{\frac{1}{T} \sum_{t=1}^n \hat{e}_t},$$

式中, $\hat{e}_t$ 为长期回归拟合方程 $Y_t = \hat{\beta} X_t + \hat{e}_t$ 的残差项,

$$\hat{\omega}_{11.2} = \hat{\omega}_{11} - \hat{\omega}_{12} \hat{\Omega}_{22}^{-1} \hat{\omega}_{21}$$

而且

$$\hat{\Omega} = \frac{1}{T} \sum_{t=1}^T \hat{u}_t \hat{u}_t' + \frac{1}{T} \sum_{s=1}^l w_{sl} \left(\sum_{t=s+1}^n \hat{u}_t \hat{u}_{t-s}' + \hat{u}_{t-s} \hat{u}_t' \right),$$

式中, $w_{sl} = 1 - s/(l-1)(l < T$ 为窗宽) 以及

$$\hat{\Omega} = \begin{pmatrix} \hat{\omega}_{11} & \hat{\omega}_{12} \\ \hat{\omega}_{21} & \hat{\omega}_{22} \end{pmatrix}.$$

而多元迹统计量为

$$\hat{P}_z = n\mathrm{Tr}(\hat{\Omega} M_{zz}^{-1}),$$

这里 $M_{zz}^{-1} = \frac{1}{T}\sum_{t=1}^{T} z_t z_t'$.

再用例5.1数据来做 Pillips-Ouliaris 协整检验, 代码和输出如下:

```
> zz=ca.po(u, demean = "constant",type ="Pu")
> zz@cval;zz@teststat
               10pct    5pct    1pct
critical values 50.354  57.785  76.77
[1] 9.2654
> zz=ca.po(u, demean = "constant",type ="Pz")
> zz@cval;zz@teststat
               10pct    5pct    1pct
critical values 225.23  241.33  270.5
[1] 86.301
```

输出表明, 无论是方差率检验还是多元迹检验都不显著, 和前面的 Engle-Granger 检验的结论不一致.

Johansen 方法

Johansen 方法 (Johansen procedure 或 Johansen test) 允许多个协整关系 (参见 Johansen, 1995), 因此比 Engle-Granger 检验更加广泛, Engle-Granger 检验是基于对单独协整关系残差的 ADF 单位根检验的. 有两种 Johansen 检验: 基于迹或者基于特征值, 而且推断可能有区别. 前面的 n 维时间序列向量的 VAR(p) 可以表示成 VECM 形式:

$$\nabla \boldsymbol{X}_t = \boldsymbol{\Gamma}_1 \nabla \boldsymbol{X}_{t-1} + \cdots + \boldsymbol{\Gamma}_{p-1} \nabla \boldsymbol{X}_{t-p+1} + \boldsymbol{\Pi} \boldsymbol{X}_{t-p} + \boldsymbol{\alpha} + \boldsymbol{G}\boldsymbol{D}_t + \boldsymbol{\Upsilon} \boldsymbol{u}_t + \boldsymbol{w}_t,$$

矩阵 $\boldsymbol{\Pi}$ 包含着关于模型的长期性质. 如果它的秩为 0, 那么系统就不是协整的 (假定所有在 $\boldsymbol{X}_t$ 中的变量至少为单整 $I(1)$ 的). 如果 $\boldsymbol{\Pi}$ 的秩为 n(满秩), 那么 $\boldsymbol{X}_t$ 的变量为平稳的. 如果矩阵 $\boldsymbol{\Pi}$ 有秩 r, 这里 $0 < r < n$, 则 $\boldsymbol{\Pi}$ 可以分解为两个不同的 $(n \times r)$ 矩

阵 $\boldsymbol{\alpha}$ 和 $\boldsymbol{\beta}$, 使得 $\boldsymbol{\Pi} = \boldsymbol{\alpha}\boldsymbol{\beta}^\top$, 即在 $\boldsymbol{\beta}$ 中包含 r 个协整向量. $\boldsymbol{\beta}$ 的每一列为协整向量意味着 $\boldsymbol{\beta}^\top \boldsymbol{X}_t$ 为 $I(0)$.

Johansen 方法基本上是从不受约束的 VAR 来估计矩阵 $\boldsymbol{\Pi}$, 再看是否能够拒绝由 $\boldsymbol{\Pi}$ 的降秩形式给出的约束. Johansen 方法包含如下步骤:

(1) 确保时间序列向量的单整水平至少为 $I(1)$;

(2) 选择滞后期数;

(3) 选择系统的确定的成分 (诸如包含截距、斜率等项的问题);

(4) 确定协整向量数目.

其中第 4 步是确定 $\boldsymbol{\Pi}$ 的秩, 即协整向量的个数. 需要做迹检验或最大特征值检验.

最大特征值检验 为简化符号, 这里令

$$\begin{aligned}
\boldsymbol{Z}_{0t} &= \boldsymbol{\Delta X}_t, \\
\boldsymbol{Z}_{1t} &= (\boldsymbol{\Delta X}_{t-1}^\top, \cdots, \boldsymbol{\Delta X}_{t-p+1}^\top, \boldsymbol{D}_t^\top, 1)^\top, \\
\boldsymbol{Z}_{pt} &= \boldsymbol{X}_{t-p},
\end{aligned}$$

再令 $\boldsymbol{\Gamma}$ 包含参数 $(\boldsymbol{\Gamma}_1, \cdots, \boldsymbol{\Gamma}_{p-1}, \boldsymbol{G}, \boldsymbol{\Upsilon}, \boldsymbol{\alpha})$, 前面的 VECM 模型就成为

$$\boldsymbol{Z}_0 = \boldsymbol{\Gamma}\boldsymbol{Z}_{1t} + \boldsymbol{\alpha}\boldsymbol{\beta}^\top \boldsymbol{Z}_{pt} + \boldsymbol{u}_t.$$

令

$$\boldsymbol{M}_{ij} = \frac{1}{n} \sum_{t=1}^n \boldsymbol{Z}_{it} \boldsymbol{Z}_{jt}^\top, \quad i, j = 0, 1, p.$$

记

$$\boldsymbol{S}_{ij} = \boldsymbol{M}_{ij} - \boldsymbol{M}_{i1} \boldsymbol{M}_{11}^{-1} \boldsymbol{M}_{1j}, \quad i, j = 0, 1, p.$$

假定特征值 $\hat{\lambda}_1, \hat{\lambda}_2, \cdots, \hat{\lambda}_k$ ($\hat{\lambda}_1 > \hat{\lambda}_2 > \cdots > \hat{\lambda}_k > 0$) 为方程

$$|\lambda \boldsymbol{S}_{kk} - \boldsymbol{S}_{k0} \boldsymbol{S}_{00}^{-1} \boldsymbol{S}_{0k}| = 0$$

的特征值. 要做的检验为

$$H_0: \text{rank}(\boldsymbol{\Pi}) = r \Leftrightarrow H_a: \text{rank}(\boldsymbol{\Pi}) = r+1.$$

检验统计量为

$$\lambda_{\max}(r, r+1) = -n\ln(1-\hat{\lambda}_{r+1}).$$

迹检验 想法是，增加比 r 个更多的 λ_i, $\text{tr}(\mathbf{\Pi})$ 是否会增加. $\lambda_i = 0$ 等价于相应的迹统计量为 0. 这就导致了随 r 递增的约束模型的似然比检验，要做的检验为

$$H_0: \text{tr}(\mathbf{\Pi}) \leqslant r \Leftrightarrow H_a: \text{tr}(\mathbf{\Pi}) > r.$$

检验统计量为

$$\lambda_{\text{tr}}(r) = -n\sum_{i=r+1}^{k}\ln(1-\hat{\lambda}_i).$$

再用例5.1数据来实行 Johansen 方法，代码和输出如下：

```
> at=ca.jo(u,type="trace",ecdet="const");at@cval;at@teststat
         10pct  5pct   1pct
r <= 5 |  7.52  9.24  12.97
r <= 4 | 17.85 19.96  24.60
r <= 3 | 32.00 34.91  41.07
r <= 2 | 49.65 53.12  60.16
r <= 1 | 71.86 76.07  84.45
r =  0 | 97.18 102.14 111.01
[1]  3.8949 14.3359 36.6293 61.8460 93.6367 163.5806
> ae=ca.jo(u,type="eigen",ecdet="const");ae@cval;ae@teststat
         10pct  5pct   1pct
r <= 5 |  7.52  9.24  12.97
r <= 4 | 13.75 15.67  20.20
r <= 3 | 19.77 22.00  26.81
r <= 2 | 25.56 28.14  33.24
r <= 1 | 31.66 34.40  39.79
r =  0 | 37.45 40.30  46.82
[1]  3.8949 10.4409 22.2934 25.2168 31.7907 69.9439
```

两个检验都表明，零假设 $H_0: r \leqslant 3$ 能够在水平 0.05 时拒绝，但不能拒绝 $H_0: r \leqslant 4$，因此有可能 $r = 4$. 这个结果和前面 Engle-Granger 检验的结论不矛盾，但和 Pillips-Ouliaris 协整检验的结果不一致.

8.5.3 Granger 因果检验

考虑两个时间序列 X 和 Y, 由 Granger (1969) 提出的关于 X 和 Y 的 **Granger 因果检验** (Granger causality testing) 用来评估 X 过去的观测值对于预测 Y(其过去值已经建模了) 是否有用. 零假设为: X 过去的观测值 (比如 p 个) 对于预测 Y 值没用.

该检验是用 p 个过去的 Y 的值对 p 个过去的 X 的值回归而成. 统计量的分布为 F 分布. 下面公式对于理解其概念可能有帮助, 假定 Y 有自回归模型 AR(p)(这里 p 可以根据 AIC 和 BIC 等准则确定):

$$Y_t = a_0 + a_1 Y_{t-1} + \cdots + a_p Y_{t-p} + \varepsilon_{1t}.$$

再进行增加 X 的自回归

$$Y_t = a_0 + a_1 Y_{t-1} + \cdots + a_p Y_{t-p} + b_0 + b_1 X_{t-1} + \cdots + b_p X_{t-p} + \varepsilon_{2t}.$$

如果系数 $b_1, \cdots, b_p$ 都显著不为 0, 或者 ε_{2t} 的方差显著小于 ε_{1t} 的方差, 则称变量 X 为 Y 的 "Granger 原因"(X Granger-(G)-causes Y). 这个检验虽然在原理和计算上都很简单, 但在计量经济学研究中很有用.

注意, Granger 因果关系绝对不等于真正的因果关系. 它仅仅描述了某一事件经常出现在另一个事件之前的一类关系. 例如, X 代表张三每天起床时间, 而 Y 代表李四每天起床时间. 由于张三单位的上班时间比李四早, 因此, 张三平均每日起床时间比李四早一点. 这样, 根据对他们起床时间的两个时间序列做 Granger 因果检验, 很可能得到他们有 Granger 因果关系的结论, 但这个结论显然不能得到张三起床为李四起床的原因. 他们起床时间的早晚源于他们上班时间的差别, 任何单独对张三起床时间的人为干预都不会改变李四的起床习惯.

再用例5.1数据来实行 Granger 因果检验, 我们用的是程序包 MSBVAR[①]中提供的函数 `granger.test()`. 下面是代码和输出 (只展示 p 值小于 0.1 的结果):

```
library(MSBVAR)
> g=granger.test(w, p=6)
> round(g,4)
          F-statistic p-value
ip -> gnp.p    2.6440  0.0259
cpi -> gnp.p   5.6506  0.0001
```

[①] Patrick Brandt (2016). MSBVAR: Markov-Switching, Bayesian, Vector Autoregression Models. R package version 0.9-3. https://CRAN.R-project.org/package=MSBVAR.

```
wg.n -> gnp.p      2.1728 0.0605
M -> gnp.p         2.4951 0.0339
ip -> cpi          2.9464 0.0150
gnp.p -> cpi       7.6387 0.0000
M -> cpi           2.5465 0.0309
ip -> wg.n         1.9176 0.0954
ip -> M            6.8006 0.0000
wg.n -> sp         2.1275 0.0656
M -> sp            2.6020 0.0279
```

请注意, 其中一些序列互为 Granger 因果关系.

下面再用例8.1燃气炉数据做各种协整检验. 首先看两个变量是不是一阶单整的:

```
> w=read.csv("gas-furnace.csv")
> for(i in 1:2) print(kpss.test(w[,i]))
KPSS Test for Level Stationarity

data:  w[, i]
KPSS Level = 0.981, Truncation lag parameter = 3,
p-value = 0.01


KPSS Test for Level Stationarity

data:  w[, i]
KPSS Level = 1.47, Truncation lag parameter = 3,
p-value = 0.01

Warning messages:
1: In kpss.test(w[, i]) : p-value smaller than printed p-value
2: In kpss.test(w[, i]) : p-value smaller than printed p-value
```

这说明例8.1中的两个序列都是至少 $I(1)$ 的. 下面轮流取每个序列做样本量来回归, 并对每个残差做 DF 检验:

```
u=ts(w,start=1)
z=list()
for(i in 1:2)z[[i]]=lm(u[,i]~u[,-i])
for(i in 1:2)print(summary(z[[i]]))

library(urca)
z1=list()
for(i in 1:2)
```

```
{z1[[i]]=ur.df(z[[i]]$res);
if (i==1) print(z1[[i]]@cval); print(z1[[i]]@teststat)}
```

最后两个残差的 DF 检验结果为:

```
      1pct  5pct  10pct
tau1 -2.58 -1.95 -1.62
            tau1
statistic -12.225
            tau1
statistic -11.675
```

显然两个 p 值都小于 0.01, 所以它们可能存在协整关系.

再用例8.1数据来做 Pillips-Ouliaris 协整检验, 代码和输出如下:

```
> zz=ca.po(u, demean = "constant",type ="Pu")
> zz@cval;zz@teststat
                10pct   5pct    1pct
critical values 27.854 33.713 48.002
[1] 50.756
> zz=ca.po(u, demean = "constant",type ="Pz")
> zz@cval;zz@teststat
                10pct  5pct   1pct
critical values 47.588 55.22 71.927
[1] 55.998
```

输出表明, 无论是方差率检验还是多元迹检验都显著, 它们的 p 值一个小于 0.01, 另一个小于 0.05, 和前面的 Engle-Granger 检验的结论一致, 说明可能存在协整关系.

再用例8.1数据来实行 Johansen 方法, 代码和输出如下:

```
> at=ca.jo(u,type="trace",ecdet="const");at@cval;at@teststat
        10pct 5pct 1pct
r <= 1 | 7.52 9.24 12.97
r = 0  | 17.85 19.96 24.60
[1]  16.903 323.907
> ae=ca.jo(u,type="eigen",ecdet="const");ae@cval;ae@teststat
        10pct 5pct 1pct
r <= 1 | 7.52 9.24 12.97
r = 0  | 13.75 15.67 20.20
[1]  16.903 307.005
```

两个检验都表明, 零假设 $H_0: r \leqslant 1$ 能够在水平 0.01 时拒绝, 因此有可能 $r > 1$. 这个结果与前面 Engle-Granger 检验和 Pillips-Ouliaris 协整检验的结果一致.

再用例8.1数据来实行 Granger 因果检验, 代码和输出如下:

```
> (g=granger.test(u, p=6))
               F-statistic p-value
CO2 -> InputGasRate  0.95777 0.45425
InputGasRate -> CO2 46.13000 0.00000
```

显然二氧化碳浓度不是甲烷气体进料速率的 Granger 原因, 但甲烷气体进料速率却是二氧化碳浓度的 Granger 原因.

8.6 多元时间序列案例分析

8.6.1 加拿大宏观经济数据

例 8.2 加拿大宏观经济数据 (Canada.csv). 原来的时间序列是由经济合作与发展组织 (OECD) 发布的, 范围为 1980 年第一季度至 2000 年第四季度. 以下系列用于加拿大提供的序列的构建.

主要经济指标:

- 加拿大失业率 (单位%, 代码 444113DSA)
- 加拿大制造业实际工资 (代码 444321KSA)
- 加拿大消费者物价指数 (代码 445241K)

季度国民账户:

- 加拿大名义 GDP (代码 CAN1008S1)

劳工统计:

- 加拿大民间就业 (单位: 千人, 代码 445005DSA)

本例的序列变量 (prod, e, U, rw) 是如下构造的:

- prod <- 100*(ln(CAN1008S1/445241K)-ln(445005DSA)): 劳动生产率
- e <- 100*ln(445005DSA): 就业
- U <- 444113DSA: 失业率
- rw <- 100*ln(100*444321KSA): 实际工资

首先读入数据并画图 (图8.5).

```
library(vars);data(Canada);w=Canada
plot(w,main="Canada Macroeconomic time series")
```

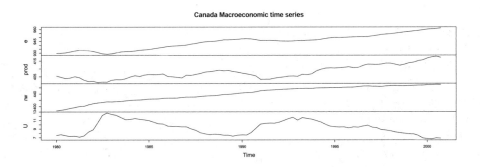

图 8.5 例8.2加拿大宏观经济数据序列

8.6.2 例8.2加拿大宏观经济数据的协整检验和 Granger 因果检验

例8.2数据的 KPSS 检验

下面对例8.2数据各个序列做 KPSS 检验:

```
library(tseries)
for(i in 1:4){
print(kpss.test(w[,i],null="Level"))
print(kpss.test(w[,i],null="Trend"))
print(kpss.test(diff(w[,i]),null="Level"))
print(kpss.test(diff(w[,i]),null="Trend"))}
```

结果显示 (这里不打印) 四个序列都可能是 $I(1)$, 所有的趋势平稳零假设 p 值都小于 0.01(除了第四个序列 rw 的 p 值为 0.023 之外), 而对于水平平稳零假设 p 值都小于 0.01(除了第四个序列 rw 的 p 值为 0.1 之外).

例8.2数据的 Engle-Granger 检验

对该数据做 Engle-Granger 检验, 代码如下:

```
z=list()
for(i in 1:4)z[[i]]=lm(w[,i]~.,w[,-i])
for(i in 1:4)print(summary(z[[i]]))
library(urca);z1=list()
for(i in 1:3){z1[[i]]=ur.df(z[[i]]$res)
print(z1[[i]]@teststat);print(z1[[i]]@cval)}
```

最后的输出为:

```
             tau1
statistic -3.292455
statistic -2.307406
statistic -3.340159
statistic -3.418906
# #####################
     1pct 5pct 10pct
tau1 -2.6 -1.95 -1.61
# #####################
```

这些检验表明, 4 个回归残差的 DF 检验都显著, 说明有协整关系.

例8.2数据的 Pillips-Ouliaris 检验

下面做 Pillips-Ouliaris 检验, 代码和输出为:

```
> zz=ca.po(w, demean = "constant",type ="Pu")
> zz@cval;zz@teststat
              10pct   5pct    1pct
critical values 39.695 46.728 63.413
[1] 7.6357
> zz1=ca.po(w, demean = "constant",type ="Pz")
> zz1@cval;zz@teststat
              10pct   5pct    1pct
critical values 120.3 132.22 153.45
[1] 7.6357
```

例8.2数据的 Johansen 检验

下面再做 Johansen 检验, 代码及输出如下:

```
> library(urca)
> jot=ca.jo(w,type="trace",ecdet="const")
> jot@cval;jot@teststat
         10pct  5pct  1pct
r <= 3 |  7.52  9.24 12.97
r <= 2 | 17.85 19.96 24.60
r <= 1 | 32.00 34.91 41.07
r =  0 | 49.65 53.12 60.16
[1]   6.8796 17.3916 42.3061 105.8439
> joe=ca.jo(w,type="eigen",ecdet="const")
> joe@cval;joe@teststat
```

```
         10pct  5pct  1pct
r <= 3 |  7.52  9.24 12.97
r <= 2 | 13.75 15.67 20.20
r <= 1 | 19.77 22.00 26.81
r  = 0 | 25.56 28.14 33.24
[1] 6.8796 10.5120 24.9145 63.5378
```

第一个检验表明可以拒绝 $r \leqslant 1$ 的零假设 (p 值小于 0.01), 但不能拒绝 $r \leqslant 2$ 的零假设; 而第二个检验表明可以拒绝 $r \leqslant 1$ 的零假设 (p 值小于 0.05), 但不能拒绝 $r \leqslant 2$ 的零假设.

通过对于例8.2数据的这三个检验, 我们看到除了 Pillips-Ouliaris 检验之外的两个检验都是显著的, 有可能存在协整关系.

例8.2数据的 Granger 因果检验

下面再做 Granger 因果检验, 代码和输出为:

```
> round(granger.test(w, p=6),4)
           F-statistic p-value
prod -> e      3.8973  0.0022
rw -> e        3.2985  0.0068
U -> e         2.3276  0.0426
e -> prod      0.9643  0.4564
rw -> prod     1.4355  0.2148
U -> prod      2.0680  0.0691
e -> rw        4.4671  0.0008
prod -> rw     1.9359  0.0881
U -> rw        3.0681  0.0105
e -> U         6.7767  0.0000
prod -> U      2.2185  0.0522
rw -> U        3.0650  0.0105
```

从输出看出序列 e, rw 和 U 互为 Granger 因果关系 (p 值小于 0.05), 但 prod 仅仅是 e 的 Granger 原因 (p 值小于 0.05).

8.6.3 用 VAR(2) 模型拟合例8.2加拿大宏观经济数据并做预测

用 VAR(2) 模型拟合

下面对例8.2数据拟合 VAR(2) 模型. 代码及输出为:

```
> library(vars);VAR(w,p=2,type="both")
```

VAR Estimation Results:
=======================

Estimated coefficients for equation e:
======================================
Call:
e = e.l1 + prod.l1 + rw.l1 + U.l1 + e.l2 + prod.l2 + rw.l2 + U.l2
+ const + trend

```
     e.l1      prod.l1     rw.l1      U.l1       e.l2     prod.l2
1.636e+00  1.716e-01  -6.006e-02  2.740e-01  -4.842e-01  -9.766e-02
    rw.l2       U.l2      const      trend
1.689e-03  1.433e-01  -1.510e+02  -5.706e-03
```

Estimated coefficients for equation prod:
===
Call:
prod = e.l1 + prod.l1 + rw.l1 + U.l1 + e.l2 + prod.l2 + rw.l2 + U.l2
+ const + trend

```
    e.l1   prod.l1    rw.l1     U.l1      e.l2   prod.l2    rw.l2
-0.14817  1.09881  0.01519  -0.57737  0.23300  -0.21942  -0.09343
    U.l2     const    trend
 0.89061  -2.16645  0.06729
```

Estimated coefficients for equation rw:
=======================================
Call:
rw = e.l1 + prod.l1 + rw.l1 + U.l1 + e.l2 + prod.l2 + rw.l2 + U.l2
+ const + trend

```
    e.l1    prod.l1    rw.l1     U.l1      e.l2    prod.l2
-0.24395  -0.13328  0.85895  -0.08787  0.21384  -0.05273
   rw.l2      U.l2     const    trend
 0.07839  -0.25445  133.30872  0.06806
```

Estimated coefficients for equation U:

```
====================================
Call:
U = e.l1 + prod.l1 + rw.l1 + U.l1 + e.l2 + prod.l2 + rw.l2 + U.l2
+ const + trend

    e.l1    prod.l1    rw.l1      U.l1     e.l2   prod.l2
-0.57610  -0.08790   0.01182   0.60019  0.38095   0.04321
   rw.l2     U.l2     const     trend
 0.04662 -0.09492 180.98536   0.01276
```

由此得到拟合的 VAR(2) 模型为

$$\begin{pmatrix} e_t \\ prod_t \\ rw_t \\ U_t \end{pmatrix} = \hat{\boldsymbol{\mu}} + \hat{\boldsymbol{\beta}} t + \hat{\boldsymbol{\phi}}_1 \begin{pmatrix} e_{t-1} \\ prod_{t-1} \\ rw_{t-1} \\ U_{t-1} \end{pmatrix} + \hat{\boldsymbol{\phi}}_2 \begin{pmatrix} e_{t-2} \\ prod_{t-2} \\ rw_{t-2} \\ U_{t-2} \end{pmatrix}.$$

根据上面的输出, 有

$$\hat{\boldsymbol{\mu}} = \begin{pmatrix} -0.01510 \\ -2.16645 \\ 133.30872 \\ 180.98536 \end{pmatrix}, \hat{\boldsymbol{\beta}} = \begin{pmatrix} -0.005706 \\ 0.06729 \\ 0.06806 \\ 0.01276 \end{pmatrix},$$

$$\hat{\boldsymbol{\phi}}_1 = \begin{pmatrix} 1.636 & 0.1716 & -0.06006 & 0.2740 \\ -0.14817 & 1.09881 & 0.01519 & -0.57737 \\ -0.24395 & -0.13328 & 0.85895 & -0.08787 \\ -0.57610 & -0.08790 & 0.01182 & 0.60019 \end{pmatrix},$$

$$\hat{\phi}_2 = \begin{pmatrix} -0.4842 & -0.09766 & 0.001689 & 0.1433 \\ -0.21942 & -0.09343 & 0.89061 & -2.16645 \\ 0.21384 & -0.05273 & 0.07839 & -0.25445 \\ 0.38095 & 0.04321 & 0.04662 & -0.09492 \end{pmatrix}.$$

用 VAR(2) 模型预测

下面再利用例8.2数据做 12 个季度的预测 (展示在图8.6中), 代码如下:

```
z=VAR(w,p=2,type="both")
zp=predict(z,n.ahead =12,ci = 0.95)
plot(zp)
```

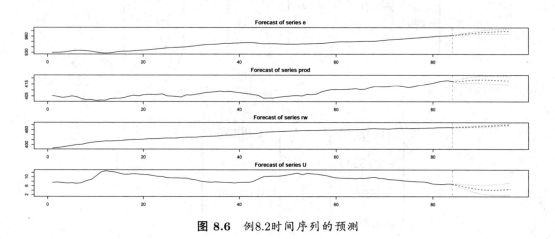

图 8.6 例8.2时间序列的预测

8.6.4 用 VARX 模型拟合例8.2加拿大宏观经济数据并做预测

用 VARX 模型拟合

在用多元做分析的时候有时往往需要用一些序列作为输入变量 (相对于自变量), 而另一部分序列作为输出变量 (相对于因变量), 建立模型之后, 在给定一段时间的输入变量之后要预测这段时间的输出变量的值. 前面提到过的 VARMAX 模型就服务于这个目的. 下面就例8.2的加拿大经济序列来用程序包 dse 的函数来做这种预测. 这里我们取序列 e 和 prod 作为输入, 而 rw 及 U 作为输出, 该程序包的 VARX 的公式 (符

号) 为
$$A(L)Y_t = B(L)e_t + C(L)X_t,$$

这里的 L 就是我们用的后移算子 B. 下面代码把数据转换成该程序包的格式:

```
library(vars);data(Canada);w=Canada
library(dse)
CNA <- TSdata(input= w[,1:2],output= w[,3:4])
CNA <-tframed(CNA,list(start=c(1980,1), frequency=4))
seriesNamesInput(CNA) <- c("e","prod")
seriesNamesOutput(CNA) <- c("rw","U")
```

下面为用最小二乘法拟合 VARX 模型的代码和输出:

```
> CNA.ls <- estVARXls(CNA,max.lag=2)#default max.lag=6
> print(CNA.ls)
neg. log likelihood= 660.8

A(L) =
1-0.8788L1-0.08374L2   0-0.2211L1+0.4202L2
0+0.02496L1-0.02098L2  1-1.044L1+0.07921L2

B(L) =
1  0
0  1

C(L) =
-0.3145+0.3633L1   0.1635-0.2285L1
-0.6304+0.6285L1   0.01332-0.003092L1
```

使用符号
$$y_{1t} \equiv \text{rw}_t,\ y_{2t} \equiv \text{U}_t,\ x_{1t} \equiv e_t,\ x_{2t} \equiv \text{prod}_t,$$

该输出表示拟合的模型形式为

$$y_{1t} - 0.8788y_{1,t-1} - 0.08374y_{1,t-1} - 0.2211y_{2,t-1} + 0.4202y_{2,t-1}$$
$$= e_{1t} - 0.3145x_{1t} + 0.3633x_{1,t-1} + 0.1635x_{2t} - 0.2285x_{2,t-1},$$
$$0.02496y_{1,t-1} - 0.02098y_{1,t-2} + y_{2t} - 1.044y_{2,t-1} + 0.07921y_{2,t-1}$$
$$= e_{2t} - 0.6304x_{1t} + 0.6285x_{1,t-1} + 0.01332x_{2t} - 0.003092x_{2,t-1}.$$

下面我们使用程序包 dse 中的函数 stability() 来看这样估计出来的模型是否

是稳定的 (由于程序包 vars 也有同名函数 stability(), 必须解除该程序包), 代码及输出如下:

```
> detach(package:vars)
> stability(CNA.ls)
Distinct roots of det(A(L)) and moduli are:
                   [,1]           [,2]
[1,]  1.0084944+ 0.000000i 1.0084944+0i
[2,]  1.0646396+ 0.000000i 1.0646396+0i
[3,] -1.6597439-20.592657i 20.6594355+0i
[4,] -1.6597439+20.592657i 20.6594355+0i
The system is stable.
[1] TRUE
attr(,"roots")
Inverse of distinct roots of det(A(L)) moduli
[1,]  0.99158+0.00000i 0.9916+0i
[2,]  0.93928+0.00000i 0.9393+0i
[3,] -0.00389+0.04825i 0.0484+0i
[4,] -0.00389-0.04825i 0.0484+0i
```

看来这样拟合的模型是稳定的.

用 VARX 模型预测

下面用例8.2数据的一部分 (到 1995 年第三季度为止) 建立 VARX 模型, 然后利用已知的输入变量的值 (1995 年第三季度之后的 e 和 prod) 预测剩下的输出变量的值 (1995 年第三季度之后的 rw 和 U). 代码和输出 (输出展示在图8.7中) 为

```
CNA.ls2 <- estVARXls(window(CNA,end=c(1995,3)),max.lag=2)
S.p=forecast(CNA.ls2, conditioning.inputs=CNA$input)
S.p$forecast
tfplot(S.p)
```

8.6.5 用状态空间 VARX 模型拟合例8.2加拿大宏观经济数据

状态空间模型按照程序包 dse 的符号为

$$\alpha_t = F\alpha_{t-1} + GU_t + K\varepsilon_{t-1},$$
$$Y_t = H\alpha_t + \varepsilon_t,$$

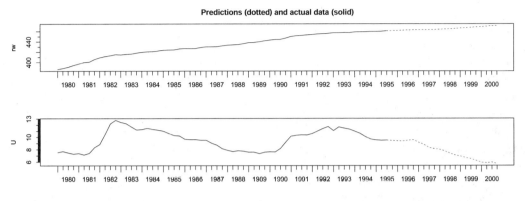

图 8.7 例8.2时间序列 VARX 模型的预测

这里的状态 $\boldsymbol{\alpha}_t$ 是 4 维向量, 而 $\boldsymbol{U}_t$ 为输入变量 (我们的例子是 2 维向量). 我们用这个模型来做前面做过的 VARX 模型拟合, 所用的输入、输出变量与前面的相同, 即取序列 e 和 prod 作为输入, 而 rw 及 U 作为输出. 拟合及核对稳定性的代码及输出如下:

```
> CNA.ss <- estSSfromVARX(CNA,max.lag=2)
> print(CNA.ss)
neg. log likelihood= 660.8

F =
     [,1] [,2]    [,3]     [,4]
[1,]   0    0  0.08374 -0.42020
[2,]   0    0  0.02098 -0.07921
[3,]   1    0  0.87879  0.22114
[4,]   0    1 -0.02496  1.04430

G =
         [,1]      [,2]
[1,]   0.3633 -0.228532
[2,]   0.6285 -0.003092
[3,]  -0.3145  0.163535
[4,]  -0.6304  0.013318

H =
     [,1] [,2] [,3] [,4]
[1,]   0    0    1    0
[2,]   0    0    0    1

K =
```

```
          [,1]     [,2]
[1,]  0.08374 -0.42020
[2,]  0.02098 -0.07921
[3,]  0.87879  0.22114
[4,] -0.02496  1.04430
> stability(CNA.ss)
The system is stable.
[1] TRUE
attr(,"roots")
       Eigenvalues of F   moduli
[1,]  0.99158+0.00000i  0.9916+0i
[2,]  0.93928+0.00000i  0.9393+0i
[3,] -0.00389+0.04825i  0.0484+0i
[4,] -0.00389-0.04825i  0.0484+0i
```

因此拟合得到的状态空间模型为

$$\boldsymbol{\alpha}_t = \begin{pmatrix} 0 & 0 & 0.08374 & -0.42020 \\ 0 & 0 & 0.02098 & -0.07921 \\ 1 & 0 & 0.87879 & 0.22114 \\ 0 & 1 & -0.02496 & 1.04430 \end{pmatrix} \boldsymbol{\alpha}_{t-1} + \begin{pmatrix} 0.3633 & -0.228532 \\ 0.6285 & -0.003092 \\ -0.3145 & 0.163535 \\ -0.6304 & 0.013318 \end{pmatrix} \boldsymbol{U}_t$$

$$+ \begin{pmatrix} 0.08374 & -0.42020 \\ 0.02098 & -0.07921 \\ 0.87879 & 0.22114 \\ -0.02496 & 1.04430 \end{pmatrix} \boldsymbol{\varepsilon}_{t-1},$$

$$\boldsymbol{Y}_t = \begin{pmatrix} 0 & 0 & 1 & 0 \\ 0 & 0 & 0 & 1 \end{pmatrix} \boldsymbol{\alpha}_t + \boldsymbol{\varepsilon}_t,$$

如果用例8.2的部分数据 (到 1995 年第三季度为止) 建立 VARX 模型, 然后利用已知的输入变量的值 (1995 年第三季度之后的 e 和 prod) 预测剩下的输出变量的值 (1995 年第三季度之后的 rw 和 U). 代码和输出与前面完全类似 (这里就不给出输出了):

```
CNA.ssm <- estSSfromVARX(window(CNA,end=c(1995,3)),max.lag=2)
Ss.p=forecast(CNA.ssm, conditioning.inputs=inputData(CNA))
```

```
Ss.p$forecast
tfplot(Ss.p)
```

8.7 习题

1. 从中国国家统计局网站 http://www.stats.gov.cn/tjsj/ 下载各种数据进行多元数据分析.
2. 在网址 http://moxlad.fcs.edu.uy/en/databaseaccess.html 点击任何你感兴趣的国家、内容等, 最后下载数据 (Retrieve Data), 进行你愿意做的分析.
3. 在网址 http://unctadstat.unctad.org/TableViewer/tableView.aspx?ReportId=99 点击 Excel 图标下载数据, 进行你想要的时间序列分析.
4. 在世界银行网站 http://data.worldbank.org/ 寻找并下载各种你感兴趣的月度数据, 做你愿意做的时间序列分析.
5. 从网址 http://new.censusatschool.org.nz/resource/time-series-data-sets-2013/ 下载 Zip 格式文件 Time Series Datasets (2013), 选择任何你感兴趣的时间序列数据, 做多元时间序列分析.
6. 从网址 http://www.conference-board.org/data/economydatabase/ 下载该网页下面的 Total Economy Database™— Output, Labor, and Labor Productivity, 1950—2012 数据, 其中有很多页包括不同国家及不同变量的数据, 请随意选择时间序列做分析.
7. 从网址 http://www.nber.org/data/job-creation-and-destruction.html 下载 xls 数据, 并做任何你想做的分析.

第 9 章 非线性时间序列

9.1 非线性时间序列例子

在非线性时间序列的标题下, 很可能有完全不同的方法、含义及内容. 这里所介绍的内容大多仅局限于分段线性模型等有限的一些模型和方法. 对非线性时间序列所涉及的众多知识不做详尽解释, 希望有兴趣的读者参阅动力系统、混沌理论、差分方程、非线性时间序列等方面的文献, 比如 Kantz and Schreiber(1997), Douc, Moulines and Stoffer(2014).

本章将会利用下面的数据例子来描述一些方法.

例 9.1　猞猁数据 (lynx). 猞猁数据是 1821 年到 1934 年在加拿大每年被捕获的猞猁数目, 参见 Brockwell and Davis (1991) 以及 Campbell and Walker (1977). 这个数据在程序包 tsDyn[①] 中提供. 在建模时, 我们把猞猁数据取常用对数.

另一个例子是例1.4中的有效联邦基金利率 (Effective Federal Funds Rate) (1954-07-01 ∼ 2017-02-01) 序列. 这个序列在前面已经有所说明.

还有一个例子是例1.3中的世界上 15 个城市的月度最高和最低温度 (2000-01∼2012-10). 这里我们仅考虑 Bogota 和 HongKong 两个城市的月度最低温度.

为了比较这三个例子中的四个数据, 可以用下面语句点出原来的序列图 (图9.1).

```
u=read.csv("TEMP.csv")
ut=ts(u[-1],start=c(2000,1),frequency=12)
v=read.csv("Rates.csv")
vt=ts(v[,-1],start=c(1954,7),frequency=12)
library(tsDyn);x <- log10(lynx)
par(mfrow=c(1,3));
```

[①] Antonio, Fabio Di Narzo, Jose Luis Aznarte and Matthieu Stigler (2009). tsDyn: Time series analysis based on dynamical systems theory.
Matthieu Stigler (2010). tsDyn: Threshold cointegration: overview and implementation in R.

```
plot(vt[,1],ylab="");title("Effective Federal Funds Rate")
plot(ut[,4],ylab="",ylim=c(min(ut[,4],ut[,10]),max(ut[,4],ut[,10])))
lines(ut[,10],lty=2);title("Temperature")
legend("bottomright",c("BogotaMin","HongKongMin"),lty=1:2)
plot(lynx,ylab="");title("Captured Lynx Number")
```

从图9.1可以看出, 例1.4的有效联邦基金利率数据没有什么周期行为, 例1.3的温度数据有很强的周期性, 而例9.1的猞猁数据出现震荡, 但又不是周期性震荡, 这有可能是一个**非线性随机动态系统** (nonlinear stochastic dynamics).

而通过观察这三个例子的四个序列分别关于不同滞后期的**相图** (phase portrait), 即对 $m=1,3$, x_t 对 x_{t-m} 的散点图 (图9.2), 也可以发现它们有很大区别. 图9.2的上面四图为无滞后 (滞后 0 期) 对滞后 1 期的相图, 而图9.2的下面四图为无滞后对滞后 3 期的相图. 从左到右依次是例1.4利率数据 (左)、例1.3两地温度数据 (左 2, 左 3) 和例9.1猞猁数据 (右) 的相图.

可以看出, 最左边的利率数据杂乱无序地集中在对角线方向, 中间两个虽然都是温度数据, 但状态很不一样, 左 2 的 Bogota 温度相图有些杂乱但不集中, 而左 3 的 HongKong 温度则为非常有规律的圆圈, 右边的猞猁数据呈现出和左 3 图类似的循环转圈. 这至少说明右边的两个图反映了一些区别于线性时间序列的特征, 也就是非线性特征.

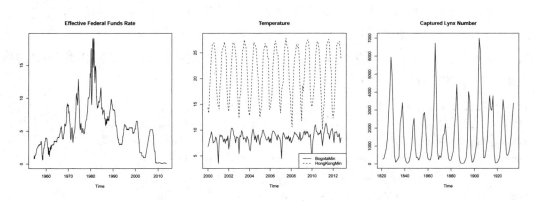

图 9.1 例1.4利率数据 (左)、例1.3两地温度数据 (中) 和例9.1猞猁数据 (右) 的时间序列图

产生图9.2的代码为:

```
library(tsDyn);
par(mfrow=c(2,4))
autopairs(vt[,1], lag=1, type="lines")
```

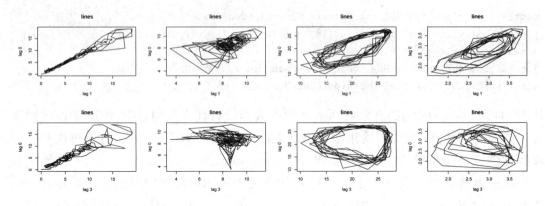

图 9.2 例1.4利率数据 (左)、例1.3两地温度数据 (左 2, 左 3) 和例9.1猞猁数据 (右) 关于不同滞后期的相图

```
autopairs(ut[,4], lag=1, type="lines")
autopairs(ut[,10], lag=1, type="lines")
autopairs(x, lag=1, type="lines")
autopairs(vt[,1], lag=3, type="lines")
autopairs(ut[,4], lag=3, type="lines")
autopairs(ut[,10], lag=3, type="lines")
autopairs(x, lag=3, type="lines")
```

我们还可以用局部线性 AR 时间序列模型来预测每个序列未来的值, 并对它们点出相图 (图9.3), 上面四图是滞后 0 期对滞后 1 期的, 下面四图是滞后 0 期对滞后 2 期的, 从左到右依次是例1.4利率数据 (左)、例1.3两地温度数据 (左 2, 左 3) 和例9.1猞猁数据 (右) 的相图. 产生图9.3的代码如下:

```
v.new=llar.predict(vt[,1],n.ahead=40,m=3,eps=2,onvoid="enlarge",r=5)
u1.new=llar.predict(ut[,4],n.ahead=40,m=3,eps=2,onvoid="enlarge",r=5)
u2.new=llar.predict(ut[,10],n.ahead=40,m=3,eps=2,onvoid="enlarge",r=5)
x.new=llar.predict(log(lynx),n.ahead=40,m=3,eps=2,onvoid="enlarge",r=5)
lag.plot(v.new,labels=FALSE,lag=2)
lag.plot(u1.new,labels=FALSE,lag=2)
lag.plot(u2.new,labels=FALSE,lag=2)
lag.plot(x.new, labels=FALSE,lag=2)
```

图9.3也显示出右边两个猞猁序列的图与左边的序列完全不同.

一般的离散单变量 (不一定是线性的)m 阶时间序列 $\{X_t\}_{t\in T}$ (称为 NLAR(m), Non-

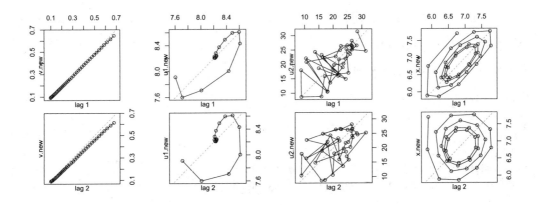

图 9.3 用局部线性 AR 模型预测 40 个值的相图

Linear AutoRegressive of order m) 有下面的形式:

$$X_{t+s} = f(X_t, X_{t-d}, \cdots, X_{t-md}; \boldsymbol{\theta}) + \varepsilon_{t+s},$$

式中, $\{\varepsilon_t\}_{t\in T}$ 为白噪声, 而 f 为 $\mathrm{R}^m \to \mathrm{R}$ 的映射, m 为**嵌入维数** (embedding dimension), d 为滞后时间, s 为预测步数. 向量 $\boldsymbol{\theta}$ 为模型 f 的待估计参数, 需要通过观测序列 $\{X_t\}_{t\in N}$ 来估计.

9.2 线性 AR 模型

前面已经简单讨论过线性时间序列, 作为前面一般序列特例的线性 AR 模型为

$$\begin{aligned}X_{t+s} &= \phi + \phi_1 X_t + \phi_2 X_{t-d} + \phi_3 X_{t-2d} + \cdots \\ &\quad + \phi_{m-1} X_{t-(m-2)d} + \phi_m X_{t-(m-1)d} + \varepsilon_{t+s}.\end{aligned}$$

用线性 AR 模型 ($d=1, m=3$) 拟合猞猁数据, 代码为 ($d=1$ 为默认值):

```
library(tsDyn);x <- log10(lynx)
x.ar=linear(x, m=2);summary(x.ar)#这里的m相当于公式中的m-1
```

输出的系数估计为 $(\phi, \phi_1, \phi_2) = (1.057\,600\,5, 1.384\,237\,7, -0.747\,775\,7)$, 即估计的模型为

$$X_t = 1.06 + 1.38 X_{t-1} - 0.75 X_{t-2} + \varepsilon_t.$$

而且, $\sigma_\varepsilon^2 = 0.05072$. 根据上述拟合模型预测未来 10 年的结果可用如下语句:

```
(x.ar.p=predict(x.ar, n.ahead=10))
```

输出下面 10 个数的预测数列:

```
Time Series:
Start = 1935
End = 1944
Frequency = 1
 [1] 3.384622 3.102350 2.821052 2.642745 2.606274
 [6] 2.689122 2.831076 2.965623 3.045717 3.055977
```

9.3 自门限自回归模型

自门限自回归模型 (self threshold autoregressive model, SETAR) 严格说来是分段线性模型, 当时间序列的值在不同的期间时, 用不同的线性 AR 模型来描述. 两段 (一个门限参数) 的 SETAR 模型为

$$X_{t+s} = \begin{cases} \phi_{10} + \phi_{11}X_t + \cdots + \phi_{1mL}X_{t-(mL-1)d} + \varepsilon_{t+s}, & Z_t \leqslant \text{th} \\ \phi_{20} + \phi_{21}X_t + \cdots + \phi_{2mH}X_{t-(mH-1)d} + \varepsilon_{t+s}, & Z_t > \text{th} \end{cases}$$

式中, Z_t 为**门限变量** (threshold variable), th 为门限值. 在 SETAR 模型中 Z_t 可以是 $\{X_t, X_{t-d}, \cdots, X_{t-(m-1)d}\}$ 中的一个. 可以通过门限滞后 $0 \leqslant \delta \leqslant m-1$ 期来定义 Z_t, 使得

$$Z_t = X_t - \delta d.$$

还可以更灵活地定义 Z_t 为不同滞后期的时间序列值的线性组合, 即

$$Z_t = \beta_1 X_t + \beta_2 X_{t-d} + \cdots + \beta_m X_{t-(m-1)d}.$$

类似地, 三段 (两个门限参数) 的 SETAR 模型为

$$X_{t+s} = \begin{cases} \phi_{10} + \phi_{11}X_t + \cdots + \phi_{1mL}X_{t-(mL-1)d} + \varepsilon_{t+s}, & Z_t \leqslant \text{th}_1 \\ \phi_{20} + \phi_{21}X_t + \cdots + \phi_{2mM}X_{t-(mM-1)d} + \varepsilon_{t+s}, & \text{th}_1 < Z_t \leqslant \text{th}_2 \\ \phi_{30} + \phi_{31}X_t + \cdots + \phi_{3mH}X_{t-(mH-1)d} + \varepsilon_{t+s}, & Z_t > \text{th}_2 \end{cases}$$

9.3.1 一个门限参数的模型

我们可以用程序包 tsDyn 中的函数 setar() 实现用 SETAR 模型拟合例9.1猞猁数据, 可以选定 $\delta = 1$(thDeley=1) 及 $m = 2$, 但两段模型的自回归阶数 (mL 和 mH) 必须在函数中确定, 也可以用另一个函数 selectSETAR() 来根据 AIC 选择. 语句为:

```
selectSETAR(x, m=2)
```

部分输出为:

```
  thDelay mL mH      th pooled-AIC
1       0  2  2 2.557507 -25.48913
2       0  2  2 2.587711 -24.43721
3       0  2  2 2.556303 -23.45258
4       0  2  2 2.553883 -23.28460
5       0  2  2 2.582063 -23.06773
```

因而, 可以选择 mL=2, mH=2, 使用下面的拟合语句:

```
x.setar=setar(x, m=2, mL=2, mH=2, thDelay=1)
summary(x.setar)
```

得到下面的输出 (这里只展示部分, 其余请读者自己实现):

```
SETAR model ( 2 regimes)
Coefficients:
Low regime:
  const.L     phiL.1     phiL.2
0.5884369  1.2642793 -0.4284292

High regime:
  const.H     phiH.1     phiH.2
1.165692   1.599254  -1.011575

Threshold:
-Variable: Z(t) = + (0) X(t)+ (1)X(t-1)
-Value: 3.31
Proportion of points in low regime: 69.64%  High regime: 30.36%
```

于是拟合的模型为

$$X_{t+1} = \begin{cases} 0.588 + 1.264X_t - 0.428X_{t-1} + \varepsilon_{t+1}, & X_{t-1} \leqslant 3.31 \\ 1.166 + 1.599X_t - 1.012X_{t-1} + \varepsilon_{t+1}, & X_{t-1} > 3.31 \end{cases}$$

对于上述拟合模型,预测未来 10 年的结果可用如下语句:

```
(x.setar.p=predict(x.setar, n.ahead=10))
```

输出下面 10 个数的预测数列:

```
Time Series:
Start = 1935
End = 1944
Frequency = 1
[1] 3.348576 2.949075 2.494675 2.478933 2.653709
[6] 2.881419 3.094429 3.266175 3.392051 3.477612
```

类似地,可以对例1.4的有效联邦基金利率数据做同样的拟合,代码为:

```
selectSETAR(vt[,1], m=2)
##得到mL=2, mH=2:
v.setar=setar(vt[,1], m=2, mL=2, mH=1, thDelay=1)# 一个参数
summary(v.setar)
```

得到模型

$$X_{t-1} = \begin{cases} 0.0164 + 1.4251X_t - 0.4276X_{t-1}, & X_{t-1} \leqslant +8.58 \\ 0.705 + 0.932X_t, & X_{t-1} > +8.58 \end{cases}$$

可以对例1.3的 HongKong 序列做类似的拟合 (对 Bogota 序列的拟合失败),代码为:

```
selectSETAR(ut[,10], m=2)
##得到mL=2, mH=2:
u2.setar=setar(u[,10], m=2, mL=2, mH=2, thDelay=1)#一个参数
summary(u2.setar)
```

得到模型

$$X_{t-1} = \begin{cases} 7.3269 + 0.7329X_t + 0.0705X_{t-1}, & X_{t-1} \leqslant +22 \\ 6.879 + 1.521X_t - 0.775X_{t-1}, & X_{t-1} > +22 \end{cases}$$

9.3.2 两个门限参数的模型

还可以用 SETAR($\delta = 1, m = 2$, 三部分模型的自回归阶数均为 2) 来拟合猞猁数据 (未进行参数选择),代码为:

```
x.setar3=setar(x,m=2,mL=2,mH=2,mM=2,thDelay=1,nthresh=2)  summary(x.setar3)
```

得到下面输出 (计算中出现高段可能有单位根的警告):

```
Non linear autoregressive model

SETAR model ( 3 regimes)
Coefficients:
Low regime:
  const.L    phiL.1     phiL.2
0.5729163  1.3980502  -0.5729485

Mid regime:
  const.M    phiM.1     phiM.2
1.5613169  1.2149740  -0.6995948

High regime:
  const.H    phiH.1     phiH.2
1.165692   1.599254   -1.011575

Threshold:
-Variable: Z(t) = + (0) X(t)+ (1)X(t-1)+ (0)X(t-0)
-Value: 2.612 3.310
Proportion of points in low regime: 35.71%  Middle regime: 33.93%
High regime: 30.36%
```

这时, 拟合的模型为

$$X_{t+1} = \begin{cases} 0.573 + 1.398X_t - 0.573X_{t-d} + \varepsilon_{t+1}, & X_{t-1} \leqslant 2.612 \\ 1.561 + 1.215X_t - 0.700X_{t-d} + \varepsilon_{t+1}, & 2.612 < X_{t-1} \leqslant 3.310 \\ 1.166 + 1.599X_t - 1.012X_{t-d} + \varepsilon_{t+1}, & X_{t-1} > 3.310 \end{cases}$$

对于上述拟合模型, 预测未来 10 年的结果可用如下语句:

```
(x.setar3.p=predict(x.setar3, n.ahead=10))
```

输出下面 10 个数的预测数列:

```
Time Series:
Start = 1935
End = 1944
Frequency = 1
```

```
[1] 3.455664 3.289612 3.140546 3.075603 3.100984
[6] 3.177257 3.252169 3.289825 3.283168 3.248737
```

9.3.3 Hansen 检验

Hansen (1999) 提出了零假设为线性模型、备选假设为门限模型的利用自助法分布的检验. 对猞猁数据实行这个检验的代码如下 (备选假设为两段和三段的门限 AR 模型, 因此实际上是两个检验):

```
Hansen.x=setarTest(lynx, m=1, nboot=1000)
summary(Hansen.x)
plot(Hansen.x)
```

利用上面代码产生了和检验有关的图9.4及结果的输出. 输出表明这部分检验的 p 值都小于 0.02, 但也出现了有单位根的警告. 下面是全部输出:

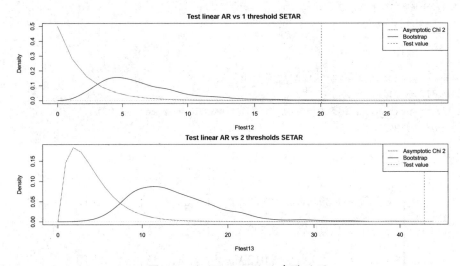

图 9.4 与 Hansen 检验有关的图

```
Test of linearity against setar(2) and setar(3)

        Test  Pval
1vs2 20.05733 0.003
1vs3 42.81466 0.000

Critical values:
        0.9   0.95  0.975  0.99
```

```
1vs2 10.77027 12.77772 14.85570 16.84369
1vs3 20.48191 22.32740 25.68938 29.59962

SSR of original series:
SSR
AR         137160013
SETAR(2)   116484232
SETAR(3)    99471266

Threshold of original series:
           th1  th2
SETAR(2)  3465   NA
SETAR(3)  1676 3465

Number of bootstrap replications: 1000
Asymptotic bound: 729.5347
```

9.4　Logistic 平滑过渡自回归模型

Logistic 平滑过渡自回归模型 (logistic smooth transition autoregressive model, LSTAR) 为

$$X_{t+s} = (\phi_{10} + \phi_{11}X_t + \cdots + \phi_{1L}X_{t-(L-1)d})(1 - G(Z_t, \gamma, \text{th})) \\ + (\phi_{20} + \phi_{21}X_t + \cdots + \phi_{2H}X_{t-(H-1)d})G(Z_t, \gamma, \text{th}) + \varepsilon_{t+s},$$

式中, $G(Z_t, \gamma, \text{th})$ 为 Logistic 分布函数, 其位置参数 (location) 为 th, 尺度参数 (scale) 为 $1/\gamma$, 即

$$\begin{aligned} G(Z_t, \gamma, \text{th}) &= \frac{1}{1 + \exp[-(Z_t - \text{th})\gamma]} \\ &= \frac{1}{2} + \frac{1}{2}\tanh\frac{(Z_t - \text{th})\gamma}{2}, \end{aligned}$$

其密度函数为

$$\begin{aligned} f(Z_t, \gamma, \text{th}) &= \frac{\gamma \exp[-(Z_t - \text{th})\gamma]}{\{1 + \exp[-(Z_t - \text{th})\gamma]\}^2} \\ &= \frac{\gamma}{4}\text{sech}^2\frac{(Z_t - \text{th})\gamma}{2}. \end{aligned}$$

LSTAR 模型的各个变量和 SETAR 类似. 给定 th 和 γ 后, 该模型也是线性的. 估计 LSTAR 模型时, 需要为所有待估计参数 $(\phi, \gamma, \text{th})$ 确定初始值. 估计时先通过线性回归确定 ϕ, 然后确定 th, γ 使得残差平方和最小, 重复这两步, 直到收敛.

用 LSTAR 模型拟合例9.1猞猁数据, 这里也有关于 mL, mH 参数选择的函数 (当然, 用默认值也可以执行) selectLSTAR(), 还是确定 m=2, thDelay=1. 用下面代码选择参数:

```
selectLSTAR(x, m=2)
```

得到输出:

	thDelay	mL	mH	AIC	BIC	th	gamma
1	1	2	1	-358.5196	-339.3662	3.379743	8.740303
2	1	2	2	-356.6440	-334.7544	3.344848	10.305586
3	1	1	1	-355.9970	-339.5798	3.585194	2.819021
4	1	1	2	-354.9086	-335.7552	4.272686	2.717408
5	0	2	2	-349.9262	-328.0366	2.567991	100.000109
6	0	1	2	-345.8502	-326.6968	2.396203	2.993885
7	0	2	1	-330.4510	-311.2976	3.237427	100.003223
8	0	1	1	-239.1082	-222.6910	3.235652	100.003135

根据上面输出的 AIC 和 BIC 值所做的判断并不一致. 这里还是根据 AIC 选择了 mL=2, mH=1, 并用来建模. 代码如下:

```
x.lstar=lstar(x, m=2, mL=2,mH=1,thDelay=1)
summary(x.lstar)
```

部分输出为:

```
Non linear autoregressive model

LSTAR model
Coefficients:
Low regime:
 const.L    phiL.1    phiL.2
0.450298  1.252161  -0.354821


High regime:
   const.H    phiH.1
-2.1162244  0.4513928

Smoothing parameter: gamma = 8.701
```

```
Threshold
Variable: Z(t) = + (0) X(t) + (1) X(t-1)

Value: 3.38

Non-linearity test of full-order LSTAR model
against full-order AR model
F = 12.446 ; p-value = 1.3815e-05
```

拟合的模型为

$$X_{t+1} = (0.450 + 1.252X_t - 0.355X_{t-1})(1 - G(X_{t-1}, 8.701, 3.38))$$
$$+ (-2.116 + 0.451X_t)G(X_{t-1}, 8.701, 3.38) + \varepsilon_{t+1}.$$

输出中还有一个相对于线性 AR 模型的 F 检验, p 值为 0.0000138, 说明这个模型较线性模型优越.

对于上述拟合模型, 预测未来 10 年的结果可用如下语句:

```
(x.lstar.p=predict(x.lstar, n.ahead=10))
```

输出下面 10 个数的预测数列:

```
Time Series:
Start = 1935
End = 1944
Frequency = 1
 [1] 3.345630 2.909123 2.564024 2.612981 2.811630
 [6] 3.042702 3.257380 3.416870 3.426117 3.197871
```

9.5 神经网络模型

具有 D 个隐藏层节点 (只考虑一个隐藏层) 而且激活函数为 g 的**神经网络模型** (neural network model) 定义为

$$x_{t+s} = \beta_0 + \sum_{j=1}^{D} \beta_j g\left(\gamma_{0j} + \sum_{i=1}^{m} \gamma_{ij} x_{t-(i-1)d}\right),$$

在确定使用多少隐藏层节点时, 可用下面语句:

```
set.seed(8)
selectNNET(x, m=3, size=1:10)
```

得到输出:

```
   size    AIC       BIC
1    6  -373.3441 -288.5219
2    8  -357.6721 -245.4879
3    9  -351.8473 -225.9821
4    5  -348.6731 -277.5319
5    7  -339.3736 -240.8704
6    1  -336.8290 -320.4118
7    4  -336.7884 -279.3282
8    2  -326.8290 -296.7308
9    3  -316.8290 -273.0498
10  10  -246.8289 -107.2828
```

这里根据上面输出的 AIC 和 BIC 值所做的判断也不一致, 可以选择 6 个节点:

```
x.nnet=nnetTs(x, m=2,size=6)
summary(x.nnet)
```

部分输出为:

```
NNET time series model
a 2-6-1 network with 25 weights
options were - linear output units

Fit:
residuals variance = 0.03695, AIC = -326, MAPE = 5.573%
```

当然, 对于神经网络模型完全没有必要写出拟合公式, 但可以用拟合的模型进行预测, 预测未来 10 年的结果可用以下代码:

```
(x.nnet.p=predict(x.nnet, n.ahead=10))
```

输出为:

```
Time Series:
Start = 1935
End = 1944
Frequency = 1
 [1] 3.435244 3.104358 2.639503 2.396385 2.450079
 [6] 2.679644 2.988732 3.287933 3.475128 3.493874
```

使用神经网络模型来拟合的条件限制比较少, 对于例1.4和例1.3的序列均可以拟合, 读者可以试着做.

9.6 可加 AR 模型

可加 AR 模型 (additive autoregressive model, AAM) 是一个**广义可加模型** (generalized additive model, GAM), 定义为

$$x_{t+s} = \mu + \sum_{i=1}^{m} s_i(x_{t-(i-1)d}),$$

这里 s_i 为由**处罚三次回归样条** (penalized cubic regression spline) 所表示的光滑函数. 拟合猞猁数据可以用下面语句:

```
x.aar=aar(x, m=3);summary(x.aar)
```

而对未来 10 年的预测则可用下面语句:

```
(x.aar.p=predict(x.aar, n.ahead=10))
```

输出为:

```
Time Series:
Start = 1935
End = 1944
Frequency = 1
[1] 3.339201 2.912733 2.548816 2.486834 2.604932
[6] 2.835814 3.092192 3.313349 3.400668 3.269847
```

使用可加 AR 模型来拟合的条件限制也比较少, 对于例1.4和例1.3的序列均可以拟合, 读者可以试着做.

9.7 模型的比较

可以通过 AIC 和 **MAPE**(mean absolute percent error, 均方绝对误差率) 在上述各种模型中挑选最好的, 代码如下 (利用前面运算结果):

```
mod <- list()
mod[["linear"]]=x.ar
mod[["setar"]]=x.setar
mod[["setar3"]]=x.setar3
mod[["lstar"]]=x.lstar
mod[["nnetTs"]]=x.nnet
mod[["aar"]]=x.aar
sapply(mod, AIC);sapply(mod, MAPE)
```

输出为 (上面是 AIC, 下面是 MAPE):

```
   linear      setar     setar3      lstar    nnetTs        aar
-333.8737  -358.3740  -357.5254  -358.5189  -325.9789  -320.5343
   linear      setar     setar3      lstar    nnetTs        aar
0.06801955 0.05648596 0.05443646 0.05597411 0.05573341 0.05666155
```

从上面输出可以看出, LSTAR 和 SETAR3 差不多. 一个 AIC 最小, 一个 MAPE 最小.

9.8 门限协整

9.8.1 向量误差修正模型

分析非平稳时间序列时, 协整的概念是非常重要的, 前面介绍的是**线性协整** (linear cointegration), 其基本思想是, 即使两个或更多的变量是非平稳的, 也有可能存在它们的平稳的线性组合. 这些变量能够被解释为有一个稳定的关系, 即**长远的平衡状态** (long-run equilibrium), 可以用**向量误差修正模型** (vector error-correction model, VECM) 来表示, 并共享一个共同的随机趋势.

然而这个定义意味着对长远平衡状态的微小偏移将导致立即的误差修正机制. **门限协整** (threshold cointegration) 推广了线性协整, 它允许只在超过临界门限时才调整, 即考虑了可能的交易花费和价格的粘滞. 也允许调整的非对称性, 即对正负偏移不以同样方式修正.

回顾前面的长期线性 VECM:

$$\nabla \boldsymbol{X}_t = \boldsymbol{\Gamma}_1 \nabla \boldsymbol{X}_{t-1} + \cdots + \boldsymbol{\Gamma}_{p-1} \nabla \boldsymbol{X}_{t-p+1} + \boldsymbol{\Pi} \boldsymbol{X}_{t-p} + \boldsymbol{\alpha} + \boldsymbol{G} \boldsymbol{D}_t + \boldsymbol{\Upsilon} \boldsymbol{u}_t + \boldsymbol{w}_t,$$

其中, 矩阵 $\boldsymbol{\Pi}$ 包含了累积的长期影响. 在 $k=2, p=1$, 而且没有输入项及线性趋势和季节哑元确定项的情况下, 上式也可以写成

$$\begin{pmatrix} \nabla \boldsymbol{X}_{t1} \\ \nabla \boldsymbol{X}_{t2} \end{pmatrix} = \begin{pmatrix} \gamma_{11} & \gamma_{12} \\ \gamma_{21} & \gamma_{22} \end{pmatrix} \begin{pmatrix} \nabla \boldsymbol{X}_{t-1,1} \\ \nabla \boldsymbol{X}_{t-1,2} \end{pmatrix} + \begin{pmatrix} a_1 \\ a_2 \end{pmatrix} \text{ECT}_{-1} + \begin{pmatrix} \alpha_1 \\ \alpha_2 \end{pmatrix} + \begin{pmatrix} w_{t1} \\ w_{t2} \end{pmatrix},$$

式中, 误差修正项

$$\text{ECT}_{-1} = (1, -\beta) \begin{pmatrix} \boldsymbol{X}_{t-1,1} \\ \boldsymbol{X}_{t-1,2} \end{pmatrix}.$$

在门限自回归模型实际上是分段自回归模型时, 上面公式的误差修正项也分成相应的段. 以三段门限为例, 上式可转换成下面的**门限 VECM**(threshold VECM, TVECM) 形式, 其中, 最上面的式子相应于低段 (用误差修正项的下标 L 标识), 中间的式子相应于中段 (用误差修正项的下标 M 标识), 最下面的式子相应于高段 (用误差修正项的下标 H 标识),

$$\begin{pmatrix} \nabla \boldsymbol{X}_{t1} \\ \nabla \boldsymbol{X}_{t2} \end{pmatrix} = \begin{cases} \begin{pmatrix} a_{1L} \\ a_{2L} \end{pmatrix} \text{ECT}_{L,t-1} + \begin{pmatrix} \gamma_{11} & \gamma_{12} \\ \gamma_{21} & \gamma_{22} \end{pmatrix} \begin{pmatrix} \nabla \boldsymbol{X}_{t-1,1} \\ \nabla \boldsymbol{X}_{t-1,2} \end{pmatrix} + \begin{pmatrix} \alpha_1 \\ \alpha_2 \end{pmatrix} + \begin{pmatrix} w_{t1} \\ w_{t2} \end{pmatrix}; \\ \begin{pmatrix} a_{1M} \\ a_{2M} \end{pmatrix} \text{ECT}_{M,t-1} + \begin{pmatrix} \gamma_{11} & \gamma_{12} \\ \gamma_{21} & \gamma_{22} \end{pmatrix} \begin{pmatrix} \nabla \boldsymbol{X}_{t-1,1} \\ \nabla \boldsymbol{X}_{t-1,2} \end{pmatrix} + \begin{pmatrix} \alpha_1 \\ \alpha_2 \end{pmatrix} + \begin{pmatrix} w_{t1} \\ w_{t2} \end{pmatrix}; \\ \begin{pmatrix} a_{1H} \\ a_{2H} \end{pmatrix} \text{ECT}_{H,t-1} + \begin{pmatrix} \gamma_{11} & \gamma_{12} \\ \gamma_{21} & \gamma_{22} \end{pmatrix} \begin{pmatrix} \nabla \boldsymbol{X}_{t-1,1} \\ \nabla \boldsymbol{X}_{t-1,2} \end{pmatrix} + \begin{pmatrix} \alpha_1 \\ \alpha_2 \end{pmatrix} + \begin{pmatrix} w_{t1} \\ w_{t2} \end{pmatrix}. \end{cases}$$

9.8.2 向量误差修正模型的估计

这一类模型也完全可以使用程序包 tsDyn 中的函数来估计参数, 包括协整系数向量参数 β 的估计. 下面语句使用 TVECM 拟合例1.3数据, 而且还得到了通过使残差平方和最小来获得门限的图 (图9.5的上图) 以及获得协整向量的参数值: $\beta = -0.3975104$ (图9.5的下图).

```
u=read.csv("TempWorld2.csv")[,c(5,11)]
ut=ts(u,start=c(2000,1),frequency=12);plot(ut)
tvecmTemp=TVECM(u, nthresh=2,lag=1, ngridBeta=60,
ngridTh=30, plot=TRUE,trim=0.05)
summary(tvecmTemp)
```

输出为:

```
#############
###Model TVECM
#############
Full sample size: 154   End sample size: 152
Number of variables: 2   Number of estimated parameters 24
AIC 254.5451   BIC 333.166   SSR 795.7398


Cointegrating vector: (1, - 0.3975104 )
```

```
$Bdown
                ECT            Const
Equation BogotaMin -0.4313(0.1793) -1.2669(0.0473)*
Equation HongKongMin 0.4401(0.5041) -0.3215(0.8053)
                BogotaMin t -1   HongKongMin t -1
Equation BogotaMin -0.9807(2e-06)*** -0.2243(0.0637).
Equation HongKongMin -0.3393(0.4050) 0.5577(0.0254)*

$Bmiddle
                ECT            Const
Equation BogotaMin 0.1535(0.5933)  -0.0711(0.6728)
Equation HongKongMin 2.0300(0.0008)*** -0.6990(0.0450)*
                BogotaMin t -1   HongKongMin t -1
Equation BogotaMin -0.2529(0.1214) -0.0499(0.3538)
Equation HongKongMin -1.0663(0.0017)** 0.8365(4.1e-12)***

$Bup
                ECT            Const
Equation BogotaMin -0.0856(0.6150) 0.1602(0.6769)
Equation HongKongMin 1.3892(0.0001)*** -1.5573(0.0504).
                BogotaMin t -1   HongKongMin t -1
Equation BogotaMin -0.0114(0.9222) 0.1183(0.0043)**
Equation HongKongMin 0.0398(0.8681) 0.5443(1.3e-09)***

Threshold
Values: -1.2 0.9
Percentage of Observations in each regime 32.2% 28.3% 39.5%
```

得到的结果模型为 (下面公式中第一行相应于 th $\in (-\infty, -1.2]$, 第二行相应于 th $\in (-1.2, 0.9]$, 第三行相应于 th $\in (0.9, \infty)$):

$$\begin{pmatrix} \Delta X_t^1 \\ \Delta X_t^2 \end{pmatrix} = \begin{cases} \begin{pmatrix} -0.4313 \\ 0.4401 \end{pmatrix} \text{ECT}_{-1} + \begin{pmatrix} -1.2669 \\ -0.3215 \end{pmatrix} + \begin{pmatrix} -0.9807 & -0.2243 \\ -0.3393 & 0.5577 \end{pmatrix} \begin{pmatrix} \Delta X_{t-1}^1 \\ \Delta X_{t-1}^2 \end{pmatrix} \\ \begin{pmatrix} 0.1535 \\ 2.0300 \end{pmatrix} \text{ECT}_{-1} + \begin{pmatrix} -0.0711 \\ -0.6990 \end{pmatrix} + \begin{pmatrix} -0.2529 & -0.0499 \\ -1.0663 & 0.8365 \end{pmatrix} \begin{pmatrix} \Delta X_{t-1}^1 \\ \Delta X_{t-1}^2 \end{pmatrix} \\ \begin{pmatrix} -0.0856 \\ 1.3892 \end{pmatrix} \text{ECT}_{-1} + \begin{pmatrix} 0.1602 \\ -1.5573 \end{pmatrix} + \begin{pmatrix} -0.0114 & 0.1183 \\ 0.0398 & 0.5443 \end{pmatrix} \begin{pmatrix} \Delta X_{t-1}^1 \\ \Delta X_{t-1}^2 \end{pmatrix} \end{cases}$$

同时输出了构成误差修正项 ECT 的协整向量: $(1, -\beta) = (1, -0.3975104)$.

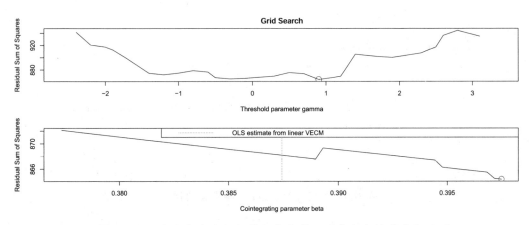

图 9.5 通过使残差平方和最小来获得门限参数和协整参数的图

9.8.3 关于向量误差修正模型的 Hansen 检验

这里 Hansen 检验的零假设 H_0 为线性协整, 备选假设 H_a 为门限协整. 该检验来自 Hansen and Seo (2002). 协整值为线性 VECM 的估计值. 以该值为条件对于一系列门限值实施 Lagrange 多重检验 (Lagrange Multiplier (LM) test), 该检验应用了回归和残差自助法抽样.

对于例1.4序列 Funds.Rate 和 Market.Rate 的数据, 如果取自助法抽样数目为 100, 该检验代码为:

```
z2=TVECM.HStest(vt,lag=1,intercept=TRUE,nboot=100);summary(z2);plot(z2)
```

得到与检验有关的图9.6及下面的输出.

```
## Test of linear versus threshold cointegration of Hansen and Seo (2002) ##

Test Statistic: 17.48977     (Maximized for threshold value: -0.5265193 )
P-Value:        0.18         ( Fixed regressor bootstrap )

Critical values:
   0.90%    0.95%    0.99%
19.23133 20.73069 23.03418
Number of bootstrap replications:    100

Cointegrating value (estimated under restricted linear model): -1.164499
```

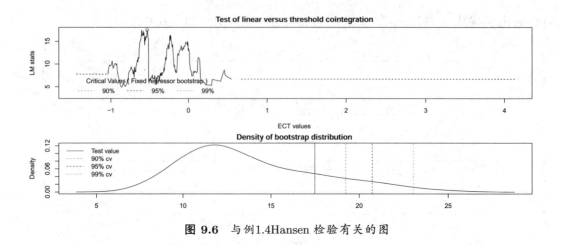

图 9.6 与例1.4Hansen 检验有关的图

这个输出不仅给出了检验的 p 值 0.18, 而且给出了协整值 $\beta = -1.164\,499$. 这个检验看来并不显著.

下面对例1.3的两地气温数据做 Hansen 检验, 代码及结果输出为

```
> zTemp=TVECM.HStest(u,lag=1,intercept=TRUE,nboot=100,ngridTh=138)
> summary(zTemp);plot(zTemp)
## Test of linear versus threshold cointegration of Hansen and Seo (2002) ##

Test Statistic: 34.95705     (Maximized for threshold value: 13.03075 )
P-Value:        0            ( Fixed regressor bootstrap )

Critical values:
  0.90%   0.95%   0.99%
16.9254 18.91443 20.13003
Number of bootstrap replications:    100

Cointegrating value (estimated under restricted linear model): 0.2227183
```

给出了协整值 $\beta = 0.222\,718\,3$, 而检验的 p 值等于 0, 这说明检验很显著. 与检验有关的图展示在图9.7中.

9.8 门限协整

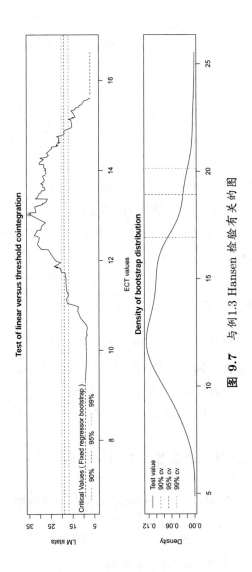

图 9.7 与例 1.3 Hansen 检验有关的图

第 10 章 谱分析简介

谱分析 (spectral analysis) 的思想是把平稳序列分解成正弦曲线的线性组合, 组合系数为不相关的随机变量. 这有些像把确定性的函数通过**傅里叶分析** (Fourier Analysis) 分解成正弦曲线的线性组合.

谱分析也称为在**频率域** (frequency domain) 的分析, 以区别于前面所做的在**时间域** (time domain) 的分析. 频率域的分析实际上是在正弦曲线上的回归, 把过程看成是多组曲线 (波) 叠加的形式, 而时间域的分析是在过去时间序列上的回归, 主要侧重在时间序列每个时刻表现值之间的关联性.

10.1 周期性时间序列

傅里叶分析是频率域分析的理论基础. 在线性空间中, n 维空间中的任何一个向量都可以用该 n 维空间的基的线性组合表出. 傅里叶级数是一组更加特殊的基函数 (正弦和余弦函数) 构成的无穷维的函数空间. 法国数学家傅里叶发现, 任何周期函数都可以用正弦函数和余弦函数构成的无穷级数来表示. 这一特性为时序波动研究提供了新的思路.

考虑一个时间序列, 这是一个非常简单的周期函数形式:

$$X_t = U_1 \sin(2\pi\omega t) + U_2 \cos(2\pi\omega t) = A\cos(2\pi\omega t + \phi), \tag{10.1}$$

这里 U_1 和 U_2 是不相关的均值为 0、方差为 σ^2 的随机变量,ω 为频率, ϕ 为初相. $A^2 = U_1^2 + U_2^2, \tan\phi = U_2/U_1$. A 为振幅, 周期为 $2\pi/\omega$.

显然

$$\mu_t = E[X_t] = 0, \ \ \gamma(t, t+h) = \gamma(h) = \sigma^2 \cos(2\pi\omega h),$$

因此序列 $\{X_t\}$ 为平稳的.

由于不相关的时间序列的和的自相关函数为其自相关函数的和, 因此, 对于不相关的均值为 0、方差为 σ_j^2 的 U_{1j} 和 U_{2j}, 如果时间序列 X_t 由 k 个上述序列的加和构成, 那么 X_t 为

$$X_t = \sum_{j=1}^{k} (U_{1j}\sin(2\pi\omega t) + U_{2j}\cos(2\pi\omega t)),$$

其自相关函数为

$$\gamma(h) = \sum_{j=1}^{k} \sigma_j^2 \cos(2\pi\omega h).$$

如果 $\{x_t\}_{t=1}^n$ 为一个观测到的时间序列, 根据傅里叶级数, 这个波动序列可以转化为多个正弦函数和余弦函数的组合. 为了估计上面和中的正弦函数和余弦函数前面的系数, 考虑 $\{x_t\}_{t=1}^n$ 对正弦振荡在 $\omega = j/n$ 时的回归 (为了方便起见, 假定 n 为偶数):

$$x_t = \sum_{j=0}^{n/2} \beta_1(j/n)\cos(2\pi tj/n) + \beta_2(j/n)\sin(2\pi tj/n).$$

其实这里刚好有 n 个观测值和 n 个参数, 回归是精确的, 没有误差. 可以得到回归系数为

$$\hat{\beta}_1(j/n) = \frac{2}{n} \sum_{j=1}^{n} x_t \cos(2\pi tj/n),$$

$$\hat{\beta}_2(j/n) = \frac{2}{n} \sum_{j=1}^{n} x_t \sin(2\pi tj/n),$$

$$j = 1, 2, \cdots, \frac{n}{2} - 1.$$

这实际上和**离散傅里叶变换** (discrete Fourier transform, DFT)[①]相联系:

$$X(j/n) = \frac{1}{\sqrt{n}} \sum_{t=1}^{n} x_t \mathrm{e}^{-2\pi \mathrm{i} tj/n}$$

$$= \frac{1}{\sqrt{n}} \left(\sum_{t=1}^{n} x_t \cos(-2\pi tj/n) + i \sum_{t=1}^{n} x_t \sin(-2\pi tj/n) \right).$$

[①] 序列 $x_1, \cdots, x_n$ 定义的 DFT 为 $X(\nu_0), X(\nu_1), \cdots, X(\nu_{n-1})$, 满足 $X(\nu_k) = \frac{1}{\sqrt{n}} \sum_{t=1}^{n} x_t \mathrm{e}^{-2\pi \mathrm{i}\nu_k t}$, 而 $\nu_k = k/n$ ($k = 0, 1, \cdots, n-1$) 称为傅里叶频率 (Fourier frequency), 是频率 $\nu \in [0, 1]$ 的离散形式. $\{e_j = \frac{1}{\sqrt{n}} \mathrm{e}^{2\pi \mathrm{i}\nu_j}\}_{j=0}^{n-1}$ 称为**傅里叶基** (Fourier basis), 这些基是正交的, DFT 可以看成序列在傅里叶基上的表示.

$\frac{1}{\sqrt{n}}\sum_{t=1}^{n}x_t e^{-2\pi i t j/n}$ 为傅里叶级数的复数形式. 根据 $e^{ix}=\sin(x)+i\cos(x)$, 可以将傅里叶级数从三角函数形式转成复数形式, 其中 i 为虚根. 此处离散傅里叶变换的目的是变换一个角度看周期性时间序列, 将傅里叶级数的函数形式随时间变化的波动曲线转变为从频率角度描述的周期图. 下面的公式帮助我们实现这个过程.

$$I(j/n) \equiv |X(j/n)|^2 = \frac{1}{n}\left|\sum_{t=1}^{n}x_t e^{-2\pi i t j/n}\right|^2$$
$$= \frac{1}{n}\left(\sum_{t=1}^{n}x_t\cos(-2\pi tj/n)\right)^2 + \frac{1}{n}\left(\sum_{t=1}^{n}x_t\sin(-2\pi tj/n)\right)^2.$$

这称为时间序列数据 $\{x_t\}$ 的**周期图** (periodogram).

当然, 周期图实际上是 j/n 对 $I(j/n)$ 的点图. 画图时常常乘一个因子, 用下面函数点图:

$$P(j/n) = \frac{4}{n}I(j/n) = \left(\frac{2}{n}\sum_{j=1}^{n}x_t\cos(2\pi tj/n)\right)^2 + \left(\frac{2}{n}\sum_{j=1}^{n}x_t\sin(2\pi tj/n)\right)^2$$
$$= \hat{\beta}_1^2(j/n) + \hat{\beta}_2^2(j/n).$$

它可以看成数据和正弦振荡在频率 $\omega_j = j/n$ 时的相关的平方. 注意 $P(j/n) = P(1-j/n), j = 0, 1, \cdots, n-1$. 也就是说, 周期图关于 0.5 对称. $\omega = 0.5$ 被称为**折叠频率** (folding frequency) 或者 **Nyquist 频率** (Nyquist frequency). 它是从连续信号抽取离散样本时抽样频率的一半, 为离散抽样时的最高频率. 如此, 较高频率的样本点可能会出现在较低频率的样本中, 这称为**别名** (alias).

例 10.1 **正弦曲线的和.** 我们考虑 4 条正弦曲线之和

$$X_t = \sum_{j=1}^{4}(U_{1j}\sin(2\pi\omega_j t) + U_{2j}\cos(2\pi\omega_j t)),$$

这里

$$\omega = (\omega_1, \omega_2, \omega_3, \omega_4)$$
$$= (4/360, 10/360, 40/360, 100/360)$$

$$\approx (0.011, 0.028, 0.111, 0.278).$$

与 4 个原始序列相对应, $A^2 = (A_1^2, A_3^2, A_4^2, A_4^2) = (41, 61, 85, 113)$. 用下面语句画出这 4 个序列、它们之和序列以及和序列的周期图 (图10.1):

```
spts=function(u1,u2,j,n)
{alpha=2*pi*1:n*j/n
x=u1*cos(alpha)+u2*sin(alpha)}
j=c(4,10,40,100)
x=list();for(i in 1:4)x[[i]]=spts(i+3,i+4,j[i],360)
xsum=x[[1]]+x[[2]]+x[[3]]+x[[4]]
layout(matrix(c(1,1,2,2,3,3,4,4,5,5,5,5,6,6,6,6),nr=2,byrow=T))
for(i in 1:4){
plot.ts(x[[i]],type="l",ylab=substitute(x[i],list(i=i)))
title(substitute(omega==j/360~~A^2==a2,list(j=j[i],a2=(i+3)^2+(i+4)^2)))}
plot.ts(xsum,ylab="",main=expression(sum(x[i],i=1,4)==sum(u[1*i]*
plain(cos)*2*pi*omega*t+u[2*i]*plain(sin)*2*pi*omega*t, i==1, 4)))
### periodogram ###########
P = abs(2*fft(xsum)/360)^2; Fr = 0:359/360
plot(Fr, P, type="l", xlab="frequency", ylab="periodogram")
```

图10.1的上面 4 个图为原始的 4 条正弦曲线, 下左图为它们的和序列, 下右图为和序列的周期图. 可以看出周期图的几个非零点的位置 (竖直线) 刚好为 ω 的 4 个位置 $(4/360, 10/360, 40/360, 100/360) \approx (0.011, 0.028, 0.111, 0.278)$ 以及关于折叠频率 0.5 的 4 个对称位置, 而它们的高度刚好是 A^2 的 4 个值 $(41, 61, 85, 113)$.

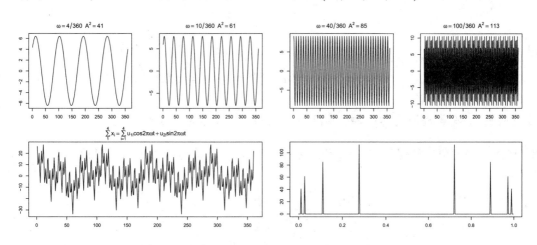

图 10.1 例10.1中的 4 个序列 (上面 4 个图)、它们的和序列及和序列的周期图

10.2 谱密度

如果时间序列 $\{X_t\}$ 有自协方差函数 γ 满足 $\sum_{h=-\infty}^{\infty} |\gamma(h)| < \infty$, 则**谱密度** (spectral density) 定义为

$$f(\nu) = \sum_{h=-\infty}^{\infty} \gamma(h) e^{-2\pi i \nu h}, \quad -\infty < \nu < \infty.$$

下面是谱密度的一些性质:

(1) 由 $|e^{i\theta}| = |\cos\theta + i\sin\theta| = 1$ 以及 γ 的绝对可加性, 有

$$\sum_{h=-\infty}^{\infty} |\gamma(h) e^{-2\pi i \nu h}| < \infty.$$

(2) 由于 $e^{-2\pi i \nu h}$ 为 ν 的周期函数, 周期为 1, 所以 $f(\nu)$ 为周期函数, 周期为 1. 因此可以只考虑 $-1/2 < \nu < 1/2$ 的区域.

(3) $f(\nu)$ 是偶函数, 即 $f(\nu) = f(-\nu)$.

(4) $f(\nu) \geqslant 0$.

(5) $\gamma(h) = \int_{-1/2}^{1/2} e^{-2\pi i \nu h} f(\nu) d\nu$.

例 10.2 白噪声序列. $\{w_t\}$ 有

$$\gamma(h) = \begin{cases} \sigma_w^2, & h = 0 \\ 0, & h \neq 0 \end{cases}$$

因此

$$f(\nu) = \sum_{h=-\infty}^{\infty} \gamma(h) e^{2\pi i \nu h} = \gamma(0) = \sigma_w^2,$$

这说明所有频率的强度都一样, 如同日光一样, 所以称为 "白噪声".

例 10.3 **AR(1)** 序列. $X_t = \phi_1 X_{t-1} + w_t$ 有 $\gamma(h) = \sigma_w^2 \phi_1^{|h|}/(1-\phi_1^2)$, 因此

$$f(\nu) = \sum_{h=-\infty}^{\infty} \gamma(h) e^{2\pi i \nu h}$$

$$= \frac{\sigma_w^2}{1-\phi_1^2} \sum_{h=-\infty}^{\infty} \phi_1^{|h|} e^{2\pi i \nu h}$$

$$= \frac{\sigma_w^2}{1 - 2\phi_1 \cos(2\pi\nu) + \phi_1^2}.$$

显然, 如果 $\phi_1 > 0$, 即正自相关的情况, 谱被低频成分主导, 在时间域上表现为光滑. 如果 $\phi_1 < 0$, 即负自相关的情况, 谱被高频成分主导, 在时间域上表现为粗糙起伏.

例 10.4 **MA(1) 序列.** $X_t = w_t + \theta_1 w_{t-1} + w_t$ 有

$$\gamma(h) = \begin{cases} \sigma_w^2(1 + \theta_1^2), & h = 0 \\ \sigma_w^2 \theta_1, & |h| = 1 \\ 0, & 其他 \end{cases}$$

因此

$$\begin{aligned} f(\nu) &= \sum_{h=-\infty}^{\infty} \gamma(h) e^{2\pi i \nu h} \\ &= \gamma(0) + 2\gamma(1) \cos(2\pi\nu) \\ &= \sigma_w^2(1 + \theta_1^2 + 2\theta_1 \cos(2\pi\nu)). \end{aligned}$$

类似于 AR(1) 情况, 如果 $\phi_1 > 0$, 即正自相关的情况, 谱被低频成分主导, 在时间域上表现为光滑. 如果 $\phi_1 < 0$, 即负自相关的情况, 谱被高频成分主导, 在时间域上表现为粗糙起伏.

图10.2显示了白噪声等 6 个谱密度图, 其中包括两个 AR(1) 过程 (ϕ 分别等于 0.9 和 -0.9)、两个 MA(1) 过程 (θ 分别为 0.9 和 -0.9) 以及 ARMA(2,2)($\phi_1 = 0.2, \phi_2 = -0.7, \theta_1 = -0.7, \theta_2 = 0.2$), 该图是利用程序包 astsa[①] 中的函数 arma.spec() 使用下面代码画出的:

```
library(astsa)
a=.9;b=-.9
par(mfrow=c(2,3))
arma.spec(log="no",main="White Noise")
arma.spec(ar=a,log="no",main=expression(paste("AR(1), ",phi==0.9)))
arma.spec(ar=b,log="no",main=expression(paste("AR(1), ",phi==-0.9)))
arma.spec(ma=a,log="no",main=expression(paste("MA(1), ",theta==0.9)))
```

[①] Stoffer, D. (2012). astsa: Applied Statistical Time Series Analysis. R package version 1.1. http://CRAN.R-project.org/package=astsa.

```
arma.spec(ma=b,log="no",main=expression(paste("MA(1), ",theta==-0.9)))
arma.spec(ar=c(0.2,-0.7),ma=c(0.7,0.2),log="no",
 main=expression(paste("ARMA(2,2), ",
  phi==(0.2~~-0.7)~~theta==(-0.7~~0.2))))
```

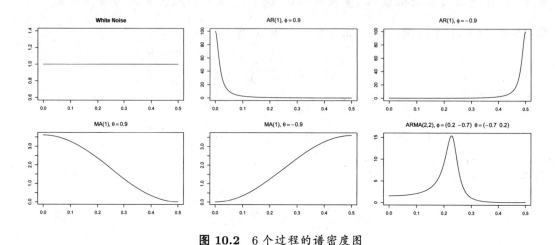

图 10.2　6 个过程的谱密度图

10.3　谱分布函数

时间序列 $X_t = U_1 \sin(2\pi\nu t) + U_2 \cos(2\pi\nu t)$ 的自相关函数为

$$\gamma(h) = \sum_{j=1}^{k} \sigma_j^2 \cos(2\pi\nu h).$$

它能够写成

$$\gamma(h) = \int_{-1/2}^{1/2} e^{2\pi i \nu h} dF(\nu),$$

这里

$$F(\nu) = \begin{cases} 0, & \nu < -\nu_0 \\ \sigma^2/2, & -\nu_0 \leqslant \nu < \nu_0 \\ \sigma^2, & 其他情况 \end{cases}$$

一般说来, 对于任意具有自相关函数 γ 的平稳序列 $\{X_t\}$, 有

$$\gamma(h) = \int_{-1/2}^{1/2} e^{2\pi i\nu h} dF(\nu),$$

这里 F 为 $\{X_t\}$ 的**谱分布函数** (spectral distribution function). 如果 γ 是绝对可加的, 那么 F 是连续的, 而且 $dF(\nu) = f(\nu)d\nu$. 如果 γ 是正弦曲线之和, 则 F 是离散的.

对于时间序列

$$X_t = \sum_{j=1}^{k} (U_{1j}\sin(2\pi\nu_j t) + U_{2j}\cos(2\pi\nu_j t)),$$

谱分布函数为

$$F(\nu) = \sum_{j=1}^{k} \sigma_j^2 F_j(\nu),$$

这里

$$F_j(\nu) = \begin{cases} 0, & \nu < -\nu_j \\ 1/2, & -\nu_j \leqslant \nu < \nu_j \\ 1, & \text{其他情况} \end{cases}$$

10.4 自相关母函数和谱密度

假定线性过程

$$X_t = \sum_{i=0}^{\infty} \psi_i w_{t-i} = \psi(B)w_i.$$

自相关序列

$$\begin{aligned}\gamma_h &= \mathrm{Cov}(X_t, X_{t+h}) \\ &= E\left[\sum_{i=0}^{\infty} \psi_i w_{t-i}, \sum_{j=0}^{\infty} \psi_j w_{t+h-j}\right] \\ &= \sigma_w^2 \sum_{j=0}^{\infty} \psi_i \psi_{i+h}.\end{aligned}$$

定义**自相关母函数** (autocovariance generating function) 为

$$\gamma(B) = \sum_{h=-\infty}^{\infty} \gamma_h B^h.$$

于是

$$\begin{aligned}
\gamma(B) &= \sigma_w^2 \sum_{h=-\infty}^{\infty} \sum_{i=0}^{\infty} \psi_i \psi_{i+h} B^h \\
&= \sigma_w^2 \sum_{i=0}^{\infty} \sum_{j=0}^{\infty} \psi_i \psi_j B^{j-i} \\
&= \sigma_w^2 \psi(B^{-1}) \psi(B).
\end{aligned}$$

由于 $\gamma(B) = \sum_{h=-\infty}^{\infty} \gamma_h B^h$，所以谱密度为

$$\begin{aligned}
f(\nu) &= \sum_{h=-\infty}^{\infty} \gamma_h \mathrm{e}^{-2\pi \mathrm{i} \nu h} \\
&= \gamma(\mathrm{e}^{-2\pi \mathrm{i} \nu}) \\
&= \sigma_w^2 \psi(\mathrm{e}^{-2\pi \mathrm{i} \nu}) \psi(\mathrm{e}^{2\pi \mathrm{i} \nu}) \\
&= \sigma_w^2 |\psi(\mathrm{e}^{2\pi \mathrm{i} \nu})|^2.
\end{aligned}$$

例 10.5 **MA 过程.** 对于 MA(q) 过程，$\psi(B) = \theta(B)$，因此

$$f(\nu) = \sigma_w^2 |\theta(\mathrm{e}^{2\pi \mathrm{i} \nu})|^2.$$

作为特例的 MA(1)，$\theta(B) = 1 + \theta_1 B$，因此

$$\begin{aligned}
f(\nu) &= \sigma_w^2 |1 + \theta_1 \mathrm{e}^{2\pi \mathrm{i} \nu}| \\
&= \sigma_w^2 (1 + 2\theta_1 \cos(2\pi\nu) + \theta_1^2).
\end{aligned}$$

例 10.6 **AR 过程.** 对于 AR(p) 过程，$\psi(B) = 1/\phi(B)$，因此

$$f(\nu) = \frac{\sigma_w^2}{|\phi(\mathrm{e}^{2\pi \mathrm{i} \nu})|^2}.$$

考虑作为特例的 AR(1),有

$$f(\nu) = \frac{\sigma_w^2}{|1+\phi_1 \mathrm{e}^{-2\pi\mathrm{i}\nu}|^2}$$
$$= \frac{\sigma_w^2}{1 - 2\phi_1 \cos(2\pi\nu) + \phi_1^2}.$$

例 10.7 **ARMA 过程.** 对于 ARMA(p,q) 过程,$\psi(B) = \theta/\phi(B)$,因此

$$f(\nu) = \sigma_w^2 \left| \frac{\theta(\mathrm{e}^{-2\pi\mathrm{i}\nu})}{\phi(-\mathrm{e}^{2\pi\mathrm{i}\nu})} \right|^2.$$

这称为**有理谱** (rational spectrum).

把多项式 $\theta(z), \phi(z)$ 因子化,

$$\theta(z) = \theta_q(z-z_1)(z-z_2)\cdots(z-z_q),$$
$$\theta(p) = \theta_q(z-p_1)(z-p_2)\cdots(z-p_p),$$

于是

$$f(\nu) = \sigma_w^2 \left| \frac{\theta_q \prod_{j=1}^q (\mathrm{e}^{-2\pi\mathrm{i}\nu} - z_j)}{\phi_p \prod_{j=1}^p (\mathrm{e}^{-2\pi\mathrm{i}\nu} - p_j)} \right|^2$$
$$= \sigma_w^2 \frac{\theta_q \prod_{j=1}^q |\mathrm{e}^{-2\pi\mathrm{i}\nu} - z_j|^2}{\phi_p \prod_{j=1}^p |\mathrm{e}^{-2\pi\mathrm{i}\nu} - p_j|^2}.$$

这里的 $z_1, \cdots, z_q$ 称为**零点** (zero),而 $p_1, \cdots, p_p$ 称为**极点** (pole).

当 ν 从 0 变到 1/2 时,$\mathrm{e}^{-2\pi\mathrm{i}\nu}$ 顺时针沿单位圆从 1 变到 $\mathrm{e}^{-\pi\mathrm{i}} = -1$. 当 $\mathrm{e}^{-2\pi\mathrm{i}\nu}$ 接近极点 p_j 或远离零点 z_j 时,$f(\nu)$ 的值递增.

对于 AR(1), $\phi(z) = 1 - \phi_1 z$. 极点为 $1/\phi_1$. 如果 $\phi_1 > 0$,极点在 1 的右边,因此谱密度在 ν 离开 0 时递减,而如果 $\phi_1 < 0$,极点在 -1 的左边,因此谱密度在 $\nu = 1/2$ 时最大.

对于 MA(1), $\theta(z) = 1 + \theta_1 z$. 零点为 $-1/\theta_1$. 如果 $\theta_1 > 0$,零点在 -1 的左边,因此谱密度在 ν 移向 -1 时递减,而如果 $\theta_1 < 0$,零点在 1 的右边,因此谱密度在 $\nu = 0$ 时最小.

因此,对于 ARMA 过程,可以通过零点和极点的值算出其谱密度在什么 ν 值时达

到最大和最小.

例 10.8 **季节 AR 过程.** 对于季节周期 $s=12$ 的 AR 过程,

$$X_t = \Phi_1 X_{t-12} + w_t,$$
$$\psi(B) = 1/(1-\Phi_1 B^{12}),$$

有

$$f(\nu) = \frac{\sigma_w^2}{(1-\Phi_1 \mathrm{e}^{-2\pi\mathrm{i}12\nu})(1-\Phi_1 \mathrm{e}^{2\pi\mathrm{i}12\nu})}$$
$$= \frac{\sigma_w^2}{1-2\Phi_1 \cos(24\pi\nu)+\Phi_1^2}.$$

$f(\nu)$ 是周期函数, 周期为 $1/12$.

多项式 $1-\Phi_1 z^{12}$ 的根 (极点) 为 $z = r\mathrm{e}^{\mathrm{i}\theta}$, 这里

$$r = |\Phi_1|^{-1/12}, \mathrm{e}^{\mathrm{i}12\theta} = \mathrm{e}^{-\mathrm{i}\arg(\Phi_1)}.$$

类似地, 对于可乘季节 ARMA 序列 $(1-\Phi_1 B^{12})(1-\phi_1 B)X_t = w_t$,

$$f(\nu) = \frac{\sigma_w^2}{(1-2\Phi_1 \cos(24\pi\nu)+\Phi_1^2)(1-2\phi_1 \cos(2\pi\nu)+\phi_1^2)}.$$

图 10.3 左右两图分别显示了 $(1-0.1B^{12})X_t = w_t$ 及 $(1-0.1B^{12})(1+0.3B)X_t = w_t$ 的谱密度图. 该图是用下面代码产生的:

```
x=seq(0,0.5,.001)
f1=function(phi=0.1,nu=x){1/(1-2*phi*cos(24*pi*nu)+phi^2)}
f2=function(phi=0.1,phi1=-0.3,nu=x){1/(1-2*phi*cos(24*pi*nu)+phi^2)/
(1-2*phi1*cos(2*pi*nu)+phi1^2)}
par(mfrow=c(1,2))
plot(x,f1(nu=x),type="l",xlab=expression(nu),ylab=expression(f(nu)))
title(expression((1-0.1*B^12)*X[t]==w[t]))
plot(x,f2(nu=x),type="l",xlab=expression(nu),ylab=expression(f(nu)))
title(expression((1-0.1*B^12)(1+0.3*B)*X[t]==w[t]))
```

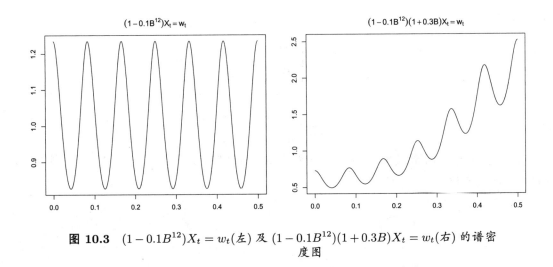

图 10.3 $(1-0.1B^{12})X_t = w_t$ (左) 及 $(1-0.1B^{12})(1+0.3B)X_t = w_t$ (右) 的谱密度图

10.5 时不变线性滤波器

滤波器是把一个序列转换成另一个序列的投影. 线性过程 $X_t = \sum_{j=0}^{\infty} \psi_j w_{t-j}$ 就是把白噪声转换成因果序列的线性滤波器. 考虑线性滤波器 $A = \{a_{t,j}\}$:

$$Y_t = \sum_{j=0}^{\infty} a_{t,t-j} X_j.$$

如果 $a_{t,t-j}$ 独立于 t, 即 $a_{t,t-j} = \phi_j$, 则称该滤波器为**时不变线性滤波器** (time-invariant linear filter). 假定 $\mathcal{F}$ 代表滤波器, 则时不变线性滤波器有两个性质.

- 线性性: $\mathcal{F}(au_t + bv_t) = a\mathcal{F}(u_t) + b\mathcal{F}(v_t)$.
- 时不变性: $Y_t = \mathcal{F}(X_t) \Rightarrow Y_{t-k} = \mathcal{F}(X_{t-k})$.

如果对于 $j < 0, \psi_j = 0$, 则该滤波器为**因果的** (causal). 当多项式 $\phi(B)$ 和 $\theta(B)$ 的根都在单位圆外时, $\psi(B) = \theta(B)/\phi(B)$ 为线性时不变因果滤波器.

运算

$$\sum_{j=-\infty}^{\infty} \psi_j X_{t-j}$$

称为 X 关于 ψ 的**卷积** (convolution). 序列 ψ 还称为**脉冲响应** (impulse response), 因为

对于单位脉冲

$$X_t = \begin{cases} 1, & t = 0 \\ 0, & t \neq 0 \end{cases}$$

$$Y_t = \sum_{j=-\infty}^{\infty} \psi_j X_{t-j} = \psi_t.$$

假定 $\{X_t\}$ 的谱密度为 $f_x(\nu)$, ψ 为**稳定的** (stable), 即 $\sum_{j=-\infty}^{\infty} |\psi_j| < \infty$. 则 $Y_t = \psi(b)X_t$ 有谱密度

$$\begin{aligned} f_y(\nu) &= \sum_{h=-\infty}^{\infty} \gamma(h) e^{-2\pi i \nu h} \\ &= \sum_{h=-\infty}^{\infty} \sum_{j=-\infty}^{\infty} \psi_j \sum_{l=-\infty}^{\infty} \psi_{h+j-l} \gamma_x(l) e^{-2\pi i \nu h} \\ &= \sum_{j=-\infty}^{\infty} \psi_j e^{2\pi i \nu j} \sum_{l=-\infty}^{\infty} \gamma_x(l) e^{-2\pi i \nu l} \sum_{h=-\infty}^{\infty} \psi_{h+j-l} e^{-2\pi i \nu (h+j-l)} \\ &= \psi(e^{2\pi i \nu}) f_x(\nu) \sum_{h=-\infty}^{\infty} \psi_h e^{-2\pi i \nu h} \\ &= \left| \psi(e^{2\pi i \nu}) \right|^2 f_x(\nu). \end{aligned}$$

这里, 在单位圆上的多项式 $\psi(z)$ 映射 $\nu \mapsto \psi(e^{2\pi i \nu})$ 称为该线性滤波器的**频率响应** (frequency response) 或者**传递函数** (transfer function). 而平方映射 $\nu \mapsto |\psi(e^{2\pi i \nu})|^2$ 称为该滤波器的**动力传递函数** (power transfer function).

对于线性过程 $Y_t = \psi(b)w_t$,

$$\begin{aligned} f_y(\nu) &= \left| \psi(e^{2\pi i \nu}) \right|^2 \sigma_w^2 \\ &= \left| \psi(e^{2\pi i \nu}) \right|^2 f_w(\nu). \end{aligned}$$

如果 $\{Y_t\}$ 是个 ARMA 过程, 即 $\psi(B) = \theta(B)/\phi(B)$, 那么

$$\begin{aligned} f_y(\nu) &= \sigma_w^2 \left| \frac{\theta(e^{-2\pi i \nu})}{\phi(e^{-2\pi i \nu})} \right|^2 \\ &= \sigma_w^2 \frac{\theta_q^2 \prod_{j=1}^{q} |e^{-2\pi i \nu} - z_j|^2}{\phi_p^2 \prod_{j=1}^{p} |e^{-2\pi i \nu} - p_j|^2}, \end{aligned}$$

这里 z_j 和 p_j 分别是有理函数 $z \mapsto \theta(b)/\phi(b)$ 的零点和极点.

例 10.9 MA(k) 的传递函数. 考虑时不变但非因果的 MA(k):

$$Y_t = \frac{1}{2k+1} \sum_{j=-k}^{k} w_{t-k}.$$

其传递函数 (称为 Dirichlet 核) 为

$$\psi(\mathrm{e}^{-2\pi \mathrm{i}\nu}) = D_k(2\pi\nu) = \frac{1}{2k+1} \sum_{j=-k}^{k} \mathrm{e}^{-2\pi \mathrm{i}j\nu} = \begin{cases} 1, & \nu = 0 \\ \frac{\sin(2\pi(k+1/2)\nu)}{(2k+1)\sin(\pi\nu)}, & \nu \neq 0 \end{cases}$$

图10.4显示了当 $k = 7$ 时传递函数的平方模. 该图是用下面代码产生的:

```
par(mfrow=c(1,1))
f=function(k=6,nu=x){z=sin(2*pi*(k+1/2)*nu)/(2*k+1)/sin(pi*nu)}
x=seq(0.001,0.5,.001)
plot(x,f(7,nu=x)^2,type="l",xlab=expression(nu),ylab="")
title(expression(paste("Squared modulus of transfer function of MA: ",
abs(D[7](2*pi*nu))^2)));abline(h=0,lty=2)
```

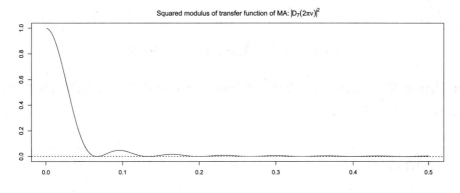

图 10.4 例10.9当 $k = 7$ 时传递函数的平方模

这是所谓**低通滤波器** (low-pass filter), 它保持低频成分通过而限制高频成分通过[①]. 因此可以估计序列的单调趋势成分.

[①] 一般的波都包含许多不同的频率成分, 滤波器就是保持一部分频率成分通过而阻止另一部分通过, 低通滤波器就是保持低频率的成分通过, 高通滤波器就是保持高频率的成分通过.

例 10.10 **差分的传递函数.** 考虑差分 $Y_t = (1-B)X_t$, 这是时不变因果线性滤波器. 其传递函数为

$$\psi(e^{-2\pi i\nu}) = 1 - e^{-2\pi i\nu}.$$

因此

$$\left|\psi(e^{-2\pi i\nu})\right|^2 = 2(1 - \cos(2\pi\nu)).$$

图10.5显示了差分传递函数的平方模. 该图是用下面代码产生的:

```
f=function(nu)2*(1-cos(2*pi*nu))
x=seq(0.001,0.5,.001)
plot(x,f(nu=x),type="l",xlab=expression(nu),ylab="")
title("Squared modulus of transfer function of Differencing")
```

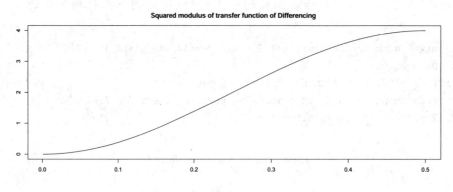

图 10.5 例10.10差分传递函数的平方模

这是所谓**高通滤波器** (high-pass filter), 它保持高频成分通过而限制低频成分通过. 因此可以估计序列的趋势成分.

10.6 谱估计

前面介绍的都是在各种假定下的理论模型及结果, 下面介绍在得到了序列的实现值 $x_1, \cdots, x_n$ 之后如何估计谱密度.

一种很直接的想法是用样本自协方差函数 $\hat{\gamma}(\cdot)$ 来替代定义

$$f(\nu) = \sum_{h=-\infty}^{\infty} \gamma(h)e^{-2\pi i\nu h}$$

中的 $\gamma(\cdot)$. 另一种估计方法是周期图方法, 即计算前面引入的周期图 $I(\nu)$, 其为在频率 $\nu=k/n$ 处的离散傅里叶变换的平方模. 这两种方法在傅里叶频率 $\nu=k/n$ 处是等价的, 周期图 $I(\nu)$ 的渐近期望为谱密度 $f(\nu)$. 根据导出的渐近性质可以做假设检验, 但 $I(\nu)$ 不是 $f(\nu)$ 的相合估计量.

10.6.1 通过样本自协方差函数估计谱密度

作为自协方差函数 $\gamma(\cdot)$ 的估计的样本自协方差函数定义为

$$\hat{\gamma}(h) = \frac{1}{n} \sum_{t=1}^{n-|h|} (x_{t+|h|} - \bar{x})(x_t - \bar{x}), \quad -n < h < n.$$

用 $\hat{\gamma}(\cdot)$ 代替 $f(\nu)$ 定义中的 $\gamma(\cdot)$, 则谱密度估计为

$$\hat{f}(\nu) = \sum_{h=-n+1}^{n-1} \hat{\gamma}(h) e^{-2\pi i \nu h}.$$

10.6.2 通过周期图估计谱密度

观测序列 $x_1, \cdots, x_n$ 的离散傅里叶变换为

$$X(\nu_j) = \frac{1}{\sqrt{n}} \sum_{t=1}^{n} x_t e^{-2\pi i \nu_j t}, \quad \nu_j = j/n, j = 0, \cdots, n-1.$$

周期图为

$$\begin{aligned} I(\nu_j) &= |I(\nu_j)|^2 \\ &= \frac{1}{n} \left| \sum_{t=1}^{n} x_t e^{-2\pi i t \nu_j} \right|^2 \\ &= X_c^2(\nu_j) + X_s^2(\nu_j), \end{aligned}$$

这里

$$X_c(\nu_j) = \frac{1}{\sqrt{n}} \sum_{t=1}^{n} x_t \cos(2\pi t \nu_j),$$

$$X_s(\nu_j) = \frac{1}{\sqrt{n}} \sum_{t=1}^{n} x_t \sin(2\pi t \nu_j).$$

对于正交的傅里叶基 $\{e_j = \frac{1}{\sqrt{n}} e^{2\pi i \nu_j}\}_{j=0}^{n-1}$, 序列 $x = (x_1, \cdots, x_n)^\top \in \mathbb{C}^n$ 可以表示为

$$x = \sum_{j=0}^{n-1} (x \cdot e_j) e_j = \sum_{j=0}^{n-1} X(\nu_j) e_j.$$

因此, 由于傅里叶基的正交性,

$$\begin{aligned} x \cdot x &= \left(\sum_{j=0}^{n-1} X(\nu_j) e_j\right) \cdot \left(\sum_{j=0}^{n-1} X(\nu_j) e_j\right) \\ &= \sum_{j=0}^{n-1} |X(\nu_j)|^2 \\ &= \sum_{j=0}^{n-1} I(\nu_j). \end{aligned}$$

如果 $\bar{x} = 0$, 则

$$\hat{\sigma}_x^2 = \frac{1}{n} \sum_{t=1}^{n} x_t^2 = \frac{1}{n} \sum_{j=0}^{n-1} I(\nu_j).$$

回顾一下, 对于谱密度 $f_x(\nu)$ 有

$$\sigma^2 = \gamma(0) = \int_{-1/2}^{1/2} f_x(\nu) d\nu.$$

因此, 周期图 $I(\nu_j)$ 就是谱密度 $f(\nu)$ 的离散版本.

在 $\bar{x} = 0$ 或只考虑 ν_j 在 $j \neq 0$ 的情况, 和前面用样本自协方差函数估计的谱密度是一样的, 这是因为

$$\begin{aligned} I(\nu_j) &= |I(\nu_j)|^2 \\ &= \frac{1}{n} \left| \sum_{t=1}^{n} x_t e^{-2\pi i t \nu_j} \right|^2 \\ &= \frac{1}{n} \left| \sum_{t=1}^{n} (x_t - \bar{x}) e^{-2\pi i t \nu_j} \right|^2 \end{aligned}$$

$$= \frac{1}{n}\left(\sum_{t=1}^{n}(x_t-\bar{x})\mathrm{e}^{-2\pi\mathrm{i}t\nu_j}\right)\left(\sum_{t=1}^{n}(x_t-\bar{x})\mathrm{e}^{-2\pi\mathrm{i}t\nu_j}\right)$$
$$= \frac{1}{n}\sum_{s,t}\mathrm{e}^{-2\pi\mathrm{i}(s-t)\nu_j}(x_s-\bar{x})(x_t-\bar{x})$$
$$= \sum_{h=-n+1}^{n-1}\hat{\gamma}(h)\mathrm{e}^{-2\pi\mathrm{i}h\nu_j},$$

上式中之所以可以减样本均值 $\bar{x}$, 是因为傅里叶基的正交性, 这样, $\nu_j \ne 0$ 意味着

$$\sum_{t=1}^{n}\mathrm{e}^{-2\pi\mathrm{i}t\nu_j}=0.$$

周期图有下面一些性质:

(1) 如果随机样本 $X_1,\cdots,X_n$ 独立且都服从正态分布 $N(0,\sigma^2)$, 则 $X_c(\nu_j)$ 与 $X_s(\nu_j)$ 也是正态的, 而且均值都为 0.
(2) $\mathrm{Var}(X_c(\nu_j))=\mathrm{Var}(X_s(\nu_j))=\sigma^2/2$. $\mathrm{Cov}(X_c(\nu_j),X_s(\nu_j))=0$.
(3) 对于 $j\ne k$,
$$\mathrm{Cov}(X_c(\nu_j),X_c(\nu_k))=0,$$
$$\mathrm{Cov}(X_s(\nu_j),X_s(\nu_k))=0,$$
$$\mathrm{Cov}(X_c(\nu_j),X_s(\nu_k))=0.$$

(4)
$$\frac{2}{\sigma^2}I(\nu_j)=\frac{2}{\sigma^2}(X_c^2(\nu_j)+X_s^2(\nu_j))$$

有渐近的 χ_2^2 分布.

(5) 如果 $\{X_t\}$ 正态, 或者线性过程 $\{X_t\}$ 有迅速递减的自协方差函数, 则 $X_c(\nu_j)$ 与 $X_s(\nu_j)$ 都是渐近独立地有 $N(0,f(\nu_j)/2)$ 分布.
(6) 如果 $\hat{\nu}^{(n)}=j/n$ 是 ν 最近的傅里叶频率, 则当 $\lim_{n\to\infty}\hat{\nu}^{(n)}=\nu$ 时,

$$\lim_{n\to\infty}f(\hat{\nu}^{(n)})=f(\nu).$$

这时
$$\frac{2}{f(\nu)}I(\hat{\nu}^{(n)})=\frac{2}{f(\nu)}(X_c^2(\nu_j)+X_s^2(\nu_j))$$

依概率收敛到 χ_2^2 分布, 而且有 $E(I(\hat{\nu}^{(n)})) = f(\nu)$, 即渐近无偏性. 我们也因此有渐近置信区间

$$P\left(\frac{2}{f(\nu)}I(\hat{\nu}^{(n)}) > \chi_2^2(\alpha)\right) \to \alpha,$$

即

$$P\left(\frac{2I(\hat{\nu}^{(n)})}{\chi_2^2(\alpha/2)} \leqslant f(\nu) \leqslant \frac{2I(\hat{\nu}^{(n)})}{\chi_2^2(1-\alpha/2)}\right) \to 1-\alpha.$$

(7) $I(\hat{\nu}^{(n)})$ 不是 $f(\nu)$ 的相合估计量, 因为对于 $\varepsilon > 0$, 当 n 增加时, $P(|I(\hat{\nu}^{(n)}) - f(\nu)| > \varepsilon)$ 趋于一个常数. 因此, 上面的渐近区间很宽. 这个问题可以用下面介绍的光滑方法来弥补.

10.6.3 非参数谱密度估计

所谓非参数估计就是估计随着样本增长参数也增长的模型. 下面要引进的光滑的谱密度估计就是非参数的, 因为谱密度的估计是在每个傅里叶频率的估计值来参数化, 当样本增长时, 不同的频率值也在增长.

定义一个带宽为 L/n 的频率带

$$[\nu_k - \frac{L}{2n},\ \nu_k + \frac{L}{2n}],$$

并且假定 $f(\nu)$ 在这个带上近似地为常数. 不妨假定 L 为偶数, 考虑下面的**光滑的谱密度估计** (smoothed spectral estimator):

$$\hat{f}(\nu_k) = \frac{1}{L}\sum_{l=-(L-1)/2}^{(L-1)/2} I(\nu_k - l/n)$$

$$= \frac{1}{L}\sum_{l=-(L-1)/2}^{(L-1)/2} (X_c^2(\nu_k - l/n) + X_s^2(\nu_k - l/n)).$$

在一定条件下, 比如 $\{X_t\}$ 服从正态分布, 或者线性过程 $\{X_t\}$ 有迅速递减的自协方差函数, 则 $X_c(\nu_k - l/n)$ 与 $X_s(\nu_k - l/n)$ 都是渐近独立地有 $N(0, f(\nu_k - l/n)/2)$ 分布. 由于 $f(\nu)$ 假定在频率带 $[\nu_k - \frac{L}{2n}, \nu_k + \frac{L}{2n}]$ 近似地为常数, 则渐近地有

$$\hat{f}(\nu_k) \sim f(\nu_k)\frac{\chi_{2L}^2}{2L}.$$

因而,
$$E(\hat{f}(\hat{\nu}^{(n)})) \approx \frac{f(\nu)}{2L} E\left(\sum_{i=1}^{2L} Z_i^2\right) = f(\nu),$$
$$\mathrm{Var}(\hat{f}(\hat{\nu}^{(n)})) \approx \frac{f^2(\nu)}{4L^2} \mathrm{Var}\left(\sum_{i=1}^{2L} Z_i^2\right) = \frac{f^2(\nu)}{2L} \mathrm{Var}(Z_1^2),$$

这里 Z_i 为独立的标准正态随机变量.

从上面渐近分布, 我们有渐近置信区间

$$P\left(\frac{2I(\hat{\nu}^{(n)})}{\chi_{2L}^2(\alpha/2)} \leqslant f(\nu) \leqslant \frac{2I(\hat{\nu}^{(n)})}{\chi_{2L}^2(1-\alpha/2)}\right) \approx 1-\alpha.$$

当 L 很大的时候, 这比不光滑的要窄, 当然要确保谱密度在带宽 L/n 不变. 带宽越大方差越小, 但会有更多的偏差, 这是一个典型的非参数光滑的平衡问题.

前面的光滑是不加权平均附近的周期图的值, 下面考虑一种更光滑的加权平均谱密度估计量:

$$\hat{f}(\nu) = \sum_{|j| \leqslant L_n} W_n(j) I(\hat{\nu}^{(n)} - j/n),$$

这里带宽 L_n 可以随 n 而变, 而 W_n 称为**谱窗函数** (spectral window function). 如果

$$W_n = \begin{cases} \frac{1}{L}, & |j| \leqslant L/2 \\ 0, & \text{其他情况} \end{cases}$$

那么

$$\hat{f}(\nu) = \frac{1}{L} \sum_{|j| \leqslant L/2} I(\hat{\nu}^{(n)} - j/n).$$

这称为 **Daniell 估计** (Daniell's estimator).

在很一般的条件下, 可以证明, 当 $n \to \infty$ 时, 对于很大一类平稳过程, 在均方意义下, $\hat{f}(\nu)$ 及 $E[\hat{f}(\nu)]$ 都收敛于 $f(\nu)$, 而且

$$\frac{\mathrm{Cov}(\hat{f}(\nu_1), \hat{f}(\nu_2))}{\sum_{|j| \leqslant L_n} W_n^2(j)} \to \begin{cases} f^2(\nu_1), & \nu_1 = \nu_2 \in (0, 1/2) \\ 0, & \nu_1 \neq \nu_2 \end{cases}$$

对于 Daniell 估计,
$$\hat{f}(\nu_k) \sim f(\nu_k)\frac{\chi_{2L}^2}{2L}.$$

但对于非均匀加权, 形成那些 χ_1^2 随机变量的加权和, 因此不能以同样方式计算自由度, 但对于某 k 和 d, 能够用
$$\hat{f}(\nu_k) \sim c_k \chi_d^2$$

来近似一般的光滑谱. 如何取 k 和 d 的值呢? 对于适当的 W_n, 有
$$f(\nu_k) \approx E[\hat{f}(\nu_k)] = c_k d,$$
$$f^2(\nu_k) \sum_{|j| \leqslant L_n} W_n^2(j) \approx \mathrm{Var}(\hat{f}(\nu_k)) = 2c_k^2 d,$$

于是有
$$c_k = \frac{f(\nu_k)}{d},\ 2c_k = f(\nu_k)\sum_{|j| \leqslant L_n} W_n^2(j),\ d = \frac{2}{\sum_{|j| \leqslant L_n} W_n^2(j)}.$$

这个 d 常称为光滑谱的**等价自由度** (equivalent degree of freedom).

在频率域中, 光滑谱也可以看成在时间域的光滑, 这是因为
$$\hat{f}(\nu) = \sum_{|j| \leqslant L_n} w_n^2(j) \hat{\gamma}(j) \mathrm{e}^{-2\pi \mathrm{i}\nu j},$$

这里的 w_n 为谱窗的逆傅里叶变换, 称为**滞后窗** (lag window).

变形 (taper) 方法也很常用, 比如通过权函数 h_t 定义 $y_t = h_t x_t$. 于是变形的估计为变形的序列 y_t 的光滑谱估计. 使用能够顺利地减弱靠近时间序列的两端值的加权函数 h_t 可得到较少的泄漏.

作为例子, 考虑关于中国机场旅客人数的例3.11的谱密度估计. 可利用下面代码得到通过傅里叶变换估计的各个机场旅客人数的谱密度及其点图 (图10.6, 左图为原始的谱密度图, 右图为光滑的谱密度图):

```
airports=read.csv("airports.csv")
airports=ts(airports,start=c(1995,1),freq=12)
par(mfrow=c(1,2))
ap = spec.pgram(airports, log="no",col=1)
aps = spec.pgram(airports,log="no", span=c(3,5),col=1)
```

图10.6的横坐标是 $\Delta = 1/12$ 的倍数, 最高点是 $\omega = 1 \cdot \Delta = 1/12$ (为 12 个月的周期), 右

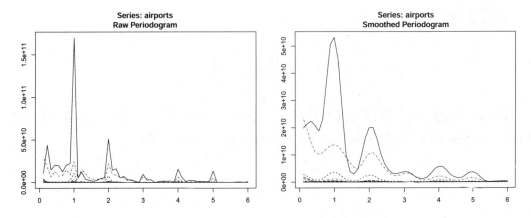

图 10.6 例3.11中 12 个机场的原始谱密度图 (左) 和光滑的 (右) 谱密度图

边其次的是 $\omega = 2 \cdot \Delta = 1/6$(为 6 个月的周期).

10.6.4 参数谱密度估计

这里在时间域考虑的模型 (线性过程) 通常具有固定个数的参数, 比如 ARMA(p,q) 模型的参数最多有 $p+q+1$ 个. 这里考虑相应于 ARMA 模型 $Y_t = \psi(B)w_t$ 的谱密度估计. 我们知道

$$f_y(\nu) = |\psi(e^{2\pi i \nu})|^2 \sigma_w^2.$$

对于 AR(1) 过程, $\psi(B) = 1/\phi(B)$, 因此

$$\begin{aligned} f_y(\nu) &= \frac{\sigma_w^2}{|\phi(e^{-2\pi i \nu})|^2} \\ &= \frac{\sigma_w^2}{\phi_p^2 \prod_{j=1}^p |e^{-2\pi i \nu} - p_j|^2}, \end{aligned}$$

这里 p_j 为极点, 即多项式 $\phi(z)$ 的根.

参数谱估计的典型方法是把相应参数的估计值代入, 即

$$\hat{f}_y(\nu) = \frac{\hat{\sigma}_w^2}{|\hat{\phi}(e^{-2\pi i \nu})|^2}.$$

对于较大的 n,

$$\text{Var}(\hat{f}(\nu)) \approx \frac{2p}{n} f^2(\nu).$$

类似地, 对于 ARMA(p,q),

$$\hat{f}(\nu) = \hat{\sigma}_w^2 \left|\frac{\hat{\theta}(\mathrm{e}^{-2\pi\mathrm{i}\nu})}{\hat{\phi}(\mathrm{e}^{-2\pi\mathrm{i}\nu})}\right|^2.$$

这里仅仅介绍了参数谱密度估计的几个例子, 更多关于这方面的内容请参看其他文献, 比如 Shumway and Stoffer (2006) 及 Cryer and Chan (2008).

附录 使用 R 软件练习

实践 1(最初几步)

```r
x=1:100 #把1,2,...,100个整数向量赋值到x
(x=1:100) #同上,只不过显示出来
sample(x,20) #从1,...,100中随机不放回地抽取20个值作为样本
set.seed(0);sample(1:10,3) #先设随机种子再抽样
#从1,...,200000 中随机不放回地抽取10000个值作为样本:
z=sample(1:200000,10000)
z[1:10] #方括号中为向量z的下标
y=c(1,3,7,3,4,2)
z[y] #以y为下标的z的元素值
(z=sample(x,100,rep=T)) #从x放回地随机抽取100个值作为样本
(z1=unique(z))
length(z1) #z中不同的元素个数
xz=setdiff(x,z) #x和z之间的不同元素——集合差
sort(union(xz,z)) #对xz及z的并的元素从小到大排序
setequal(union(xz,z),x) #对xz及z的并的元素与x是否一样
intersect(1:10,7:50) #两个数据的交
sample(1:100,20,prob=1:100) #从1:100中不等概率随机抽样,各数目抽到的概率与1:100成比例
```

实践 2(一些简单运算)

```r
pi *10^2 #能够用?"*"来看基本算术运算方法,pi是圆周率
"*"(pi, "^"(10,2)) #和上面一样,有些烦琐,没有人这么用
pi * (1:10)^-2.3 #可以对向量求指数幂
x = pi * 10^2
x
print(x) #和上面一样
(x=pi *10^2) #赋值带打印
pi^(1:5) #指数也可以是向量
```

```
print(x, digits = 12)#输出x的12位数字
```

实践 3(关于 R 对象的类型等)

```
x=pi*10^2
class(x)  #x的class
typeof(x)  #x的type
class(cars)#cars是一个R中自带的数据
typeof(cars)  #cars的type
names(cars)#cars数据的变量名字
summary(cars)  #cars的汇总
head(cars)#cars的头几行数据，和cars[1:6,]相同
tail(cars)  #cars的最后几行数据
str(cars)#也是汇总
row.names(cars)  #行名字
attributes(cars)#cars的一些信息
class(dist~speed)#公式形式,"~"左边是因变量,右边是自变量
plot(dist ~speed,cars)#两个变量的散点图
plot(cars$speed,cars$dist)  #同上
```

实践 4(包括简单自变量为定量变量及定性变量的回归)

```
ncol(cars);nrow(cars)  #cars的行列数
dim(cars)  #cars的维数
lm(dist ~ speed, data = cars)#以dist为因变量,speed为自变量做OLS
cars$qspeed =cut(cars$speed, breaks=quantile(cars$speed),
    include.lowest = TRUE)  #增加定性变量qspeed，四分位点为分割点
names(cars)  #数据cars多了一个变量
cars[3]#第三个变量的值和cars[,3]类似
table(cars[3])#列表
is.factor(cars$qspeed)
plot(dist ~ qspeed, data = cars)#点出箱线图
(a=lm(dist ~ qspeed, data = cars))#拟合线性模型(简单最小二乘回归)
summary(a)#回归结果(包括一些检验)
```

实践 5(简单样本描述统计量等)

```
x <- round(runif(20,0,20), digits=2)#四舍五入
summary(x)  #汇总
min(x);max(x)  #极值,与range(x)类似
```

```
median(x) # 中位数(median)
mean(x)   # 均值(mean)
var(x)    #方差(variance)
sd(x)     # 标准差(standard deviation),为方差的平方根
sqrt(var(x)) #平方根
rank(x)   # 秩(rank)
order(x)#升幂排列的x的下标
order(x,decreasing = T)#降幂排列的x的下标
x[order(x)] #和sort(x)相同
sort(x)    #同上：升幂排列的x
sort(x,decreasing=T)#sort(x,dec=T) 降幂排列的x
sum(x);length(x)#元素和及向量元素个数
round(x) #四舍五入,等于round(x,0),而round(x,5)为留到小数点后5位
fivenum(x) # 五数汇总, quantiles
quantile(x) # 分位点 quantiles (different convention)有多种定义
quantile(x, c(0,.33,.66,1))
mad(x) # "median average distance":
cummax(x)#累积最大值
cummin(x)#累积最小值
cumprod(x)#累积积
cor(x,sin(x/20)) #线性相关系数 (correlation)
```

实践 6(简单图形)

```
x=rnorm(200)#200个随机正态数赋值到x
hist(x, col = "light blue")#直方图(histogram)
rug(x) #在直方图下面加上实际点的大小
stem(x)#茎叶图
x <- rnorm(500)
y <- x + rnorm(500) #构造一个线性关系
plot(y~ x) #散点图
a=lm(y~x) #做回归
abline(a,col="red")#或者abline(lm(y~x),col="red"), 散点图加拟合线
print("Hello World!")
paste("x 的最小值= ", min(x)) #打印
demo(graphics)#演示画图(按Enter来切换)
```

实践 7(复数运算和求函数极值)

```
(2+4i)^-3.5+(2i+4.5)*(-1.7-2.3i)/((2.6-7i)*(-4+5.1i))#复数运算
#下面构造一个10维复向量, 实部和虚部均为10个标准正态样本点：
```

```
(z <-complex(real=rnorm(10), imaginary =rnorm(10)))
complex(re=rnorm(3),im=rnorm(3))#3维复向量
Re(z) #实部
Im(z) #虚部
Mod(z) #模
Arg(z) #幅角
choose(3,2) #组合
factorial(6)#排列6!
#解方程:
f=function(x) x^3-2*x-1
uniroot(f,c(0,2))#迭代求根
#如果知道根为极值
f=function(x) x^2+2*x+1 #定义一个二次函数
optimize(f,c(-2,2))#在区间(-2,2)求极值
```

实践 8(字符型向量)

```
a=factor(letters[1:10])#letters:小写字母的向量,LETTERS:大写字母
a[3]="w"        #不行！会给出警告
a=as.character(a) #转换一下
a[3]="w"        #可以了
a;factor(a)     #两种不同的类型
```

实践 9(数据输入输出)

```
x=scan()#从屏幕输入数据,可以键入,也可以粘贴,可多行输入,空行按Enter
1.5 2.6 3.7 2.1 8.9 12 -1.2 -4

x=c(1.5,2.6,3.7,2.1,8.9,12,-1.2,-4)#等价于上面
w=read.table(file.choose(),header=T)#从列表中选择有变量名的数据
setwd("f:/2010stat")#或setwd("f:\2010stat"),建立工作路径
(x=rnorm(20))  #给x赋值20个标准正态数据值
#注:有常见分布的随机数、分布函数、密度函数及分位数函数
write(x,"f:/2010stat/test.txt")#把数据写入文件(路径要对)
y=scan("f:/2010stat/test.txt");y #扫描文件数值数据到y
y=iris;y[1:5,];str(y) #iris是R自带数据
write.table(y,"test.txt",row.names=F)#把数据写入文本文件
w=read.table("f:/2010stat/test.txt",header=T)#读带有变量名的数据
str(w) #汇总
write.csv(y,"test.csv")#把数据写入csv文件
v=read.csv("f:/2010stat/test.csv")#读入csv数据文件
```

```
str(v) #汇总
data=read.table("clipboard")#读入剪贴板的数据
```

实践 10(序列等)

```
(z=seq(-1,10,length=100))#-1到10等间隔的100个数的序列
z=seq(-1,10,len=100)#和上面等价写法
(z=seq(10,-1,-0.1)) #10到-1间隔为-0.1的序列
(x=rep(1:3,3)) #三次重复1:3
(x=rep(3:5,1:3)) #自己看，这又是什么呢?
x=rep(c(1,10),c(4,5))
w=c(1,3,x,z);w[3]#把数据(包括向量)组合(combine)成一个向量
x=rep(0,10);z=1:3;x+z #向量加法(如果长度不同，R如何给出警告和结果?)
x*z    #向量乘法
rev(x)#颠倒次序
z=c("no cat","has ","nine","tails") #字符向量
z[1]=="no cat" #双等号为逻辑等式
z=1:5
z[7]=8;z #什么结果？注:NA为缺失值(not available)
z=NULL
z[c(1,3,5)]=1:3;
z
rnorm(10)[c(2,5)]
z[-c(1,3)]#去掉第1、3元素
z=sample(1:100,10);z
which(z==max(z))#给出最大值的下标
```

实践 11(矩阵)

```
x=sample(1:100,12);x #抽样
all(x>0);all(x!=0);any(x>0);(1:10)[x>0]#逻辑符号的应用
diff(x) #差分
diff(x,lag=2) #差分
x=matrix(1:20,4,5);x #矩阵的构造
x=matrix(1:20,4,5,byrow=T);x#矩阵的构造，按行排列
t(x) #矩阵转置
x=matrix(sample(1:100,20),4,5)
2*x
x+5
y=matrix(sample(1:100,20),5,4)
x+t(y) #矩阵之间相加
```

```
(z=x%*%y)  #矩阵乘法
z1=solve(z) # solve(a,b)可以解ax=b方程
z1%*%z  #应该是单位向量,但浮点运算累积了舍入误差(比较下面结果)
round(z1%*%z,14) #四舍五入到小数点后14位
b=solve(z,1:4); b #解联立方程
```

实践 12(矩阵继续)

```
nrow(x);ncol(x);dim(x)#行列数目
x=matrix(rnorm(24),4,6)
x[c(2,1),]#第2和第1行
x[,c(1,3)] #第1和第3列
x[2,1] #第[2,1]元素
x[x[,1]>0,1] #第1列大于0的元素
sum(x[,1]>0) #第1列大于0的元素的个数
sum(x[,1]<=0) #第1列不大于0的元素的个数
x[,-c(1,3)]#没有第1、3列的x
diag(x)  #x的对角线元素
diag(1:5)  #以1:5为对角线,其他元素为0的对角线矩阵
diag(5)  #5维单位矩阵
x[-2,-c(1,3)]#没有第2行和第1、3列的x
x[x[,1]>0&x[,3]<=1,1]#第1列>0并且第3列<=1的第1列元素
x[x[,2]>0|x[,1]<.51,1]#第1列<.51或者第2列>0的第1列元素
x[!x[,2]<.51,1]#第1列中相应于第2列中>=.51的元素
apply(x,1,mean)#对行(第一维)求均值
apply(x,2,sum)#对列(第二维)求和
x=matrix(rnorm(24),4,6)
x[lower.tri(x)]=0;x #得到上三角阵,
#为得到下三角阵,用x[upper.tri(x)]=0
```

实践 13(高维数组)

```
x=array(runif(24),c(4,3,2))
x#从24个均匀分布的样本点构造4乘3乘2的三维数组
is.matrix(x)
dim(x)#得到维数(4,3,2)
is.matrix(x[1,,])#部分三维数组是矩阵
x=array(1:24,c(4,3,2))
x[c(1,3),,]
x=array(1:24,c(4,3,2))
apply(x,1,mean)  #可以对部分维做均值运算
```

```r
apply(x,1:2,sum) #可以对部分维做求和运算
apply(x,c(1,3),prod) #可以对部分维做求乘积运算
```

实践 14(矩阵与向量之间的运算)

```r
x=matrix(1:20,5,4)  #5乘4矩阵
sweep(x,1,1:5,"*")#把向量1:5的每个元素乘到每一行
sweep(x,2,1:4,"+")#把向量1:4的每个元素加到每一列
x*1:5
#下面把x标准化,即每一元素减去该列均值,除以该列标准差
(x=matrix(sample(1:100,24),6,4));(x1=scale(x))
(x2=scale(x,scale=F))#自己观察并总结结果
(x3=scale(x,center=F)) #自己观察并总结结果
round(apply(x1,2,mean),14) #自己观察并总结结果
apply(x1,2,sd)#自己观察并总结结果
round(apply(x2,2,mean),14);apply(x2,2,sd)#自己观察并总结结果
round(apply(x3,2,mean),14);apply(x3,2,sd)#自己观察并总结结果
```

实践 15(缺失值, 数据的合并)

```r
airquality #有缺失值(NA)的R自带数据
complete.cases(airquality)#判断每行有没有缺失值
which(complete.cases(airquality)==F) #有缺失值的行号
sum(complete.cases(airquality)) #完整观测值的个数
na.omit(airquality) #删去缺失值的数据
#附加,横或竖合并数据: append,cbind,rbind
x=1:10;x[12]=3
(x1=append(x,77,after=5))
cbind(1:5,rnorm(5))
rbind(1:5,rnorm(5))
cbind(1:3,4:6);rbind(1:3,4:6) #去掉矩阵重复的行
(x=rbind(1:5,runif(5),runif(5),1:5,7:11))
x[!duplicated(x),]
unique(x)
```

实践 16(list)

```r
#list可以是任何对象(包括list本身)的集合
z=list(1:3,Tom=c(1:2,a=list("R",letters[1:5]),w="hi!"))
z[[1]];z[[2]]
```

```
z$T
z$T$a2
z$T[[3]]
z$T$w
```

实践 17(条形图和表)

```
x =scan()#30个顾客在五个品牌中的挑选
3 3 3 4 1 4 2 1 3 2 5 3 1 2 5 2 3 4 2 2 5 3 1 4 2 2 4 3 5 2

barplot(x)  #不合题意的图
table(x)  #制表
barplot(table(x))  #正确的图
barplot(table(x)/length(x))  #比例图(和上图形状一样)
table(x)/length(x)
```

实践 18(形成表格)

```
library(MASS)#载入软件包MASS
quine  #MASS所带数据
attach(quine)#把数据变量的名字放入内存
#下面是从该数据得到的各种表格
table(Age)
table(Sex, Age); tab=xtabs(~ Sex + Age, quine); unclass(tab)
tapply(Days, Age, mean)
tapply(Days, list(Sex, Age), mean)
detach(quine)  #attach的逆运行
```

实践 19(如何写函数)

```
#下面这个函数是按照定义(编程简单,但效率不高)求n以内的素数
ss=function(n=100){z=2;
for (i in 2:n)if(any(i%%2:(i-1)==0)==F)z=c(z,i);return(z) }
fix(ss)  #用来修改任何函数或编写一个新函数
ss()  #计算100以内的素数
t1=Sys.time()  #记录时间点
ss(10000)  #计算10000以内的素数
Sys.time()-t1  #费了多少时间
system.time(ss(10000))#计算执行ss(10000)所用时间
#函数可以不写return,这时最后一个值为return的值.
#为了输出多个值最好使用list输出
```

实践 20(画图)

```
x=seq(-3,3,len=20);y=dnorm(x)#产生数据
w= data.frame(x,y)#合并x,成为数据w
par(mfcol=c(2,2))#准备画四个图的地方
plot(y ~ x, w,main="正态密度函数")
plot(y ~ x,w,type="l", main="正态密度函数")
plot(y ~ x,w,type="o", main="正态密度函数")
plot(y ~ x,w,type="b",main="正态密度函数")
par(mfcol=c(1,1))#取消par(mfcol=c(2,2))
```

实践 21(色彩和符号等调节)

```
plot(1,1,xlim=c(1,7.5),ylim=c(0,5),type="n") #画出框架
#在plot命令后面追加点(如要追加线可用lines函数):
points(1:7,rep(4.5,7),cex=seq(1,4,l=7),col=1:7, pch=0:6)
text(1:7,rep(3.5,7),labels=paste(0:6,letters[1:7]),cex=seq(1,4,l=7),
col=1:7)#在指定位置加文字
points(1:7,rep(2,7), pch=(0:6)+7)#点出符号7到13
text((1:7)+0.25, rep(2,7), paste((0:6)+7))#加符号号码
points(1:7,rep(1,7), pch=(0:6)+14 #点出符号14到20
text((1:7)+0.25, rep(1,7), paste((0:6)+14)) #加符号号码
#这些关于符号形状、大小、颜色以及其他画图选项的说明可用"?par"来查看
```

参考文献

Baillie, R T, 1996. Long memory processes and fractional integration in econometrics[J]. Journal of Econometrics, 73: 5-59.

Banerjee, A, Dolado, J J, Galbraith, J W, Hendry, D F, 1993. Cointegration, Error Correction, and the Econometric Analysis of Non-Stationary Data[M]. Oxford University Press.

Bollerslev, T, 1986. Generalized autoregressive conditional heteroscedasticity[J]. J. Econ., 31: 307-327.

Box, G E P, Jenkins, G M, Reinsel, G C, 1976. Time Series Analysis, Forecasting and Control[M]. 3rd ed. Holden-Day. Series G.

Box, G E P, Pierce, D A, 1970. Distribution of Residual Autocorrelation in Autoregressive-Integrated Moving Average Time Series Models[J]. Journal of American Statistical Association, 65: 1509-1526.

Brockwell, P J, Davis, R. A, 1991. Time Series: Theory and Methods[M]. 2nd ed. New York: Springer.

Campbell, M J, Walker, A M, 1977. A Survey of Statistical Work on the Mackenzie River Series of Annual Canadian Lynx Trappings for the Years 1821-1934 and a New Analysis[J]. Journal of the Royal Statistical Society, A, 140(4): 411-431.

Campbell, J Y, Lo, A W, MacKinlay, A C, 1997. The Econometrics of Financial Markets[M]. New Jersey: Princeton University Press.

Cleveland, R B, Cleveland, W S, McRae, J E, Terpenning, I, 1990. STL: A Seasonal-Trend Decomposition Procedure Based on Loess[J]. Journal of Official Statistics, 6: 3-73.

Cleveland, W S, 1979. Robust Locally Weighted Regression and Smoothing Scatterplots[J]. Journal of the American Statistical Association. 74 (368): 829-836.

Cleveland, W S, Devlin, Susan J, 1988. Locally-Weighted Regression: An Approach to Regression Analysis by Local Fitting[J]. Journal of the American Statistical Association, 83 (403): 596-610.

Cryer, J D, Chan, K, 2008. Time Series Analysis with Applications in R[M]. 2nd ed. New York: Springer.

Dickey, A D, Fuller, W A, 1979. Distribution of the estimators for autoregressive time series with a unit root[J]. Journal of the American Statistical Assiciation, 74: 427-431.

Ding, Z, Granger, C W J, Engle, R F, 1993. A long memory property of stock market returns and a new model[J]. Journal of Empirical Finance, 1(1): 83-106.

Douc, R, Moulines, E, Stoffer, D, 2014. Nonlinear Time Series Theory, Methods, and Applications with R Examples[M]. Chapman & Hall/CRC.

Durbin, J, 1960. Estimation of parameters in time series regression models[J]. J. R. Stat. Soc., B, 22: 139-153.

Engle, R F, 1982. Autoregressive conditional heteroscedasticity with estimates of the variance of United Kingdom in ation[J]. Econometrica, 50: 987-1007.

Engle, R F, Bollerslev, T, 1986. Modelling the persistence of conditional variances[J]. Econometric Reviews, 5(1): 1-50.

Engle, R F, Ng, V K, 1993. Measuring and testing the impact of news on volatility[J]. Journal of Finance, 48(5): 1749-1778.

Engle, R F, Granger, C W J, 1987. Cointegration and error correction representation, estimation and testing[J]. Econometrica, 55: 251-276.

Fisher, S J, 1994. Asset Trading, Transaction Costs and the Equity Premium[J]. Journal of Applied Econometrics, 9: 71-94.

Fox, R, Taqqu M, 1986. Large-sample properties of parameter estimates for strongly dependend stationary Gaussian time series[J]. Annals of Statistics, 14: 517-532.

Fuller, W A, 1996. Introduction to Statistical Time Series[M]. New York: Wiley.

Geweke, J, Porter-Hudak, S, 1983. The estimation and application of long memory time series models[J]. Journal of Time Series Analysis, 4(4): 221-238.

Glosten, L R, Jagannathan, R, Runkle, D E, 1993. On the relation between the expected value and the volatility of the nominal excess return on stocks[J]. Journal of Finance, 48(5): 1779-1801.

Granger, C W J, 1969. Investigating Causal Relations by Econometric Models and Cross-Spectral Methods[J]. Econometrica, 37: 424-438.

Hansen, B E, 1999. Threshold effects in non-dynamic panels: Estimation, testing, and inference[J]. Journal of Econometrics, 93: 345-368.

Hansen, B, Seo, B, 2002. Testing for two-regime threshold cointegration in vector error-correction models[J]. Journal of Econometrics, 110: 293-318.

Harvey, A C, 1989. Forecasting, Structural Time Series Models and the Kalman Filter[M]. Cambridge University Press.

Haslett, J, Raftery, A E, 1989. Space-time Modelling with Long-memory Dependence: Assessing Ireland's Wind Power Resource (with Discussion)[J]. Applied Statistics, 38: 1-50.

Hentschel, L, 1995. All in the family nesting symmetric and asymmetric garch models[J]. Journal of Financial Economics, 39(1): 71-104.

Higgins, M L, Bera, A K, et al, 1992. A class of nonlinear arch models[J]. International Economic Review, 33(1): 137-158.

Hosking, J R M, 1980. The Multivariate Portmanteau Statistic[J]. Journal of American Statistical Association, 75: 602-608.

Hosking, J, 1984. Modelling Persistence in Hydrological Time Series using Fractional Differencing[J]. Water Resources Research, 20: 1898-1908.

Hyndman, R J, Koehler, A B, Snyder, R D, Grose, S, 2002. A State Space Framework for Automatic Forecasting Using Exponential Smoothing Methods[J]. International Journal of Forecasting, 18(3): 439-454.

Hyndman, R J, Khandakar, Y, 2008. Automatic Time Series Forecasting: The forecast Package for R[J]. Journal of Statistical Software, July 2008, 27(3).

Hyndman, R J, Koehler, A B, Ord, J K, Snyder, R D, 2008. Forecasting with Exponential Smoothing: The State Space Approach[M]. Springer-Verlag. http://www.exponentialsmoothing.net/.

Johansen, Sören, 1995. Likelihood-Based Inference in Cointegrated Vector Autoregressive Models[M]. Oxford University Press.

Kantz, H, Schreiber, T, 1997. Nonlinear time series analysis[M]. Cambridge University Press.

Kwiatkowski, D, Phillips, P, Schmidt, P, Shin, Y, 1992. Testing the Null Hypothesis of Stationarity Against the Alternative of a Unit Root[J]. Journal of Econometrics, 54: 159-178.

Levinson, N, 1947. The Wiener (root mean square) error criterion in filter design and prediction[J]. J. Math. Phys., 25: 262-278.

Li, W K, McLeod, A I, 1981. Distribution of The Residual Autocorrelations in Multivariate ARMA Time Series Models[J]. Journal of The Royal Statistical Society, B, 43: 231-239.

Ljung, G M, Box, G E P, 1978. On a Measure of Lack of Fit in Time Series Models[J]. Biometrika, 65: 297-303.

Mahdi, E, McLeod, A I, 2012. Improved Multivariate Portmanteau Test[J]. Journal of Time Series Analysis, 33(2): 211-222.

McLeod, A I, Li, W K, 1983. Diagnostic checking ARMA time series models using squared residual autocorrelations[J]. Journal of Time Series Analysis, 4: 269-273.

Nelson, C R, Plosser, C I, 1982. Trends and Random Walks in Macroeconomic Time Series[J]. Journal of Monetary Economics, 10: 139-162.

Nelson, D B, 1991. Conditional heteroskedasticity in asset returns: A new approach[J]. Econometrica, 59(2): 347-370.

Ocal, N, Osborn, D R, 2000. Business Cycle Non-linearities in UK Consumption and Production[J]. Journal of Applied Econometrics, 15(1): 27-43.

Perron, P, 1988. Trends and Random Walks in Macroeconomic Time Series[J]. Journal of Economic Dynamics and Control, 12: 297-332.

Phillips, P C B, Perron, P, 1988. Testing for a Unit Root in Time Series Regression[J]. Biometrika, 75(2): 335-346.

Phillips, P C B, Ouliaris, S, 1990. Asymptotic Properties of Residual Based Tests for Cointegration[J]. Econometrica, 58: 165-193.

Reisen, V A, 1994. Estimation of the fractional difference parameter in the ARFIMA(p,d,q) model using the smoothed periodogram[J]. Journal Time Series Analysis, 15(1): 335-350.

Robinson, P M, 1995. Log-Periodogram Regression of Time Series with Long Range Dependence[J]. Ann. Statist, 23(3): 1048-1072.

Schwert, G W, 1990. Indexes of United States stock prices from 1802 to 1987[J]. Journal of Business, 63: 399-426.

Shumway, R H, Stoffer, D S, 2006. Time Series Analysis and Its Applications: With R examples[M]. New York: Springer.

Taylor, S, 1986. Modelhng financial time series[M]. New York: Wiley.

Velasco, C, 1999. Gaussian Semiparametric Estimation of Non-stationary Time Series[J]. Journal of Time Series Analysis, 20(1): 87-127.

Venables, Ripley, 2002. Modern Applied Statistics with S[M]. New York: Springer.

Zakoian, J M, 1994. Threshold heteroscedastic models[J]. Journal of Economic Dynamics and Control, 18: 931-955.